"十二五"国家重点图书出版规划项目

CHINA WETLANDS RESOURCES
Fujian Volume

中国湿地资源

福建卷

◎ 国家林业局组织编写

中国林业出版社

图书在版编目（CIP）数据

中国湿地资源·福建卷／国家林业局组织编写；林少霖分册主编．－北京：中国林业出版社，2015.12

“十二五”国家重点图书出版规划项目

ISBN 978-7-5038-8322-4

Ⅰ.①中… Ⅱ.①国… ②林… Ⅲ.①湿地资源－研究－福建省 Ⅳ.① P942.078

中国版本图书馆 CIP 数据核字（2015）第 296653 号

总 策 划：金 旻

策划编辑：徐小英

主要编辑：徐小英 刘香瑞 李 伟

何 鹏 于界芬

美术编辑：赵 芳

出版发行 中国林业出版社（100009 北京西城区刘海胡同 7 号）

http://lycb.forestry.gov.cn

E-mail:forestbook@163.com 电话：(010)83143515、83143543

设计制作 北京天放自动化技术开发公司

北京捷艺轩彩印制版有限公司

印刷装订 北京中科印刷有限公司

版　　次 2015 年 12 月第 1 版

印　　次 2015 年 12 月第 1 次

开　　本 787mm × 1092mm 1/16

字　　数 396 千字

印　　张 15.5

定　　价 110.00 元

中国湿地资源系列图书
编撰工作领导小组

顾　问：陈宜瑜　李文华　刘兴土

组　长：张永利

副组长：马广仁

成　员：（按姓氏笔画排序）

王文宇　王忠武　王海洋　韦纯良　邓乃平　邓三龙
兰宏良　刘建武　刘艳玲　刘新池　李　兴　李三原
李永林　来景刚　吴　亚　张宗启　陆月星　陈则生
陈传进　陈俊光　林云举　呼　群　金　旻　金小麒
周光辉　降　初　孟　沙　侯新华　夏春胜　党晓勇
徐济德　奚克路　阎钢军　程中才　雷桂龙　蔡炳华
樊　辉

中国湿地资源系列图书
编撰工作领导小组办公室

主　任：马广仁

副主任：鲍达明　唐小平　熊智平　马洪兵

成　员：王福田　姬文元　刘　平　闫宏伟　李　忠　田亚玲
王志臣　张阳武　但新球　刘世好　王　侠　徐小英

《中国湿地资源·福建卷》
编写组

主　　编：林少霖

副 主 编：蔡武华　李贞猷　陈国瑞

编 著 者：（按姓氏笔画排序）

王战宁　汤光伟　但新球　余　希　张　勇　李振基
李法玲　杨忠兰　汪　荣　陈友铃　陈建全　周冬良
林建丽　郑丁团　施明乐　郭克疾　梁曾飞　黄　辰
黄　骐

主　　审：但新球

地图绘制：汪　荣　张　勇　王战宁

插图编绘：汪　荣　张　勇

照片摄影：张　勇　郑丁团　余　希　张惠光　陈建全

总　序

湿地是地球表层系统的重要组成部分，是自然界最具生产力的生态系统和人类文明的发祥地之一。在联合国环境规划署（UNEP）委托世界自然保护联盟（IUCN）编制的《世界自然资源保护大纲》中，湿地与森林和海洋一起并称为全球三大生态系统。湿地具有类型多样、分布广泛的特点；湿地更重要的是还具有多种供给、调节、支持与文化服务功能，是人类重要的生存环境和资源资本。湿地与人类生产生活和社会经济发展息息相关。湿地的重要性受到世界各国和国际社会的普遍关注。早在1971年，国际社会就建立了全球第一个政府间多边环境公约，即《关于特别是作为水禽栖息地的国际重要湿地公约》（简称《湿地公约》）。同时，该公约也是全球最早针对单一生态系统保护的国际公约。1992年中国加入《湿地公约》，自此我国湿地保护事业进入了新的发展时期。

我国加入《湿地公约》后，在国家林业局设立了专门的湿地保护和履约机构，对内负责组织、协调、指导和监督全国湿地保护工作，对外负责《湿地公约》的履约工作。近年来，中国各级政府在湿地保护方面开展了大量卓有成效的工作，采取了一系列保护和合理利用湿地资源的措施，在湿地保护规划和重点工程建设、财政补贴政策制定实施、法规制度建设、保护体系建设、科研监测、宣传教育和国际合作等方面取得了长足进步。但我国湿地生态系统仍然面临着盲目围垦与改造、污染、水土流失、泥沙淤积、生物资源过度利用等多种因素的破坏和威胁，导致面积减少，生态功能下降，生物多样性丧失。因此，切实保护和合理利用湿地资源，既是保障生态安全和国土安全的当务之急，更是中国实施可持续发展战略势在必行的要务。

开展湿地资源调查，摸清湿地资源家底，把握湿地资源动态，是所有湿地保护工作的基础，也是履行《湿地公约》各项工作的根基。2009～2013年，在中央财政的支持下，国家林业局组织开展了第二次全国湿地资源调查工作。在此期间，我有幸作为第二次全国湿地资源调查专家技术委员会的主任委员，和其他专家一起全程参与了此次湿地资源调查的主要技术环节和成果鉴定。

我认为此次调查具有以下几个特点：一是，此次调查的湿地分类、界定标准、调查方法基本与《湿地公约》规定相接轨，使得调查数据符合《湿地公约》的要求，调查成果易于被国际认可，便于国际间的对比和交流。二是，制定了内容全面、方法科学、符合国际标准的统一技术规程《全国湿地资源调查技术规程（试行）》，进行了同标准、同口径的分期分批调查。三是，本次调查利用“3S”技术与现地验证相结合的技术方法，查清了全国范围内（未包括香港、澳门、台湾）8 公顷以上的湿地资源基本情况。四是，湿地调查分为一般调查和重点调查。重点调查包括，国际重要湿地、国家重要湿地、自然保护区（含自然保护小区）和湿地公园内的湿地以及其他特有、分布濒危物种和红树林等具有特殊保护价值的湿地。五是，组织保障有力。国家层面上，成立了第二次全国湿地资源调查领导小组、专家技术委员会、中央技术支撑单位和国家质量检查组；省级层面上，分别成立了湿地调查专职机构，组建了省级专业调查队伍。

需要指出的是，第二次全国湿地资源调查期间，我国湿地保护事业发展迅速。2009 年，中央启动了“湿地生态效益补偿试点”工作；2010 年开始，中央财政设立了湿地保护补助专项资金；2012 年，党的十八大将建设生态文明纳入中国特色社会主义事业“五位一体”总体布局，提出要“扩大森林、湖泊、湿地面积，保护生物多样性”。期间，国家林业局会同相关部门认真实施了《全国湿地保护工程实施规划 (2005 ～ 2010 年)》和《全国湿地保护工程“十二五”实施规划》。2013 年，国家林业局出台的《推进生态文明建设规划纲要》划定了湿地保护红线，到 2020 年中国湿地面积不少于 8 亿亩。2013 年，国家林业局出台了第一部国家层面的湿地保护部门规章《湿地保护管理规定》。应该说，历时 5 年的湿地资源调查与同期湿地保护事业的发展，是休戚相关，相互促进的。

第二次全国湿地资源调查取得了丰硕成果。在全球范围内，我国率先完成了《湿地公约》倡导的国家湿地资源调查，首次科学、系统地查明了《湿地公约》所定义的我国湿地资源情况。建立了完整的全国湿地资源空间数据库和属性数据库，掌握了近 10 年来湿地资源动态变化情况，建立了稳定的湿地资源调查专业队伍和专家团队，形成了较为完整的湿地资源调查监测技术规范，完成了全国湿地资源总报告、分省报告和多个专题报告，编制了系列成果图。调查成果达到国际先进水平。

党的十八大对建设生态文明作出了全面部署，强调把生态文明建设放在突出地位，融入经济建设、政治建设、文化建设、社会建设各方面和全过程。在全国第二次湿地资源调查成果的基础上，系统编著形成了中国湿地资源系列图书，为新时期我国湿地保护事业奠定了坚实基础。希望本系列图书能够为我国湿地工作者在开展湿地研究、保护与合理利用工作时提供参考和借鉴。

中国科学院院士 陈宜瑜

2015 年 9 月

前　言

湿地被誉为“地球之肾”，是自然界最重要的三大生态系统之一，在抵御洪水、调节径流、改善气候、控制污染、美化环境和维护区域生态平衡等方面均起到重要作用，具有不可替代的生态功能。湿地只覆盖了 6% 的地球表面，却为地球上 40% 的已知物种提供了生存环境，是最富于生物多样性的区域之一。1992 年 1 月 3 日，中国政府加入《湿地公约》，截至 2013 年底已有 41 处湿地列入“国际重要湿地名录”。

福建省委、省政府历来对湿地保护工作非常重视，福建省林业厅在省委、省政府和国家林业局的领导下，积极开展湿地保护工作。早在 20 世纪 80 年代初，就在一些重要湿地分布区例如龙海九龙江口、闽江河口、三都澳、厦门海域等地建立了自然保护区，进行了自然保护区的功能区划，开展了湿地鸟类，尤其是沿海湿地水鸟、鸳鸯、红树林等的资源调查与生态研究。之后，又先后在深沪湾、泉州湾、漳江口、东山珊瑚、三十六脚湖、闽江河口等地建立了一批国家级和省级湿地自然保护区、湿地公园。此外，还在一些湿地建立了市、县级自然保护区（小区、点）。三都湾、福清湾、泉州湾、深沪湾、九龙江河口和东山湾等 6 处湿地被列入“中国重要湿地名录”，其中福建漳江口红树林国家级自然保护区湿地于 2008 年列入“国际重要湿地名录”。

根据国家林业局的统一部署，福建省作为第二批开展第二次全国湿地资源调查的 8 个省份之一，于 2010 年组织开展了福建省湿地资源调查工作。成立了第二次福建省湿地资源调查工作领导小组、领导小组办公室、专家技术委员会。依托福建省林业调查规划院（即福建省野生动植物与湿地资源监测中心）成立了湿地植物与植被、湿地野生动物、湿地综合等 3 个湿地专业调查队伍。国家林业局中南林业调查规划设计院和福建省林业调查规划院分别作为国家和省级技术支撑单位，直接参加了第二次福建省湿地资源调查。参加调查的总人数达到 320 多人。

2010 年 1 月，完成了《福建省湿地资源调查实施细则》（以下简称《实施细则》）和《福建省湿地资源调查工作方案》的编制，并开展了福建省滨海越冬水鸟及黑脸琵鹭、黑嘴鸥资源专项调查。3 月 4 日召开了福建省湿地资源调查动员部署会，4 月 6 日，省政府办公厅给有关厅局下发了《关于支持省林业厅开展湿地资源调查工作的函》。4 月 18 日，举办了福建省第二次湿地资源调查工作启动会暨调查技术培训班。之后，湿地资源调查外业工作全面展开。8 月 19 日，组织召开了福建省湿地资源调查工作进展情况汇报会，进行阶段性总结，着重解决调查中存在的重点、难点问题。10 月末，湿地资源调查外业工作全部结束，进入统计汇总阶段，同时组织开展了福建省湿地资源调查外业检查工作。11 月 30 日又召开了加快推动湿地资源调查数据汇总和报告编写工作会。2011 年 3 月，按《实施细则》的要求向湿地调查工作领导小组提交全部调查成果。2011 年 3 月 20 日，组织召开了《福建省湿地资源调查报告审定会》，提交第二次福建省湿地资源调查专家技术委员会审议。2011 年 12 月 3 日，国家林业局组织第二次全国湿地资源调查专家技术委员会审定。

福建省本次调查，共区划 108 个湿地区，48 个重点调查湿地，湿地斑块 8334 块。福建省湿地类型有 5 类 21 型，总面积 87.10 万公顷，占福建省陆域总面积的 7.02%。其中，自然湿地（包括近海与海岸湿地、湖泊湿地、河流湿地、沼泽湿地）71.12 万公顷，占湿地总面积的 81.65%；人工湿地 15.98 万公顷，占湿地总面积 18.35%。近海与海岸湿地 57.56 万公顷，包括浅海水域、珊瑚礁、岩石海滩、沙石海滩、淤泥质海滩、潮间盐水沼泽、红树林、河口水域、三角洲／沙洲／沙岛和海岸性淡水湖等；河流湿地面积 13.51 万公顷，包括永久性河流和洪泛平原湿地；湖泊湿地 0.03 万公顷，仅包括永久性淡水湖；沼泽湿地面积 0.02 万公顷，包括草本沼泽、灌丛沼泽、地热湿地和淡水泉／绿洲湿地；人工湿地面积 15.98 万公顷，包括库塘、运河 / 输水河、水产养殖场、盐田。此外，根据福建省农业部门 2009 年统计数据，福建省有水稻田湿地面积 52.70 万公顷。

福建省湿地动植物资源丰富。通过调查，福建省湿地野生脊椎动物共有 847 种，隶属于 8 纲 52 目 169 科。其中，鱼类 29 目 105 科 466 种（含文昌鱼纲、圆口纲、软骨鱼纲和硬骨鱼纲）；两栖类 2 目 9 科 46 种；爬行类 2 目 11 科 102 种；鸟类 12 目 30 科 199 种；哺乳类 7 目 14 科 34 种。全省有国家重点保护野生动物 63 种。其中，国家 I 级保护野生动物 10 种；国家 II 级保护野生动物 53 种。福建省有湿地维管束植物 170 科 628 属 1351 种（含变种、变型等种下分类单位），其中以被子植物最多，有 1226 种；蕨类植物次之，有 118 种；裸子植物 8 种。全省有国家重点保护野生植物 21 种，其中，国家 I 级保护野生植物 2 种；国家 II 级保护野生植物 19 种。

通过福建省第二次湿地资源调查，基本摸清了福建省湿地资源的分布、类型、数量以及主要生态特征，完成了福建省湿地动物资源、湿地植物资源、湿地自然保护区、国家重要湿地以及其他重点调查湿地的情况调查，建立了湿地资源信息数据库。为福建省湿地资源保护与合理利用提供了翔实的基础资料。

《中国湿地资源 · 福建卷》编辑委员会

2014 年 8 月

目　录

第一章 基本情况

第一节 自然概况

1 地理位置

福建地处我国东南部、东海之滨，陆域介于东经 115°51′～120°52′，北纬 23°32′～28°19′之间。东隔台湾海峡，与台湾省相望，东北与浙江省毗邻，西北横贯武夷山脉与江西省交界，西南与广东省相连。陆域面积 12.40 万平方公里，海域面积 13.63 万平方公里。

2 地质地貌

2.1 地　质

福建大地构造位于华南褶皱系的东部，其地壳演化时期划分为：扬子和加里东时期，全省处于地槽阶段；华力西和印支时期，转变为准地台阶段；燕山时期进入濒太平洋边缘活动带阶段；喜马拉雅时期，全省处于相对稳定阶段。福建省内一级地质构造单元有闽西北隆起带、闽西南坳陷带和闽东火山断坳带。

福建自晚太古代以来经受了多次造山运动影响，尤以燕山期构造－岩浆活动最为强烈和频繁，以致省内华夏古陆不断发生裂解及增生。全省深断裂带有 6 条，大断裂带有 15 条。省内的北北东－北东东、北西－东西及南－北走向断裂十分发育，形成大小不同的断块(地体)。最突出的是南平－宁化(北东)断裂带与政和－大埔(北北东)构造－岩浆带相交汇，将福建省割切为闽西北、闽西南及闽东 3 个地体。

福建省地层，除志留系、中下泥盆统和下第三系缺失外，从元古界至第四系发育比较齐全。岩石类型复杂，沉积岩、变质岩地层以及岩浆岩地层出露面积，约各占全省陆地面积的三分之一。福建岩浆岩出露面积 40316 平方公里，侵入活动期有加里东期、华力西－印支期、燕山期和喜马拉雅期。其中，燕山期不仅规模大，且有多阶段和多次侵入活动。各期侵入岩多沿一定方向呈带状分布。

福建变质岩地层包括元古界麻源群至上侏罗统南园组，变质时期可分为加里东、印支和燕山3个时期。

福建省地层属东南地层区的一部分。前震旦系为火山复理石、类复理石建造；下古生界为复理石、类复理石沉积的浅变质岩系；上古生界为一套准地台的细碎屑－碳酸盐沉积和海陆交互相含煤沉积；上三叠－中侏罗统为陆内继承性盆地沉积的含煤建造，具双峰式特征的火山建造及紫红色碎屑沉积建造；上侏罗统为一套中性－酸性－中酸性－酸性偏碱性的陆相火山岩系，在福建省东部特别发育，多形成巨厚的大面积展布的熔岩被盖；白垩系于政和－大埔断裂带以东为一套基性－酸性－酸性偏碱性，具双峰式特征的陆相火山岩系，西部则以杂色－紫红色碎屑沉积岩系为主，火山活动较弱；新近系为陆相盆地火山喷发－沉积岩系；第四系主要分布于沿海平原、内地河谷两侧及山间盆地，成因类型有海积、冲积、洪积、风积和洞穴堆积等。

福建省地层分区性明显。北部及西北部以元古代变质岩地层为主。中部及西南部出露震旦纪至晚白垩世的浅变质岩、沉积岩及火山岩地层，尤以晚古生代沉积地层发育较齐全，古生物化石较为丰富。其中，石炭纪至早二叠世地层，为石灰岩、无烟煤、铁矿、锰矿、铅锌矿的重要含矿层位。政和至广东大埔一线以东的福建东部地区，则以大面积出露的晚侏罗－早白垩世陆相火山岩地层占主导地位。其岩性复杂，厚逾万米，是研究中国东南沿海中生代火山岩地层的重要地区之一。上第三系及第四系地层分布零星，在沿海一带较为发育，由基性火山岩、沉积岩及海相、陆相松散沉积物组成。

2.2 地　貌

福建地形以山地丘陵为主，境内峰岭耸峙，丘陵连绵，河谷、盆地穿插其间，山地、丘陵占全省总面积的80%以上，素有“八山一水一分田”之称。由西、中两列大山带构成福建地形的骨架，两列大山带均呈东北—西南走向，与海岸平行。

蜿蜒于闽赣边界附近的西列大山带，由武夷山脉、杉岭山脉等组成，北接浙江仙霞岭，南连广东九连山，长530多公里，平均海拔1000多米，是闽赣两省水系的分水岭。山带北高南低，有不少1500米以上的山峰。主峰黄岗山，位于武夷山市境内，海拔2158米，是中国东南沿海诸省的最高峰。

斜贯福建省中部的闽中大山带，被闽江、九龙江截为3部分。闽江干流以北为鹫峰山脉；闽江与九龙江之间称戴云山脉；九龙江以南为博平岭。山带中段的山势最高，山体最宽。德化境内的戴云山主峰，海拔1856米，为闽中大山带最高峰。

以两大山带的主要山脉为脊干，分别向各个方向延伸出许多支脉，形成纵横交错的峰岭。山地外侧与沿海地带，则广泛分布着丘陵。它们或深列于河谷两侧，或环峙于盆地四周，或屹立于海岸岬角、滨海平原，或错落于巍峨群山之间。

在山地和丘陵之间，由闽江、九龙江、汀江、晋江四大水系为主的29个水系，形成了纵横交错的发达水网，全省几乎所有县(市、区)都有河流分布。

在沿海地区，最近的地质历史时期曾发生过多次海侵、海退，形成多级不同高度的海滨阶地、海蚀平台。原先的古海湾，由于河海的交互堆积，形成冲积、海积平原。福建省主要的平原有福州平原、莆田平原、泉州平原和漳州平原。

福建省海岸线漫长曲折，北接浙江省的苍南县，南连广东省的饶平县，陆地海岸线长达3752公里，居全国第二位；海岸线曲折率1∶7，居全国第一位。海湾众多，计有125个海湾，其中比较大型的海湾有三沙湾(三都澳)、罗源湾、兴化湾、湄洲湾、厦门湾、东山湾、福清湾和沙埕港。此外，福建省沿海岛屿总数为1546个(居全国第二，仅次于浙江)，岛屿总面积为1400.13平方公里。

3 土 壤

据全国第二次土壤普查的分类系统，福建土壤划分为：铁铝、初育、半水成、盐碱、人为5个土纲，有赤红壤、红壤、黄壤、新积土、风沙土、石灰(岩)土、紫色土、石质土、潮土、山地草甸土、滨海盐土、酸性硫酸盐土、水稻土等13个土类。

4 气 候

福建省地处亚热带海洋性季风气候区，一年中寒暖暑凉交替出现，干湿季分明。年平均气温在17~21℃，从西北向东南递升。1月平均气温自北而南大部分地方在6~13℃；7月平均气温在27~29℃。无霜期在250~336天，多数地区接近或超过300天，木兰溪以南几乎全年无霜。全省年平均降水量1670毫米，大部分地方在1000~1800毫米，西北山地较多，沿海和岛屿偏少。降水在一年中分布很不均匀，3~9月占全年总降水量的80%以上，而10月至翌年2月仅有20%，形成春至夏初常湿，秋冬常干，夏季旱涝兼有的特点。冬季盛行偏北风，夏季盛行偏南风，少数地方由于气流受河谷、山谷的走向限制，盛行风向的年变化不明显。沿海半岛和岛屿风速大，静风频率低；内陆盆地风速小，静风频率高。

5 水 文

5.1 地表径流

福建属中、南亚热带海洋性季风气候，雨量充沛。年平均降水量1670毫米，大部分转化为河川径流。平均年径流深为962毫米(仅次于台湾、广东，居全国第三位)，变化多在500~1400毫米；平均年径流量1168亿立方米。闽东诸河流域是福建省单位面积产水量最大的地区，达113.6万立方米/平方公里(仅次于台湾184.6万立方米/平方公里)，而闽南沿海低丘、台地、平原地区不足90万立方米/平方公里，是省内重点易旱片区。

福建省绝大多数水系发源于省内、流经省内，并注入福建海域。只有个别河流发源于福建省流入邻省，如汀江的下游为韩江，入海口在广东省；或是发源于浙江省流入福建省，如建溪的个别支流和交溪的个别短小溪河。因此，福建省水系基本上是以福建省为单元的相对独立、完整的水系，这在全国很有特色，有利于水资源的保护和开发利用。

福建省河流众多，水资源丰富，共有29个水系，600多条河流，河网密度之大，全国少见。流域面积在500平方公里以上的河流有闽江、九龙江、汀江、晋江、交溪、鳌江、霍童溪、木兰溪、诏安东溪、漳江、荻芦溪和龙江等12条。其中闽江、九龙江、汀江和晋江4大水系最为主要，流域面积合计约9万平方公里，占全省总面积的74.5%。此外，还有许多由闽中大山带向东独流入海的短小河流。

(1)闽江：闽江是中国东南沿海最大的河流，位于东经116°23′~119°35′，北纬25°23′~28°16′，发源于福建省建宁县均口乡张家山，流经38个县(市、区，含浙江省庆元、龙泉两县)，于马尾区琅岐岛注入东海。闽江全长577公里，流域面积60992平方公里，其中福建省境内59922平方公里，约占福建省面积的一半。流域形状呈扇形，支流与干流多直交成方格状水系，平均年径流量621亿立方米。闽江流域面积在中国主要河流中居第十二位，年平均径流量居全国第七位。

(2)九龙江：九龙江是福建第二大河流，位于东经116°47′~118°02′，北纬24°13′~25°51′，由北溪、西溪两大支流及南溪组成。主流北溪发源于连城县黄胜村，流经连城、新罗、漳平、华安、长泰、平和、南靖、龙海等16个县(市、区)，于龙海市石码镇和浮宫入海。九龙江干流长285公里，流域面积14741平方公里，年平均径流量为137亿立方米。

(3)汀江：汀江是福建第三大河流，位于东经115°59′~117°10′，北纬24°28′~26°02′，发源于宁化县治平乡木马山北坡，流经长汀、武平、上杭、永定4县，在永定县峰市乡出境进入广东省(至大埔县三河坝与梅江汇合后称韩江)。汀江干流长约285公里(石下坝以上)，流域面积为9022平方公里(其中，从永定峰市出境的，流域面积8997.40平方公里；自永定下洋镇出境，在广东大埔县茶阳镇汇入汀江的金丰溪流域面积668.37平方公里)，平均径流量4.39亿立方米。

(4)晋江：晋江是福建省第四大河流，位于东经117°44′~118°47′，北纬24°31′~25°32′。发源于戴云山南段永春县一都乡黄田村，流经德化、永春、安溪、南安、晋江、鲤城、丰泽、洛江和仙游9个县(市、区)，在泉州市汇入东海。晋江干流长182公里，流域面积5629平方公里，年平均径流量51.3亿立方米。

5.2 地下水

根据降雨渗入补给量的方法计算，福建省地下水资源总计在100亿吨/年左右。地下水资源分布很不平均。可开发利用的主要含水岩组为石炭系中统—二叠系下统碳酸盐岩类裂隙岩溶含水岩组。主要分布于闽西和闽西南地区，水量丰富、水质好，可作为农业、饮用和工业用水水源。另外，分布于沿海岛屿和半岛的迎风海洋沉积的第四系风积、海积沙、砂砾含水层以及沿海各大江河的河谷两岸冲积—海积沙层孔隙潜水层，水量较大、水质较好，地下水埋藏浅、开采方便，也可作供水水源。其他广大地区的碎屑岩类、变质岩类和岩浆岩类裂隙水含水岩组，含水极不均匀，应用价值不大。

福建省地下水动态变化明显受季节性影响。一般地说，5~9月为高水位期，10月至翌年2月间为低水位期。地下水动态变化除受大气降水影响外，在滨海地区尚与海潮有一定关系，地下水位随潮水位24小时内有两次周期性变化，其水位变化与涨落潮相似。

福建省已发现地下热水(泉)点计有198处，分布在37个县(市)范围内，98%的热水点分布在北纬26°40′以南地区。地下热水以中温热水居多，中高温热水和低温热水次之，高温热水和过高温热水分布较少。

5.3 海 洋

福建东临台湾海峡，海区位于福建福鼎沙埕虎头鼻至诏安铁炉岗大陆岸线以东或东南海域，北跨及东海南部，南与南海东北部相接，岸线漫长曲折。

福建省沿岸海域除浮头湾(六鳌半岛南端)以南属不正规半日潮混合潮外，其余均为正规半日潮。福建省海区南部潮差较小，中部和北部潮差都较大，有不少港湾平均潮差都近 5 米或 5 米以上，是全国少有的大潮差海区。福建省海区平均海面都高于黄海平均海面，近岸区基本趋势南北高、中间低，最低在平潭附近。平潭平均海面在黄海平均海面上 18 厘米，而东山和三沙分别在黄海平均海面上 45 厘米和 29 厘米。

福建沿岸海区波浪较大，其中台山、四礵、闾峡、北茭、梅花浅滩、牛山、大岞、围头、镇海和古雷海区更为显著，素有福建十大浪区之称。沿岸海区月平均波高为 0.6 ~2.0 米，月平均周期 3.3 ~6.2 秒；实测最大波高 16 米，最大周期 14.5 秒。

福建沿岸海区终年水温较高，年平均温度为 18.8 ~21.3℃，最高水温为 33.4℃，最低水温为 5.5℃，年变幅为 15.1℃。本海区盐度分布受外海水和沿岸水支配，季节变化明显。盐度分布，终年远岸高于近岸，南部高于北部。

6　动植物资源概况

6.1　植物概况

福建山地多林，森林覆盖率 65.95%，位居全国第一。

福建地处泛北极植物区的边缘地带，是泛北极植物向古热带植物区的过渡地带，植被类型丰富，植物种类以亚热带区系成分为主，成分复杂，种类繁多。据近年陆续进行的调查统计，福建省有维管束植物 4707 种(含变种、变型等种下分类单位，下同)，占全国维管束植物种类的 15.7%，其中蕨类 46 科 111 属 393 种；裸子植物 10 科 32 属 76 种；被子植物 192 科 1459 属 4240 种。福建省木本植物共有 142 科 543 属 1943 种(变种 153 种)，占全国木本植物科的 81%，属的 55%，种的 39%。福建特有植物有 39 科 113 种。福建省有国家重点保护野生植物 54 种，其中国家Ⅰ级保护野生植物有苏铁、台湾苏铁、四川苏铁、南方红豆杉、伯乐树(钟萼木)、莼菜、东方水韭、水松等 8 种；国家Ⅱ级保护野生植物有桫椤、金毛狗、香榧等 46 种，其中蕨类植物 12 种、裸子植物 12 种、被子植物 30 种。此外，有野生兰科植物 66 属 159 种(1 变种)。

2010 年调查共发现湿地植物 1351 种，隶属 170 科 628 属。其中蕨类植物 118 种，隶属 30 科 54 属；裸子植物 8 种，隶属 4 科 6 属；被子植物 1225 种，隶属 136 科 568 属，其中双子叶植物 763 种，隶属 105 科 388 属；单子叶植物 462 种，隶属 31 科 180 属。福建省湿地植物中属于国家重点保护野生植物有 22 种，其中国家Ⅰ级保护野生植物有 3 种，分别是水松、莼菜和东方水韭；国家Ⅱ级保护野生植物有 19 种，分别是金毛狗、水蕨、桫椤、黑桫椤、野大豆、珊瑚菜、普通野生稻和中华结缕草等。

6.2　动物概况

福建各地栖息和繁殖的野生动物门类很多，目前已知的脊椎动物总共 1622 种(包括亚种，下同)，约占全国总数的三分之一。其中鱼类 820 种，鸟类 550 种，哺乳类 147 种，爬行类 123 种，两栖类 46 种。福建省有国家重点保护野生动物 156 种，其中国家Ⅰ级保护野生动物 21 种，国家Ⅱ

级保护野生动物135种；福建省重点保护野生动物78种。

（1）无脊椎动物：已记录到原生动物约600种，腔肠动物200多种，栉水母7种，吸虫约200种，轮虫150多种，绦虫约150种，线虫约400种，棘头虫约65种，环节动物约500种，星虫类11种，枝角类约80种，桡足类约400种，软体动物约500种，蟹类170多种，毛颚动物27种，棘皮动物约81种，昆虫近1万种。

（2）鱼类：福建省有记录的鱼类约820种，其中海洋鱼类618种，淡水鱼类202种（洄游性鱼类15种）。属于国家重点保护的野生动物有6种，其中国家Ⅰ级保护野生动物有中华鲟1种，国家Ⅱ级保护野生动物有花鳗鲡、胭脂鱼、黄唇鱼、克氏海马鱼和白氏文昌鱼5种；属福建省重点保护的野生动物有尖海龙鱼、大刺鳅、香鱼、舒氏海龙鱼和日本海马鱼等9种。

2010年调查与资料记载福建省湿地鱼类有29目105科466种，占全省鱼类的56.8%。属于国家重点保护野生动物有6种，其中国家Ⅰ级保护野生动物1种，国家Ⅱ级保护野生动物5种；属于福建省重点保护野生动物的有8种。

（3）两栖类：福建省有记录的两栖类共2目9科46种。其中有尾目3科5种，无尾目6科41种。国家Ⅱ级保护野生动物2种，大鲵和虎纹蛙；福建省重点保护野生动物2种，崇安髭蟾和黑斑侧褶蛙（黑斑蛙）。

2010年调查与资料记载福建省湿地两栖类野生动物有2目9科46种，占全省两栖类的100%。

（4）爬行类：福建省有记录的爬行类共3目16科123种，其中以有鳞目蛇亚目居多。属于国家重点保护野生动物的有9种，其中国家Ⅰ级保护野生动物2种，为鼋和蟒蛇；国家Ⅱ级保护野生动物7种，包括三线闭壳龟、太平洋丽龟、玳瑁、绿海龟、蠵龟、棱皮龟、大壁虎；福建省重点保护野生动物共3种，为眼镜王蛇、眼镜蛇和滑鼠蛇。

2010年调查与资料记载福建省湿地爬行类有2目11科102种，占全省爬行类的82.9%。属于国家重点保护野生动物的有8种，其中国家Ⅰ级保护野生动物2种，国家Ⅱ级保护野生动物6种；属于福建省重点保护野生动物的有3种。

（5）鸟类：福建省有记录的鸟类共21目70科550种，约占全国种数的44.2%。属于国家重点保护野生动物的有109种，其中国家Ⅰ级保护野生动物13种，包括短尾信天翁、白腹军舰鸟、黑鹳、中华秋沙鸭、白尾海雕、白颈长尾雉、黄腹角雉、遗鸥等；国家Ⅱ级保护野生动物96种，包括黑嘴端凤头燕鸥、小天鹅、大天鹅、鸳鸯、黑翅鸢等；福建省重点保护野生动物62种，包括黑喉潜鸟和红喉潜鸟等；福建特有种白背啄木鸟1种。

2010年调查与资料记载福建省湿地水鸟有12目30科199种，占全省鸟类的36.2%；属于国家重点保护野生动物的有34种，其中国家Ⅰ级保护野生动物6种，国家Ⅱ级保护野生动物28种；属于福建省重点保护野生动物的有45种。

（6）哺乳类：福建省有记录的哺乳类共10目32科147种。属于国家重点保护野生动物的有35种，其中国家Ⅰ级保护野生动物5种，包括云豹、豹、中华白海豚、黑鹿、华南虎；国家Ⅱ级保护野生动物30种，包括猕猴、穿山甲、豺、抹香鲸、水鹿、斑海豹等；属于福建省重点保护野生动物的有9种，包括黄鼬等。

2010年调查与资料记载福建省湿地哺乳类有7目14科34种，占全省哺乳类的23.1%；属于国家重点保护野生动物的有13种，其中国家Ⅰ级保护野生动物1种，国家Ⅱ级保护野生动物12种；属于福建省重点保护野生动物的有3种。

第二节
社会经济概况

1　行政区划、人口、民族

福建省，简称“闽”，省会福州，下辖福州、厦门、莆田、泉州、漳州、龙岩、三明、南平和宁德9设区市85县(市、区)(见表1-1)。

根据《福建统计年鉴2010》《福建经济与社会统计年鉴2010(第一卷 农村)》，福建省2009年末总人口3627万人，其中城镇1864万人，农村1763万人。

福建省汉族人口居多，约占全省人口总数的98.3%；有53个少数民族，少数民族人口数59万，占全省总人口数的1.7%(2000年第五次人口普查统计数字)。截至2007年年底，福建省少数民族人口万人以上的县(市、区)19个，千人以上乡(镇、街道)150个。有18个民族乡(17个畲族乡、回族乡1个)和1个省级民族经济开发区(福安畲族经济开发区)，555个民族村。世居的少数民族有畲族、回族、满族和蒙古族等。其中畲族是福建少数民族的主体。

表1-1　福建省行政区划(2009年)

设区市	县级行政单位数	县级行政单位
福建省	85	
福州市	13	鼓楼区、仓山区、台江区、马尾区、晋安区、福清市、长乐市、闽侯县、连江县、闽清县、罗源县、永泰县、平潭县
厦门市	6	思明区、海沧区、湖里区、集美区、翔安区、同安区
莆田市	5	城厢区、涵江区、荔城区、秀屿区、仙游县
三明市	12	三元区、梅列区、永安市、明溪县、清流县、宁化县、大田县、尤溪县、沙县、将乐县、泰宁县、建宁县
泉州市	12	鲤城区、丰泽区、洛江区、泉港区、石狮市、晋江市、南安市、惠安县、安溪县、永春县、德化县、金门县
漳州市	11	芗城区、龙文区、龙海市、云霄县、诏安县、漳浦县、长泰县、东山县、南靖县、平和县、华安县
南平市	10	延平区、邵武市、武夷山市、建瓯市、建阳市、顺昌县、浦城县、光泽县、松溪县、政和县
龙岩市	7	新罗区、漳平市、长汀县、永定县、上杭县、武平县、连城县
宁德市	9	蕉城区、福安市、福鼎市、霞浦县、古田县、屏南县、寿宁县、周宁县、柘荣县

2 经济发展及工农业生产情况

根据《福建统计年鉴 2010》，2009 年，福建省地区生产总值 12236.53 亿元，其中第一产业 1182.74 亿元，第二产业 6005.30 亿元，第三产业 5048.49 亿元。人均地区生产总值 33840 元。福建省财政总收入 1694.63 亿元。城镇居民人均可支配收入 19577 元，农民人均纯收入 6680 元。工业总产值 18681.48 亿元，其中轻工业 8800.55 亿元，重工业 9880.93 亿元。

农业、农村经济运行态势总体良好。福建省农林牧渔总产值达 2001.24 亿元，其中农业产值 826.22 亿元，林业产值 162.20 亿元，牧业产值 366.91 亿元，渔业产值 565.58 亿元，农林牧渔服务业产值 80.33 亿元。

农业获得好收成。粮食连续 3 年稳定增产。2009 年，福建省农作物播种面积 225.8 万公顷，同比扩大 3.7 万公顷。粮食总产量 666.88 万吨，其中马铃薯产量 24.11 万吨，大豆 14.04 万吨，稻谷产量 515.33 万吨，甘薯 84.7 万吨。经济作物继续保持较快增长，全省茶叶产量 26.57 万吨，食用菌产量 72.24 万吨，水果产量 564.08 万吨。

林牧渔业稳步发展。福建省植树造林总面积 16.9 万公顷，木材产量 1403.66 万立方米。全省肉蛋奶总产量 219.46 万吨；其中肉类产量 175.15 万吨，禽类产量 25.58 万吨。水产品为 569.67 万吨，其中海洋捕捞产量为 204.94 万吨；海水养殖产量为 293.03 万吨；淡水捕捞产量为 7.81 万吨；淡水养殖产量为 63.90 万吨。

第三节 湿地文化概况

福建素有“八山一水一分田”之称，湿地资源丰富。自古以来，当地人民在利用湿地、改造湿地过程中，创造了独特的、丰富的湿地文化。

1 河流湿地文化

闽江全长 577 公里，流域面积 60992 平方公里，约占福建全省面积的一半，是福建的母亲河。闽江自然景色和人文名胜交相辉映，为历代世人所称赞，并留下了许多优美、壮丽的诗篇。尤其是武夷山九曲溪，朱熹、徐霞客、郭沫若等文人墨客先后游历，并写下了诸如《九曲棹歌》《游武夷山泛舟九曲》等著名诗词。此外，人们还依托闽江丰富的湿地旅游资源，建立了福建武夷山世界自然与文化遗产地、福建泰宁大金湖国家地质公园、中国四大名洞之一的将乐玉华洞、国家重点风景名胜区永安桃源洞、南平延平湖、福州金山寺、江心公园、罗星塔、金刚腿等福建省著名的旅游景点，成为人们旅游休闲的好去处。

20 世纪 80 年代以前，闽江还是福建省重要航道，是连接福建山区与沿海地区的交通要道，河流航运文化十分发达。随着沙溪口、水口等水电站先后建设，闽江航道受阻，航运衰落，航运文化逐渐消亡。

此外，早在闽越王朝(公元前 202 年)时期，闽江中下游及福州沿海一带的部分居民，就依河流湿地而居，终生漂泊于水上，以船为家，被称为疍民、连家船。疍民有许多独特的习俗，是个相对独立的族群，形成了独特的疍民文化。自20世纪50年代开始，政府陆续安排福州疍民上岸居住。目前，福州市区水面上的连家船几乎绝迹，福州疍民的传统文化面临严重的威胁，像渔歌这样的疍民的传统曲艺形式开始萎缩和濒临困境。所幸，福州疍民渔歌已被列入福州市非物质文化遗产名录和福建省非物质文化遗产名录中。

2　近海与海岸湿地文化

福建陆地海岸线长达3752公里，居全国第二位。沿海港湾、岛屿众多，滩涂广阔，风光旖旎。

广阔的近海与海岸湿地是沿海人民的“耕作田”，哺育着福建沿海上千万人民。人们利用近海与海岸湿地进行渔业生产、发展滩涂养殖，历史悠久，并形成了富有特色的福建近海与海岸湿地渔耕文化。

福建沿海中部的惠安县，妇女在长期渔耕过程中，为适应近海与海岸湿地日照强、风沙大等恶劣的环境条件，设计出独特的服装，形成了富有特色的惠安女服饰文化。

福建沿海北部的霞浦县依山临海，风光旖旎，有着长达480公里位居全省第一的海岸线。浅海水域、潮间带面积大，是全国滩涂风光最典型最集中的地方。每当北岐紫菜生产的繁忙季节，滩涂上万根竹竿插成一块块方形的网框，由远及近，绵延数十里，蔚为大观。霞浦独有的滩涂渔耕文化使海内外摄影家趋之若鹜，并创造出众多湿地摄影作品。

福建利用丰富的近海与海岸湿地资源，积极开展旅游观光，先后建立了宁德三都澳、长乐闽江河口、平潭岛、莆田湄洲岛、泉州湾、厦门鼓浪屿、漳浦火山岛、东山岛等著名旅游景点，成为人们观赏湿地、拍摄水鸟的好去处。

福建是中国红树林自然分布的北界。据《漳州林业志》等书志记载，福建漳州的红树林于1882年由华侨郭春秧从南洋引种，最终改变了家乡角美镇寮东村长年遭受风暴浪潮侵蚀威胁的状况，体现了爱国华侨浓浓的故乡情怀。现在，人们在利用红树林抵御风暴潮、改善生态环境的同时，发展红树林养殖业，提高红树林海产养殖的产量、质量。

此外，福建湿地文化与福建海洋文化有着千丝万缕的关系。分布广泛的妈祖信仰，影响深远的海上丝绸之路，郑和下西洋的丰功伟绩，开启近现代海防工业的船政文化……都与湿地文化紧密相连，密不可分。

第二章 湿地类型

第一节 湿地类型与面积

1 湿地概况

福建省湿地资源丰富，根据2010年调查，共有湿地87.10万公顷。其中自然湿地(包括近海与海岸湿地、湖泊湿地、河流湿地、沼泽湿地)71.12万公顷，占湿地总面积81.65%；人工湿地15.98万公顷，占湿地总面积18.35%(表2-1)。根据福建省农业部门2009年统计数据，福建省有水稻田湿地面积52.70万公顷。

表2-1 福建各湿地类型面积与比例统计

湿地类	湿地型	面积(公顷)	比例(%)
近海与海岸湿地	浅海水域	300370.99	
	珊瑚礁	363.45	
	岩石海岸	31386.37	
	沙石海滩	50590.05	
	淤泥质海滩	73581.76	
	潮间盐水沼泽	11444.37	
	红树林	1184.02	
	河口水域	60300.89	
	三角洲/沙洲/沙岛	46144.83	
	海岸性淡水湖	267.21	
	小　计	575633.94	66.09

（续）

湿地类	湿地型	面积(公顷)	比例(%)
河流湿地	永久性河流	132455.89	
	洪泛平原湿地	2655.88	
	小　计	135111.77	15.51
湖泊湿地	永久性淡水湖	257.23	
	小　计	257.23	0.03
沼泽湿地	草本沼泽	155.60	
	灌丛沼泽	20.87	
	地热湿地	8.12	
	淡水泉/绿洲湿地	9.38	
	小　计	193.97	0.02
人工湿地	库塘	65867.80	
	运河/输水河	2677.32	
	水产养殖场	82119.01	
	盐田	9185.31	
	小　计	159849.44	18.35
总　计		871046.35	100

1.1　各湿地类型湿地面积

福建省湿地分为5类21型，其中自然湿地有近海与海岸湿地、河流湿地、湖泊湿地、沼泽湿地等4类17型，人工湿地有库塘、运河/输水河、水产养殖场、盐田等4型(表2-1)。

从湿地类来看，福建省有近海与海岸湿地57.56万公顷，占湿地总面积的66.09%；河流湿地13.51万公顷，占湿地总面积的15.51%；湖泊湿地257.23公顷，占湿地总面积的0.03%；沼泽湿地193.97公顷，占湿地总面积的0.02%；人工湿地15.98万公顷，占湿地总面积的18.35%(图2-1)。

从湿地型来看，福建省主要有浅海水域30.04万公顷，淤泥质海滩7.36万公顷，河口水域6.03万公顷，沙石海滩5.06万公顷，三角洲/沙洲/沙岛4.61万公顷，岩石海岸3.14万公顷，潮间盐水沼泽1.14万公顷，永久性河流13.25万公顷，库塘6.59万公顷，水产养殖场8.21万公顷，主要湿地型比例构成如图2-2。

1.2　各湿地区的湿地类及面积

根据《全国湿地资源调查技术规程(试行)》要求，福建省被区划为108个湿地区，其中单独区划的湿地区24个，零星湿地区84个。在单独区划的湿地区中，湿地面积最大的是兴化湾湿地区，其次是三都湾湿地区，第三为闽江河口湿地区。各湿地区的湿地类及面积见表2-2。

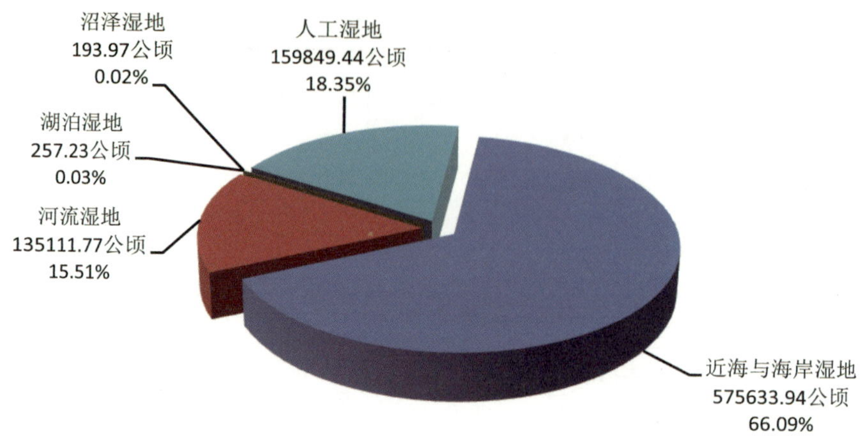

图 **2-1** 福建各湿地类面积与比例构成

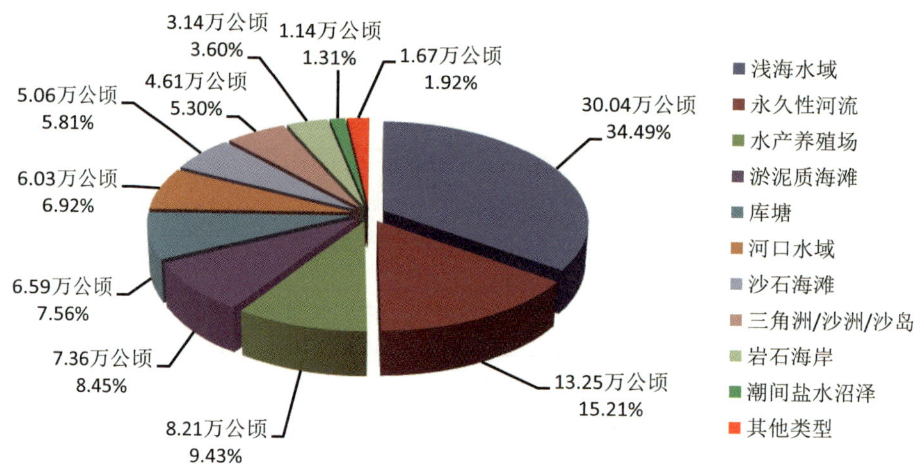

图 **2-2** 福建主要湿地型面积与比例构成

表 2-2 福建各湿地区各湿地类面积统计(公顷)

湿地类 湿地区	近海与海岸湿地	河流湿地	湖泊湿地	沼泽湿地	人工湿地	合　计
沙埕港湿地区	5636. 48				1406. 60	7043. 08
三都湾湿地区	49631. 55				5714. 90	55346. 45
罗源湾湿地区	13970. 23				5250. 28	19220. 51
闽江河口湿地区	39470. 98				1689. 49	41160. 47
海蚌资源增殖保护湿地区	19671. 53					19671. 53
福清湾湿地区	12886. 83				5570. 83	18457. 66
兴化湾湿地区	49674. 26				11634. 90	61309. 16
平海湾湿地区	7772. 94				2493. 42	10266. 36
湄洲湾湿地区	29661. 16				7653. 18	37314. 34

（续）

湿地类 / 湿地区	近海与海岸湿地	河流湿地	湖泊湿地	沼泽湿地	人工湿地	合　计
泉州湾湿地区	17156.82	43.46			369.78	17570.06
深沪湾湿地区	2667.62					2667.62
围头湾湿地区	15542.96				1378.72	16921.68
厦门海域湿地区	27483.74				1042.76	28526.50
九龙江河口湿地区	7847.52				3901.03	11748.55
旧镇港湿地区	5766.21				3786.15	9552.36
大黄鱼繁育增殖保护湿地区	2069.48					2069.48
东山湾湿地区	23803.26				4193.66	27996.92
东山珊瑚礁湿地区	1807.37					1807.37
诏安湾湿地区	17875.24				5917.63	23792.87
洪口水库湿地区					796.10	796.10
水口水库湿地区					7487.75	7487.75
山仔水库湿地区					379.77	379.77
街面水库湿地区					2543.64	2543.64
棉花滩水库湿地区					4881.04	4881.04
鼓楼区零星湿地区		23.81	43.90			67.71
台江区零星湿地区		69.31				69.31
仓山区零星湿地区		212.47			51.27	263.74
马尾区零星湿地区		109.24			149.17	258.41
晋安区零星湿地区		520.31			179.73	700.04
闽侯县零星湿地区		5169.65	168.09		696.72	6034.46
连江县零星湿地区	20171.49	1136.41			737.33	22045.23
罗源县零星湿地区	1622.56	873.49			455.67	2951.72
闽清县零星湿地区		2173.16			301.26	2474.42
永泰县零星湿地区		2850.46			482.42	3332.88
平潭县零星湿地区	34131.27	10.14			1797.87	35939.28
福清市零星湿地区	16822.03	1192.02	24.76		5550.20	23589.01
长乐市零星湿地区	9885.63	768.65		25.04	2633.61	13312.93
思明区零星湿地区					199.71	199.71
海沧区零星湿地区	43.78	27.88			1281.14	1352.80
湖里区零星湿地区	184.86				86.61	271.47
集美区零星湿地区	41.54	119.81		66.90	2398.14	2626.39
同安区零星湿地区		931.77			1038.98	1970.75
翔安区零星湿地区		185.81	9.21		2183.69	2378.71

（续）

湿地类 湿地区	近海与海岸湿地	河流湿地	湖泊湿地	沼泽湿地	人工湿地	合 计
城厢区零星湿地区		624.74		23.05	1859.55	2507.34
涵江区零星湿地区	145.14	695.79			619.47	1460.40
荔城区零星湿地区	243.35	130.56			496.32	870.23
秀屿区零星湿地区	17140.60	56.04			727.43	17924.07
仙游县零星湿地区		2148.13			1059.44	3207.57
梅列区零星湿地区		460.07			34.10	494.17
三元区零星湿地区		457.05			742.21	1199.26
明溪县零星湿地区		995.09			343.53	1338.62
清流县零星湿地区		1890.41		17.50	1182.96	3090.87
宁化县零星湿地区		1617.99			449.89	2067.88
大田县零星湿地区		1986.01			183.05	2169.06
尤溪县零星湿地区		4024.26			490.81	4515.07
沙县零星湿地区		2403.62			431.33	2834.95
将乐县零星湿地区		3106.04			121.65	3227.69
泰宁县零星湿地区		2656.27		10.20	2613.54	5280.01
建宁县零星湿地区		1736.53			178.67	1915.20
永安市零星湿地区		2794.06		18.88	1127.41	3940.35
鲤城区零星湿地区		213.55			34.80	248.35
丰泽区零星湿地区		108.03			268.74	376.77
洛江区零星湿地区		269.79			578.97	848.76
泉港区零星湿地区		137.20			403.08	540.28
惠安县零星湿地区	16658.15	787.59			1539.14	18984.88
安溪县零星湿地区		3109.30			634.28	3743.58
永春县零星湿地区		1229.52			272.90	1502.42
德化县零星湿地区		1921.52			800.66	2722.18
石狮市零星湿地区	2200.77	27.08			162.92	2390.77
晋江市零星湿地区	2316.76	591.23			746.11	3654.10
南安市零星湿地区		2841.57			2772.67	5614.24
芗城区零星湿地区		995.92			514.92	1510.84
龙文区零星湿地区		736.19			505.79	1241.98
云霄县零星湿地区		1342.21		8.29	1181.61	2532.11
漳浦县零星湿地区	16370.97	1575.85			7057.69	25004.51
诏安县零星湿地区	2895.21	1432.65			4025.51	8353.37
长泰县零星湿地区		1231.19			934.50	2165.69

（续）

湿地类 / 湿地区	近海与海岸湿地	河流湿地	湖泊湿地	沼泽湿地	人工湿地	合　计
东山县零星湿地区	2980.56	10.44			602.67	3593.67
南靖县零星湿地区		2551.84			1233.03	3784.87
平和县零星湿地区		2197.65			490.98	2688.63
华安县零星湿地区		2099.65			166.59	2266.24
龙海市零星湿地区	6474.52	1384.17			3355.11	11213.80
延平区零星湿地区		3862.69			1482.37	5345.06
顺昌县零星湿地区		1718.57			1109.71	2828.28
浦城县零星湿地区		3912.60			546.62	4459.22
光泽县零星湿地区		3147.04			547.56	3694.60
松溪县零星湿地区		920.18			503.32	1423.50
政和县零星湿地区		1730.55			565.85	2296.40
邵武市零星湿地区		3869.95	11.27		163.75	4044.97
武夷山市零星湿地区		3102.23			619.73	3721.96
建瓯市零星湿地区		5168.20			2224.06	7392.26
建阳市零星湿地区		4624.12			416.52	5040.64
新罗区零星湿地区		2480.03			1324.74	3804.77
长汀县零星湿地区		2834.40			658.72	3493.12
永定县零星湿地区		1687.05			151.75	1838.80
上杭县零星湿地区		2616.66			525.96	3142.62
武平县零星湿地区		2049.77			810.61	2860.38
连城县零星湿地区		2385.02			437.05	2822.07
漳平市零星湿地区		2678.64			164.51	2843.15
蕉城区零星湿地区		1586.30			759.39	2345.69
霞浦县零星湿地区	44981.21	1177.00			1073.55	47231.76
古田县零星湿地区		2338.09			3346.82	5684.91
屏南县零星湿地区		1356.84		24.11	654.69	2035.64
寿宁县零星湿地区		1239.62			555.94	1795.56
周宁县零星湿地区		790.10			942.42	1732.52
柘荣县零星湿地区		503.43			105.76	609.19
福安市零星湿地区		4761.80			92.70	4854.50
福鼎市零星湿地区	29927.36	1576.24			806.16	32309.76
总　　计	575633.94	135111.77	257.23	193.97	159849.44	871046.35

1.3 各流域的湿地类及面积

根据水利部全国一、二、三级流域分类规定，同时为了便于对福建省近海与海岸湿地的分类管理，在水利部颁布的流域标准上对闽东诸河、闽江和闽南诸河3个二级流域以下各追加了一个滨海湿地类别。福建省涉及3个一级流域6个二级流域10个三级流域(表2-3)。东南诸河占优势，其次是珠江区。

表2-3 福建各流域各湿地类面积统计(公顷)

一级流域	二级流域	三级流域	近海与海岸湿地	河流湿地	湖泊湿地	沼泽湿地	人工湿地	合 计
东南诸河	闽东诸河	闽东诸河		16607.44		9.55	6435.80	23052.79
		滨海湿地	186481.65				13929.73	200411.38
		小 计	186481.65	16607.44		9.55	20365.53	223464.17
	闽江	闽江上游(南平以上)		48057.85	11.27	46.58	14464.74	62580.44
		闽江中下游(南平以下)		23043.20	211.99	14.56	17987.94	41257.69
		滨海湿地	20582.25				1528.90	22111.15
		小 计	20582.25	71101.05	223.26	61.14	33981.58	125949.28
	闽南诸河	闽南诸河		35838.41	33.97	123.28	36489.14	72484.80
		滨海湿地	368570.04				61756.88	430326.92
		小 计	368570.04	35838.41	33.97	123.28	98246.02	502811.72
	钱塘江	富春江水库以上		95.86				95.86
	共 计		575633.94	123642.76	257.23	193.97	152593.13	852321.03
长江区	鄱阳湖水系	信江		616.86			28.31	645.17
		抚河		9.08			39.43	48.51
		赣江栋背以上		138.56			42.79	181.35
		小 计		764.50			110.53	875.03
	共 计			764.50			110.53	875.03
珠江区	韩江及粤东诸河	韩江白莲以上		10704.51			7145.78	17850.29
总 计			575633.94	135111.77	257.23	193.97	159849.44	871046.35

1.3.1 一级流域

福建省的3个一级流域，分别为东南诸河、珠江区及长江区。

(1)东南诸河：东南诸河包括4个二级流域6个三级流域，涉及福建省的83个县(市、区)。该流域湿地总面积85.23万公顷，占福建省湿地总面积的97.85%，湿地类型多样，包含了5个湿地类21个湿地型，但湿地类型分布很不平衡，以近海海岸湿地和河流湿地为主，占该流域湿地总面积的82%以上(图2-3)。福建省所有近海与海岸湿地、沼泽湿地和湖泊湿地均分布于该流域。近海与海岸湿地包含了10个湿地型，总面积57.56万公顷，占该流域湿地总面积的67.54%；河流湿地包括永久性河流和洪泛平原湿地2个湿地型，东南诸河流域河网密布，河流湿地资源丰富，总面积 12.36 万公顷，占该流域湿地总面积的 14.51%，主要包括闽江水系的富屯溪、金溪、沙溪、建溪、迪口溪、五步溪、尤溪、古田溪、梅溪、大樟溪；闽东诸河的交溪、霍童溪、鳌江、七都溪、杯溪；闽南诸河的九龙江、晋江、木兰溪、萩芦溪、龙江、鹿溪、漳江、东溪；钱塘江水系的极小部分；湖泊湿地面积很小，仅占该区湿地总面积的 0.03%，湖泊湿地仅有永久性淡水湖 1 个湿地型，有金水湖、西湖、沁塘塘、庄上千岭湖和末洋水库 5 个湖泊；沼泽湿地面积也很小，仅占该流域湿地总面积的 0.02%，有草本沼泽、灌丛沼泽、地热湿地和淡水泉/绿洲 4 个湿地型，以草本沼泽为主；人工湿地有库塘、水产养殖场、盐田及运河/输水河 4 个湿地型，以库塘和水产养殖场为主，其中库塘主要分布于内陆山区，水产养殖场主要分布于沿海地带，人工湿地总面积 15.26 万公顷，占该流域湿地总面积的 17.90%。

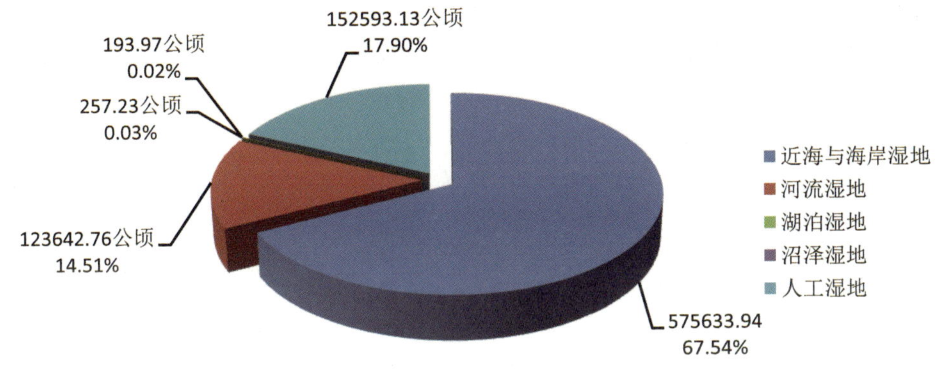

图 **2-3**　福建东南诸河流域湿地类面积与比例构成

(2)珠江区：珠江区仅包括 1 个二级流域 1 个三级流域，涉及龙岩、三明和漳州 3 个设区市的 8 个县(市、区)。该区湿地总面积 1.79 万公顷，占福建省湿地总面积的 2.05%，包括河流湿地和人工湿地 2 个湿地类 5 个湿地型，其中河流湿地 1.07 万公顷，人工湿地 0.71 万公顷。河流湿地主要包括汀江水系的濯田河、桃溪河、旧县河、黄潭河、永定河、金丰溪；白窑河的中山河。人工湿地有库塘、水产养殖场及运河/输水河 3 个湿地型，以库塘为主，其中 100 公顷以上的库塘有棉花滩水库、陂下水库、石黄峰水库、红缎水库、石营水库和六甲水库等。

(3)长江区：长江区仅包括 1 个二级流域 3 个三级流域，涉及南平、三明和龙岩 3 个设区市的 5 个县(市、区)。该区湿地总面积 0.09 万公顷，仅占福建省湿地总面积的 0.10%，包括河流湿地和人工湿地 2 个湿地类 2 个湿地型，其中河流湿地 0.08 万公顷，人工湿地 0.01 万公顷。人工湿地为库塘，包括桥下水库、严洋水库、牛田水库和龙后水库。

1.3.2　二级流域

二级流域包括钱塘江、闽东诸河、闽江、闽南诸河、韩江及粤东诸河和鄱阳湖水系 6 个区。二级流域中湿地面积最大的区为闽南诸河，最小为钱塘江。

(1)钱塘江流域：湿地总面积 0.01 万公顷，全部为河流湿地。

(2)闽东诸河流域：湿地总面积 22.35 万公顷，其中近海与海岸湿地面积 18.65 万公顷，河流湿地面积 1.66 万公顷，人工湿地面积 2.04 万公顷，沼泽湿地面积很小。

(3)闽江流域：湿地总面积 12.59 万公顷，其中近海与海岸湿地面积 2.06 万公顷，河流湿地面积 7.11 万公顷，湖泊湿地面积 0.02 万公顷，人工湿地面积 3.40 万公顷，沼泽湿地面积很小。

(4)闽南诸河流域：湿地总面积 50.28 万公顷，其中近海与海岸湿地面积 36.86 万公顷，河流湿地面积 3.58 万公顷，沼泽湿地面积 0.01 万公顷，人工湿地面积 9.82 万公顷，湖泊湿地面积极小。

(5)韩江及粤东诸河流域：湿地总面积 1.79 万公顷，其中河流湿地面积 1.07 万公顷，人工湿地面积 0.72 万公顷。

(6)鄱阳湖水系：湿地总面积 0.09 万公顷，其中河流湿地面积 0.08 万公顷，人工湿地面积 0.01 万公顷。

1.3.3 三级流域

三级流域包括富春江水库以上、闽东诸河、闽江上游(南平以上)、闽江中下游(南平以下)、闽南诸河、韩江白莲以上、信江、抚河、赣江栋背以上和滨海湿地 10 个区。三级流域中湿地面积最大的区为滨海湿地，最小为抚河。

(1)富春江水库以上：湿地总面积 0.01 万公顷，全部为河流湿地。

(2)闽东诸河：湿地总面积 2.31 万公顷，其中河流湿地面积 1.66 万公顷，人工湿地面积 0.64 万公顷，沼泽湿地面积极小。

(3)闽江上游(南平以上)：湿地总面积 6.26 万公顷，其中河流湿地面积 4.81 万公顷，人工湿地面积 1.45 万公顷，湖泊湿地和沼泽湿地面积极小。

(4)闽江中下游(南平以下)：湿地总面积 4.13 万公顷，其中河流湿地面积 2.30 万公顷，湖泊湿地面积 0.02 万公顷，人工湿地面积 1.80 万公顷，沼泽湿地面积极小。

(5)闽南诸河：湿地总面积 7.25 万公顷，其中河流湿地面积 3.58 万公顷，沼泽湿地面积 0.01 万公顷，人工湿地面积 3.65 万公顷。

(6)韩江白莲以上：湿地总面积 1.79 万公顷，其中河流湿地面积 1.07 公顷，人工湿地面积 0.72 万公顷。

(7)信江：湿地总面积 0.06 万公顷，其中河流湿地面积 0.06 万公顷，人工湿地面积极小。

(8)抚河：湿地总面积不足 0.01 万公顷。

(9)赣江栋背以上：湿地总面积 0.02 万公顷，其中河流湿地面积 0.01 万公顷，人工湿地面积极小。

(10)滨海湿地区：该区涉及宁德、福州、莆田、泉州、厦门、漳州 6 个设区市的滨海区域，湿地总面积 65.28 万公顷，包括近海与海岸湿地和人工湿地 2 个湿地类 13 个湿地型。其中近海与海岸湿地 57.56 万公顷，人工湿地 7.72 万公顷，以近海与海岸湿地为主。福建滨海湿地区是湿地生物多样性最为丰富的区域，也是福建省经济最为发达、人类干扰最为严重的区域。

1.4 各行政区的湿地类及面积

福建省各设区市、各行政区湿地类面积见表 2-4、图 2-4。设区市湿地总面积排在前三位的分别是福州市(24.54 万公顷)、宁德市(16.65 万公顷)和漳州市(13.93 万公顷)，县(市、区)湿地面积排在前六位的分别是福清市(7.42 万公顷)、霞浦县(7.40 万公顷)、秀屿区(5.42 万公顷)、连江县(5.29 万公顷)、漳浦县(4.93 万公顷)和长乐市(4.01 万公顷)。主要湿地类由近海与海岸湿地及与其毗邻的人工湿地组成。

表 2-4　福建各行政区湿地类面积统计(公顷)

湿地类 / 行政区	近海与海岸湿地	河流湿地	湖泊湿地	沼泽湿地	人工湿地	合　计
福建省	**575633.94**	**135111.77**	**257.23**	**193.97**	**159849.44**	**871046.35**
福州市	**194967.28**	**15109.12**	**236.75**	**25.04**	**35117.12**	**245455.31**
仓山区	3261.64	212.47			94.41	3568.52
福清市	53118.25	1192.02	24.76		19829.36	74164.39
鼓楼区	105.49	23.81	43.90			173.20
晋安区	129.84	520.31			244.48	894.63
连江县	47606.23	1136.41			4202.46	52945.10
罗源县	7263.88	873.49			2764.89	10902.26
马尾区	5031.42	109.24			978.80	6119.46
闽侯县	5499.92	5169.65	168.09		784.99	11622.65
闽清县		2173.16			677.96	2851.12
平潭县	36746.65	10.14			1855.73	38612.52
台江区	148.67	69.31				217.98
永泰县		2850.46			482.42	3332.88
长乐市	36055.29	768.65		25.04	3201.62	40050.60
厦门市	**27753.92**	**1265.27**	**9.21**	**66.90**	**8231.03**	**37326.33**
海沧区	3384.38	27.88			1281.14	4693.40
湖里区	2831.20				86.61	2917.81
集美区	2973.69	119.81		66.90	2398.14	5558.54
思明区	4669.44				199.71	4869.15
同安区	1565.79	931.77			1038.98	3536.54
翔安区	12329.42	185.81	9.21		3226.45	15750.89
莆田市	**65358.43**	**3655.26**		**23.05**	**12759.18**	**81795.92**
城厢区	2894.35	624.74		23.05	2037.19	5579.33
涵江区	9826.03	695.79			976.42	11498.24
荔城区	4898.58	130.56			1922.05	6951.19
仙游县	83.17	2148.13			1305.31	3536.61
秀屿区	47656.30	56.04			6518.21	54230.55
三明市		**24127.40**		**46.58**	**10195.44**	**34369.42**
大田县		1986.01			338.37	2324.38
建宁县		1736.53			178.67	1915.20
将乐县		3106.04			121.65	3227.69
梅列区		460.07			34.10	494.17
明溪县		995.09			343.53	1338.62
宁化县		1617.99			449.89	2067.88
清流县		1890.41		17.50	1182.96	3090.87

（续）

湿地类 行政区	近海与海岸湿地	河流湿地	湖泊湿地	沼泽湿地	人工湿地	合 计
三元区		457.05			742.21	1199.26
沙县		2403.62			431.33	2834.95
泰宁县		2656.27		10.20	2613.54	5280.01
永安市		2794.06		18.88	1127.41	3940.35
尤溪县		4024.26			2631.78	6656.04
泉州市	**69711.98**	**11279.84**			**15179.85**	**96171.67**
安溪县		3109.30			634.28	3743.58
德化县		1921.52			1048.01	2969.53
丰泽区	2734.96	108.03			303.33	3146.32
惠安县	27987.66	787.59			5332.75	34108.00
晋江市	18300.45	591.23			1664.64	20556.32
鲤城区		213.55			34.80	248.35
洛江区	15.14	313.25			578.97	907.36
南安市	4760.66	2841.57			3351.61	10953.84
泉港区	9264.80	137.20			1795.64	11197.64
石狮市	6648.31	27.08			162.92	6838.31
永春县		1229.52			272.90	1502.42
漳州市	**85820.86**	**15557.76**		**8.29**	**37866.87**	**139253.78**
东山县	18429.50	10.44			5725.11	24165.05
华安县		2099.65			166.59	2266.24
龙海市	14322.04	1384.17			7256.14	22962.35
龙文区		736.19			505.79	1241.98
南靖县		2551.84			1233.03	3784.87
平和县		2197.65			490.98	2688.63
芗城区		995.92			514.92	1510.84
云霄县	8082.13	1342.21		8.29	2907.31	12339.94
漳浦县	34427.82	1575.85			13269.50	49273.17
长泰县		1231.19			934.50	2165.69
诏安县	10559.37	1432.65			4863.00	16855.02
南平市		**32056.13**	**11.27**		**12364.01**	**44431.41**
光泽县		3147.04			547.56	3694.60
建瓯市		5168.20			2224.06	7392.26
建阳市		4624.12			416.52	5040.64
浦城县		3912.60			546.62	4459.22
邵武市		3869.95	11.27		163.75	4044.97
顺昌县		1718.57			1109.71	2828.28
松溪县		920.18			503.32	1423.50

（续）

湿地类 行政区	近海与海岸湿地	河流湿地	湖泊湿地	沼泽湿地	人工湿地	合　计
武夷山市		3102.23			619.73	3721.96
延平区		3862.69			5666.89	9529.58
政和县		1730.55			565.85	2296.40
龙岩市		**16731.57**			**8954.38**	**25685.95**
连城县		2385.02			437.05	2822.07
上杭县		2616.66			1806.92	4423.58
武平县		2049.77			810.61	2860.38
新罗区		2480.03			1324.74	3804.77
永定县		1687.05			3751.83	5438.88
漳平市		2678.64			164.51	2843.15
长汀县		2834.40			658.72	3493.12
宁德市	**132021.47**	**15329.42**		**24.11**	**19181.56**	**166556.56**
福安市	8982.15	4761.80			1256.51	15000.46
福鼎市	35563.84	1576.24			2212.76	39352.84
古田县		2338.09			6273.35	8611.44
蕉城区	17437.91	1586.30			4377.46	23401.67
屏南县		1356.84		24.11	654.69	2035.64
寿宁县		1239.62			555.94	1795.56
霞浦县	70037.57	1177.00			2802.67	74017.24
柘荣县		503.43			105.76	609.19
周宁县		790.10			942.42	1732.52

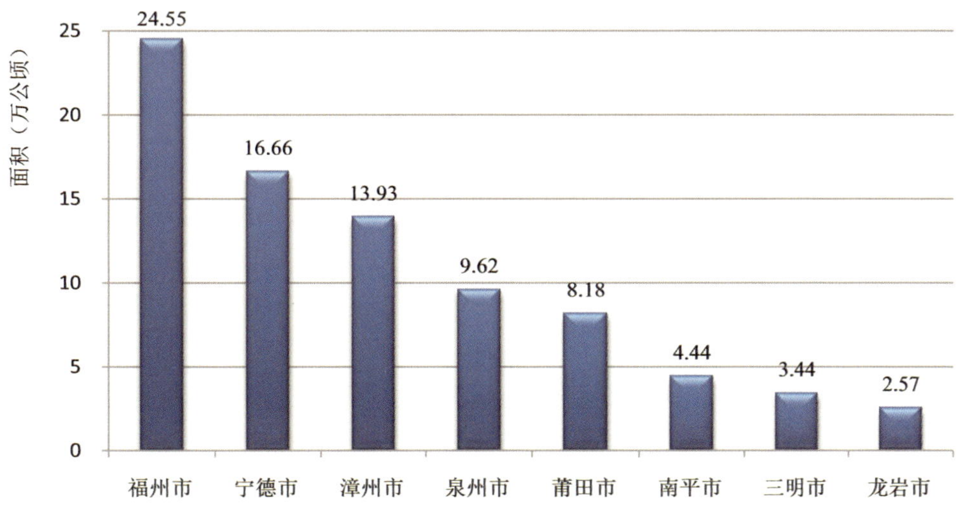

图 **2-4**　福建各设区市湿地类面积统计

2 近海与海岸湿地

2.1 近海与海岸湿地各湿地型及面积

近海与海岸湿地是陆地与海洋的过渡地带形成的特殊湿地类型。福建省海岸带地处太平洋西岸的我国东南沿海地区，北接浙江省的苍南县，南连广东省的饶平县，东临台湾海峡。海岸线漫长曲折，陆地海岸线长达3752公里，海岸线曲折率1∶7，居全国第一位。福建省沿海岛屿总数为1546个(500平方米以上的岛屿1504个)，居全国第二。近海与海岸湿地57.56万公顷，包括浅海水域、珊瑚礁、岩石海岸、沙石海滩、淤泥质海滩、潮间盐水沼泽、红树林、河口水域、三角洲/沙洲/沙岛和海岸性淡水湖共10个湿地型。其中浅海水域占近海与海岸湿地总面积的52.18%；其次淤泥质海滩占12.78%；河口水域占10.48%(图2-5)。根据《全国湿地资源调查技术规程(试行)》中规定，福建省近海与海岸湿地在流域上全部纳入滨海湿地。

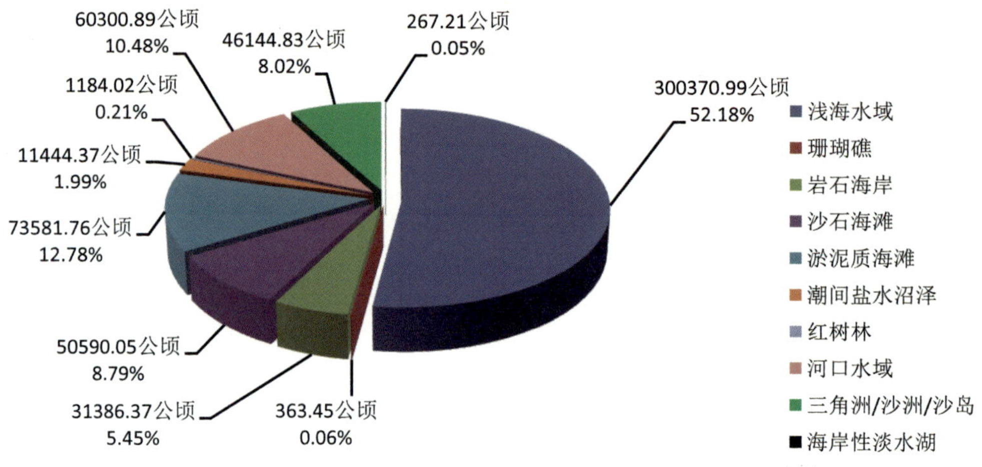

图2-5 福建近海与海岸湿地各湿地型面积与比例构成

2.1.1 浅海水域

浅海水域指低潮时水深小于6米的，海水覆盖、植被盖度小于30%的区域。福建浅海水域在近海与海岸湿地中面积最大，面积为30.04万公顷，占近海与海岸湿地总面积的52.18%。分布遍及整个福建沿海近海，北至宁德福鼎市，南至漳州东山县连续分布。由于海湾以外海域海底坡度小，浅海水域湿地向海辐射可达数公里，因此福建浅海水域主要分布于沿海各海湾。

2.1.2 珊瑚礁

珊瑚礁湿地指基质由珊瑚聚集生长而成的浅海湿地。福建珊瑚礁湿地面积很小，仅0.04万公顷，集中分布于漳州东山县的东山湾和福建东山珊瑚礁省级自然保护区，面积0.04万公顷。

2.1.3 岩石海岸

岩石海岸多分布于开敞海域的山丘岸段、岬角、半岛和岛屿。福建岩石海岸面积3.14万公顷，占福建省近海与海岸湿地面积的5.45%，主要分布于诏安湾、东山湾、厦门海域、泉州湾、湄洲湾、兴化湾、福清湾、罗源湾、三沙湾和沙埕港等港湾内岬角和岛屿基岩岸段，以及宫口、古雷、六鳌、流会、围头、崇武、平海、大祉、黄岐、东冲、南镇、东山岛、日屿岛、海坛岛等半岛或者岛屿。

2.1.4　沙石海滩

沙石海岸从北到南均有分布，滩面沉积物以淤泥质粉砂、粗粉砂为主，面积为5.06万公顷，占福建省近海与海岸湿地面积的8.79%。福建沙石海滩主要分布于闽江口以南，从北而南规模较大的有长乐梅花—江田岸段，平潭海坛湾，莆田平海湾，惠安大港、晋江深沪湾、围头湾，厦门东南岸，龙海兴古湾、隆教湾、白塘湾、湖前湾，漳浦浮头湾、江口湾、后蔡湾、整美湾、将军湾和前湖湾，东山湾陈畔、港西和城桉海岸，东山马罗湾、后江海滩、乌礁湾、宫前湾以及诏安大埕湾等。闽江口以北主要分布于霞浦福宁湾、高罗沃、小间沃，罗源牛澳以及连江筱埕、晓沃、长沙等地。

2.1.5　淤泥质海滩

福建省有淤泥质海滩7.34万公顷，占近海与海岸湿地面积的12.78%，主要分布在沙埕港、三都湾、罗源湾、福清湾、兴化湾、湄洲湾、东山湾、厦门海域和诏安湾。

2.1.6　潮间盐水沼泽

潮间盐水沼泽共1.14万公顷，包括盐碱沼泽、盐水草地和海滩盐沼，占近海与海岸湿地面积的1.99%。福建的潮间盐水沼泽主要分布于有淤泥质海滩分布的沿海区域：三都湾、罗源湾、闽江河口和泉州湾。

2.1.7　红树林

由红树植物为主组成的潮间沼泽，福建省从北到南均有分布。红树林湿地型总面积0.12万公顷，主要分布在九龙江河口、泉州湾、东山湾、兴化湾和沙埕港。此外，还有0.02万公顷零星红树林分布在三都湾、罗源湾、闽江河口、福清湾、湄洲湾、厦门海域等湾内的淤泥质海滩和潮间盐水沼泽湿地。

2.1.8　河口水域

河口水域是从近口段的潮区界(潮差为零)至口外海滨段的淡水舌锋缘之间的永久性水域，共6.03万公顷，占近海与海岸湿地总面积的10.48%，主要分布于赛江、鳌江、闽江、龙江、木兰溪、晋江、洛阳江、九龙江和漳江等陆地河流的入海河口。

2.1.9　三角洲/沙洲/沙岛

三角洲/沙洲/沙岛面积4.61万公顷，主要位于河口区域及周边地区。福建三角洲/沙洲/沙岛主要分布于沙埕港、三都湾、鉴江口、罗源湾、鳌江口、闽江口、福清湾、兴化湾、湄洲湾、泉州湾、围头湾、旧镇港、东山湾。

2.1.10　海岸性淡水湖

海岸性淡水湖0.03万公顷，只有2个斑块，分别是平潭三十六脚湖和晋江龙湖。

2.2　各流域的近海与海岸湿地各湿地型及面积

福建近海与海岸湿地全部属于东南诸河流域，共涉及1个一级流域3个二级流域1个三级流域。二级流域中闽东诸河流域近海与海岸湿地面积18.65万公顷，闽江流域2.06万公顷，闽南诸河流域36.86万公顷(表2-5)。

表 2-5 福建各流域近海与海岸湿地各湿地型面积统计(公顷)

一级流域	二级流域	三级流域	浅海水域	珊瑚礁	岩石海岸	沙石海滩	淤泥质海滩	潮间盐水沼泽	红树林	河口水域	三角洲/沙洲/沙岛	海岸性淡水湖	合计
东南诸河	闽东诸河	滨海湿地	102762.38		11528.92	7626.41	25145.39	7726.29	39.45	21830.48	9822.33		186481.65
	闽江	滨海湿地						992.84		12928.51	6660.90		20582.25
	闽南诸河	滨海湿地	197608.61	363.45	19857.45	42963.64	48436.37	2725.24	1144.57	25541.90	29661.60	267.21	368570.04
总计			300370.99	363.45	31386.37	50590.05	73581.76	11444.37	1184.02	60300.89	46144.83	267.21	575633.94

2.3 各湿地区的近海与海岸湿地各湿地型及面积

福建近海与海岸湿地分布在 39 个湿地区，其中单独区划的湿地区 19 个和 20 个零星湿地区。湿地区中近海与海岸湿地面积最大的是兴化湾湿地区，面积 4.97 万公顷；其次是三都湾湿地区，面积 4.96 万公顷；第三为霞浦县零星湿地区，面积 4.50 万公顷(表 2-6)。

表 2-6 福建各湿地区近海与海岸湿地各湿地型面积统计(公顷)

湿地类 / 湿地区	浅海水域	珊瑚礁	岩石海岸	沙石海滩	淤泥质海滩	潮间盐水沼泽	红树林	河口水域	三角洲/沙洲/沙岛	海岸性淡水湖	合计
沙埕港湿地区	1350.81		367.51		1008.21	26.03	39.45	1017.31	1827.16		5636.48
三都湾湿地区	20011.42		722.44		12212.96	5860.22		4439.80	6384.71		49631.55
罗源湾湿地区	3309.69		223.64		1204.59	1157.64		7282.23	792.44		13970.23
闽江河口湿地区	10921.38			1116.85		1024.74		20511.44	5896.57		39470.98
海蚌资源增殖保护湿地区	10858.60			7940.93				107.67	764.33		19671.53
福清湾湿地区	3032.12		137.05	681.08	2638.71		26.92	1478.40	4892.55		12886.83
兴化湾湿地区	21977.13		634.22	2835.95	11483.16	127.44	101.72	5597.49	6917.15		49674.26
平海湾湿地区	5663.76		69.09	1376.52	663.57						7772.94
湄洲湾湿地区	16029.58		827.30	2312.51	8700.37	47.86	36.34	671.73	1035.47		29661.16
泉州湾湿地区	6734.65		499.78	1584.86		1144.03	298.16	4387.2	2508.14		17156.82
深沪湾湿地区	1667.58		110.58	889.46							2667.62
围头湾湿地区	8067.16		229.13	1884.20	1445.61	131.72		1008.48	2776.66		15542.96
厦门海域湿地区	15143.47		1543.76	1469.45	6953.83	173.68	25.18	834.00	1340.37		27483.74
九龙江河口湿地区						290.95	529.16	5142.62	1884.79		7847.52
旧镇港湿地区							18.73	1714.73	4032.75		5766.21
大黄鱼繁育增殖保护湿地区	1642.86		212.93	30.17	183.52						2069.48
东山湾湿地区	11173.98	10.16	486.35	1990.17	3538.44	349.28	108.36	3233.13	2913.39		23803.26
东山珊瑚礁湿地区	1358.19	353.29	26.96	68.93							1807.37

（续）

湿地类 湿地区	浅海水域	珊瑚礁	岩石海岸	沙石海滩	淤泥质海滩	潮间盐水沼泽	红树林	河口水域	三角洲/沙洲/沙岛	海岸性淡水湖	合　计
诏安湾湿地区	11977.33		3173.64	348.29	2323.60				52.38		17875.24
连江县零星湿地区	12013.72		2775.02	2425.01	1248.31	210.24		1209.90	289.29		20171.49
罗源县零星湿地区	536.44		390.43	172.48	151.92			38.76	332.53		1622.56
平潭县零星湿地区	19895.03		4164.82	6543.56	3407.28					120.58	34131.27
福清市零星湿地区	7377.24		290.70	3035.00	6106.91	12.18					16822.03
长乐市零星湿地区	7256.42		1332.26	994.46		240.70			61.79		9885.63
海沧区零星湿地区						43.78					43.78
湖里区零星湿地区	184.86										184.86
集美区零星湿地区						41.54					41.54
涵江区零星湿地区								145.14			145.14
荔城区零星湿地区						35.28		208.07			243.35
秀屿区零星湿地区	13489.43		2107.84	1543.33							17140.60
惠安县零星湿地区	12099.84		1356.91	2896.79				54.48	250.13		16658.15
石狮市零星湿地区	1486.62		524.92	189.23							2200.77
晋江市零星湿地区	1273.60		516.09	361.90		18.54				146.63	2316.76
漳浦县零星湿地区	11766.15		1070.54	2613.80				477.06	443.42		16370.97
诏安县零星湿地区	1684.97					68.26		589.37	552.61		2895.21
东山县零星湿地区	1772.74		131.00	1076.82							2980.56
龙海市零星湿地区	4385.23		624.51	289.89	1174.89						6474.52
霞浦县零星湿地区	29087.83		4801.09	3714.83	6589.12	440.26		151.88	196.2		44981.21
福鼎市零星湿地区	25141.16		2035.86	203.58	2546.76						29927.36
总　　计	300370.99	363.45	31386.37	50590.05	73581.76	11444.37	1184.02	60300.89	46144.83	267.21	575633.94

2.4 各行政区的近海与海岸湿地各湿地型及面积

福建近海与海岸湿地分布于宁德、福州、莆田、泉州、厦门和漳州6个设区市38个县(市、区)。设区市近海与海岸湿地面积最大为福州市(19.50万公顷)，其次是宁德市(13.20万公顷)、漳州市(8.58万公顷)、泉州市(6.97万公顷)、莆田市(6.54万公顷)和厦门市(2.78万公顷)。县(市、区)近海与海岸湿地面积排在前六位的分别是霞浦县(7.00万公顷)、福清市(5.31万公顷)、秀屿区(4.77万公顷)、连江县(4.76万公顷)、平潭县(3.67万公顷)和长乐市(3.61万公顷)，(表2-7)。

表 2-7 福建各行政区近海与海岸湿地各湿地型面积(公顷)

湿地类 行政区	浅海水域	珊瑚礁	岩石海岸	沙石海滩	淤泥质海滩	潮间水沼泽	红树林	河口水域	三角洲/沙洲/沙岛	海岸性淡水湖	合 计
福建省	**300370.99**	**363.45**	**31386.37**	**50590.05**	**73581.76**	**11444.37**	**1184.02**	**60300.89**	**46144.83**	**267.21**	**575633.94**
福州市	**84791.10**		**9669.48**	**24663.25**	**24443.91**	**2735.77**	**128.64**	**35385.05**	**13029.50**	**120.58**	**194967.28**
仓山区								2782.62	479.02		3261.64
福清市	17893.49		645.38	4788.88	18431.81	102.45	128.64	6235.05	4892.55		53118.25
鼓楼区								105.49			105.49
晋安区								129.84			129.84
连江县	23746.28		2904.56	3505.35	1626.08	1423.18		13785.13	615.65		47606.23
罗源县	1972.34		518.82	172.48	978.74	60.17		2436.36	1124.97		7263.88
马尾区						168.51		3339.05	1523.86		5031.42
闽侯县						13.39		3968.83	1517.70		5499.92
平潭县	21773.96		4268.46	7176.37	3407.28					120.58	36746.65
台江区								148.67			148.67
长乐市	19405.03		1332.26	9020.17		968.07		2454.01	2875.75		36055.29
厦门市	**15328.33**		**1543.76**	**1469.45**	**6953.83**	**259.00**	**25.18**	**834.00**	**1340.37**		**27753.92**
海沧区	2358.55		145.31	28.92	796.26	43.78	11.56				3384.38
湖里区	2435.36		240.00	155.84							2831.2
集美区	957.13		1083.49		891.53	41.54					2973.69
思明区	3410.43			1259.01							4669.44
同安区	732.00				350.31			254.86	228.62		1565.79
翔安区	5434.86		74.96	25.68	4915.73	173.68	13.62	579.14	1111.75		12329.42
莆田市	**40198.34**		**2987.29**	**5134.61**	**8512.11**	**108.72**	**36.34**	**1463.87**	**6917.15**		**65358.43**
城厢区	695.86				1975.57			222.92			2894.35
涵江区	3228.23					37.17		574.95	5985.68		9826.03
荔城区	2170.68		73.48		1068.57	35.28		619.10	931.47		4898.58
仙游县						36.27		46.9			83.17
秀屿区	34103.57		2913.81	5134.61	5467.97		36.34				47656.30
泉州市	**38890.87**		**3567.30**	**8986.26**	**4094.41**	**1305.88**	**298.16**	**5852.07**	**6570.40**	**146.63**	**69711.98**
丰泽区						467.15	8.35	1300.02	959.44		2734.96
惠安县	19093.04		1932.57	4805.50		203.09	289.81	1075.20	588.45		27987.66
晋江市	8934.74		700.46	2769.93	1445.61	443.85		2154.78	1704.45	146.63	18300.45
洛江区								15.14			15.14
南安市	1825.22		115.43	174.85		131.72		631.93	1881.51		4760.66
泉港区	4691.30		57.54	418.19	2648.8	11.59		401.91	1035.47		9264.80
石狮市	4346.57		761.30	817.79		48.48		273.09	401.08		6648.31

（续）

湿地类 行政区	浅海水域	珊瑚礁	岩石海岸	沙石海滩	淤泥质海滩	潮间水沼泽	红树林	河口水域	三角洲/沙洲/沙岛	海岸性淡水湖	合　计
漳州市	**44118.59**	**363.45**	**5513.00**	**6387.9**	**7036.93**	**708.49**	**656.25**	**11156.91**	**9879.34**		**85820.86**
东山县	11922.19	363.45	3553.61	2098.76	449.20				42.29		18429.50
龙海市	4385.23		624.51	289.89	1174.89	290.95	529.16	5142.62	1884.79		14322.04
云霄县	3809.42			1001.47		109.15	108.36	2114.33	939.40		8082.13
漳浦县	17051.10		1159.09	2649.49	3538.44	240.13	18.73	3310.59	6460.25		34427.82
诏安县	6950.65		175.79	348.29	1874.40	68.26		589.37	552.61		10559.37
宁德市	**77043.76**		**8105.54**	**3948.58**	**22540.57**	**6326.51**	**39.45**	**5608.99**	**8408.07**		**132021.47**
福安市	3401.72		41.72		1016.38	968.35		1755.73	1798.25		8982.15
福鼎市	26491.97		2403.37	203.58	3554.97	26.03	39.45	1017.31	1827.16		35563.84
蕉城区	6654.40		407.49	30.17	1901.00	1887.87		2214.29	4342.69		17437.91
霞浦县	40495.67		5252.96	3714.83	16068.22	3444.26		621.66	439.97		70037.57

3　河流湿地

3.1　河流湿地各湿地型及面积

福建省有河流湿地 13.51 万公顷，包括永久性河流和洪泛平原湿地 2 个湿地型，以永久性河流为主(图 2-6)。

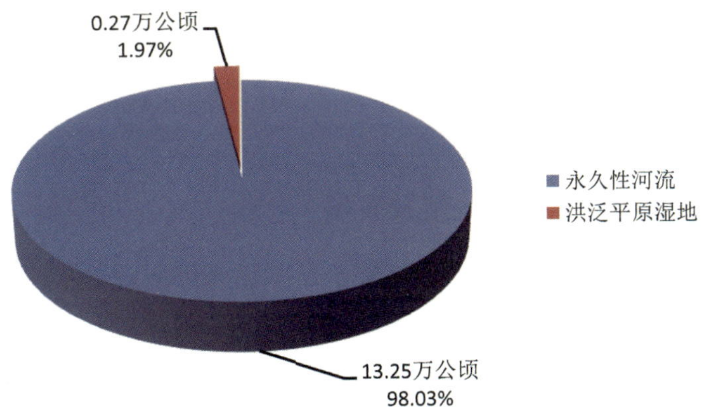

图 2-6　福建河流湿地各湿地型面积与比例构成

3.1.1　永久性河流湿地

永久性河流湿地指常年有河水径流的河流，仅包括河床部分。福建省永久性河流湿地面积达 13.25 万公顷，占河流湿地总面积的 98.08%。福建省共有大小河道 2800 多条，平均宽度大于 10 米、长度大于 5 公里的河流湿地斑块 4873 块。由于福建地形以山地丘陵为主，水系发达，河流湿地在福建省分布较为均匀。

3.1.2　洪泛平原湿地

洪泛平原湿地指在丰水季节由洪水泛滥的河滩、河心洲、河谷、季节性泛滥的草地以及常年或季节性被水浸润的内陆三角洲。福建省洪泛平原湿地面积 0.26 万公顷，占河流湿地总面积的 1.92%，主要分布于永久性河流两旁较为平缓地带。

3.2 各流域的河流湿地各湿地型及面积

福建河流湿地涉及 3 个一级流域 6 个二级流域 9 个三级流域。各流域的河流湿地面积分布见表 2-8。一级流域中东南诸河流域河流湿地面积 12.36 万公顷，珠江区 1.07 万公顷，长江区 0.08 万公顷。

表 2-8 福建各流域河流湿地各湿地型面积统计(公顷)

一级流域	二级流域	三级流域	永久性河流	洪泛平原湿地	合 计
东南诸河	钱塘江	富春江水库以上	95.86		95.86
	闽东诸河	闽东诸河	16172.58	434.86	16607.44
	闽江	闽江上游(南平以上)	47326.54	731.31	48057.85
		闽江中下游(南平以下)	22172.71	870.49	23043.20
		小 计	69499.25	1601.80	71101.05
	闽南诸河	闽南诸河	35305.73	532.68	35838.41
	共 计		121073.42	2569.34	123642.76
珠江区	韩江及粤东诸河	韩江白莲以上	10617.97	86.54	10704.51
长江区	鄱阳湖水系	抚河	9.08		9.08
		赣江栋背以上	138.56		138.56
		信江	616.86		616.86
		小 计	764.50		764.50
总 计			132455.89	2655.88	135111.77

3.3 各湿地区的河流湿地各湿地型及面积

福建省各湿地区河流湿地面积分布见表 2-9。各湿地区河流湿地面积最大的为闽侯县零星湿地区，其次为建瓯市零星湿地区，第三是福安市零星湿地区。

表 2-9 福建各湿地区河流湿地各湿地型面积统计(公顷)

湿地型 湿地区	永久性河流	洪泛平原湿地	合 计
泉州湾湿地区	43.46		43.46
鼓楼区零星湿地区	23.81		23.81
台江区零星湿地区	69.31		69.31
仓山区零星湿地区	212.47		212.47
马尾区零星湿地区	109.24		109.24
晋安区零星湿地区	520.31		520.31

（续）

湿地型 湿地区	永久性河流	洪泛平原湿地	合 计
闽侯县零星湿地区	4569.99	599.66	5169.65
连江县零星湿地区	1054.38	82.03	1136.41
罗源县零星湿地区	865.45	8.04	873.49
闽清县零星湿地区	2119.07	54.09	2173.16
永泰县零星湿地区	2665.02	185.44	2850.46
平潭县零星湿地区	10.14		10.14
福清市零星湿地区	1143.32	48.70	1192.02
长乐市零星湿地区	768.65		768.65
海沧区零星湿地区	27.88		27.88
集美区零星湿地区	119.81		119.81
同安区零星湿地区	931.77		931.77
翔安区零星湿地区	185.81		185.81
城厢区零星湿地区	624.74		624.74
涵江区零星湿地区	686.19	9.6	695.79
荔城区零星湿地区	130.56		130.56
秀屿区零星湿地区	56.04		56.04
仙游县零星湿地区	2110.60	37.53	2148.13
梅列区零星湿地区	460.07		460.07
三元区零星湿地区	457.05		457.05
明溪县零星湿地区	995.09		995.09
清流县零星湿地区	1890.41		1890.41
宁化县零星湿地区	1617.99		1617.99
大田县零星湿地区	1986.01		1986.01
尤溪县零星湿地区	4001.17	23.09	4024.26
沙县零星湿地区	2403.62		2403.62
将乐县零星湿地区	3083.74	22.30	3106.04
泰宁县零星湿地区	2656.27		2656.27
建宁县零星湿地区	1736.53		1736.53
永安市零星湿地区	2794.06		2794.06
鲤城区零星湿地区	213.55		213.55
丰泽区零星湿地区	108.03		108.03

（续）

湿地型 湿地区	永久性河流	洪泛平原湿地	合　计
洛江区零星湿地区	269.79		269.79
泉港区零星湿地区	137.20		137.20
惠安县零星湿地区	787.59		787.59
安溪县零星湿地区	3097.39	11.91	3109.30
永春县零星湿地区	1229.52		1229.52
德化县零星湿地区	1921.52		1921.52
石狮市零星湿地区	27.08		27.08
晋江市零星湿地区	591.23		591.23
南安市零星湿地区	2800.03	41.54	2841.57
芗城区零星湿地区	857.82	138.10	995.92
龙文区零星湿地区	736.19		736.19
云霄县零星湿地区	1342.21		1342.21
漳浦县零星湿地区	1567.73	8.12	1575.85
诏安县零星湿地区	1355.06	77.59	1432.65
长泰县零星湿地区	1231.19		1231.19
东山县零星湿地区	10.44		10.44
南靖县零星湿地区	2505.36	46.48	2551.84
平和县零星湿地区	2197.65		2197.65
华安县零星湿地区	2003.88	95.77	2099.65
龙海市零星湿地区	1376.01	8.16	1384.17
延平区零星湿地区	3786.64	76.05	3862.69
顺昌县零星湿地区	1692.26	26.31	1718.57
浦城县零星湿地区	3890.43	22.17	3912.60
光泽县零星湿地区	2940.86	206.18	3147.04
松溪县零星湿地区	920.18		920.18
政和县零星湿地区	1693.89	36.66	1730.55
邵武市零星湿地区	3796.82	73.13	3869.95
武夷山市零星湿地区	3015.64	86.59	3102.23
建瓯市零星湿地区	5040.76	127.44	5168.20
建阳市零星湿地区	4576.73	47.39	4624.12
新罗区零星湿地区	2480.03		2480.03

（续）

湿地型 湿地区	永久性河流	洪泛平原湿地	合　计
长汀县零星湿地区	2789.86	44.54	2834.40
永定县零星湿地区	1687.05		1687.05
上杭县零星湿地区	2587.19	29.47	2616.66
武平县零星湿地区	2049.77		2049.77
连城县零星湿地区	2357.19	27.83	2385.02
漳平市零星湿地区	2669.46	9.18	2678.64
蕉城区零星湿地区	1478.35	107.95	1586.30
霞浦县零星湿地区	1177.00		1177.00
古田县零星湿地区	2338.09		2338.09
屏南县零星湿地区	1356.84		1356.84
寿宁县零星湿地区	1239.62		1239.62
周宁县零星湿地区	790.10		790.10
柘荣县零星湿地区	503.43		503.43
福安市零星湿地区	4543.90	217.90	4761.80
福鼎市零星湿地区	1557.30	18.94	1576.24
总　　计	132455.89	2655.88	135111.77

3.4　各行政区的河流湿地各湿地型及面积

福建省9个设区市、各行政区河流湿地面积分布见表2-10。其中，南平市河流湿地面积达3.21万公顷，居9个设区市之首；三明市2.41万公顷，居第二位；龙岩市1.67万公顷，居第三位。县(市、区)湿地面积排在前六位的分别是闽侯县(0.52万公顷)、建瓯市(0.52万公顷)、福安市(0.48万公顷)、建阳市(0.46万公顷)、尤溪县(0.40万公顷)、浦城县(0.39万公顷)。

表2-10　福建各行政区河流湿地各湿地型面积统计(公顷)

湿地型 行政区	永久性河流	洪泛平原湿地	合　计
福建省	**132455.89**	**2655.88**	**135111.77**
福州市	**14131.16**	**977.96**	**15109.12**
仓山区	212.47		212.47
福清市	1143.32	48.70	1192.02
鼓楼区	23.81		23.81
晋安区	520.31		520.31
连江县	1054.38	82.03	1136.41

（续）

湿地型 行政区	永久性河流	洪泛平原湿地	合 计
罗源县	865.45	8.04	873.49
马尾区	109.24		109.24
闽侯县	4569.99	599.66	5169.65
闽清县	2119.07	54.09	2173.16
平潭县	10.14		10.14
台江区	69.31		69.31
永泰县	2665.02	185.44	2850.46
长乐市	768.65		768.65
厦门市	**1265.27**		**1265.27**
海沧区	27.88		27.88
集美区	119.81		119.81
同安区	931.77		931.77
翔安区	185.81		185.81
莆田市	**3608.13**	**47.13**	**3655.26**
城厢区	624.74		624.74
涵江区	686.19	9.60	695.79
荔城区	130.56		130.56
仙游县	2110.60	37.53	2148.13
秀屿区	56.04		56.04
三明市	**24082.01**	**45.39**	**24127.40**
大田县	1986.01		1986.01
建宁县	1736.53		1736.53
将乐县	3083.74	22.30	3106.04
梅列区	460.07		460.07
明溪县	995.09		995.09
宁化县	1617.99		1617.99
清流县	1890.41		1890.41
三元区	457.05		457.05
沙县	2403.62		2403.62
泰宁县	2656.27		2656.27
永安市	2794.06		2794.06

（续）

湿地型 行政区	永久性河流	洪泛平原湿地	合 计
尤溪县	4001.17	23.09	4024.26
泉州市	**11226.39**	**53.45**	**11279.84**
安溪县	3097.39	11.91	3109.30
德化县	1921.52		1921.52
丰泽区	108.03		108.03
惠安县	787.59		787.59
晋江市	591.23		591.23
鲤城区	213.55		213.55
洛江区	313.25		313.25
南安市	2800.03	41.54	2841.57
泉港区	137.20		137.20
石狮市	27.08		27.08
永春县	1229.52		1229.52
漳州市	**15183.54**	**374.22**	**15557.76**
东山县	10.44		10.44
华安县	2003.88	95.77	2099.65
龙海市	1376.01	8.16	1384.17
龙文区	736.19		736.19
南靖县	2505.36	46.48	2551.84
平和县	2197.65		2197.65
芗城区	857.82	138.10	995.92
云霄县	1342.21		1342.21
漳浦县	1567.73	8.12	1575.85
长泰县	1231.19		1231.19
诏安县	1355.06	77.59	1432.65
南平市	**31354.21**	**701.92**	**32056.13**
光泽县	2940.86	206.18	3147.04
建瓯市	5040.76	127.44	5168.20
建阳市	4576.73	47.39	4624.12
浦城县	3890.43	22.17	3912.60
邵武市	3796.82	73.13	3869.95

（续）

湿地型 行政区	永久性河流	洪泛平原湿地	合 计
顺昌县	1692.26	26.31	1718.57
松溪县	920.18		920.18
武夷山市	3015.64	86.59	3102.23
延平区	3786.64	76.05	3862.69
政和县	1693.89	36.66	1730.55
龙岩市	**16620.55**	**111.02**	**16731.57**
连城县	2357.19	27.83	2385.02
上杭县	2587.19	29.47	2616.66
武平县	2049.77		2049.77
新罗区	2480.03		2480.03
永定县	1687.05		1687.05
漳平市	2669.46	9.18	2678.64
长汀县	2789.86	44.54	2834.40
宁德市	**14984.63**	**344.79**	**15329.42**
福安市	4543.90	217.90	4761.80
福鼎市	1557.30	18.94	1576.24
古田县	2338.09		2338.09
蕉城区	1478.35	107.95	1586.30
屏南县	1356.84		1356.84
寿宁县	1239.62		1239.62
霞浦县	1177.00		1177.00
柘荣县	503.43		503.43
周宁县	790.10		790.10

4 湖泊湿地

4.1 湖泊湿地各湿地型及面积

湖泊湿地主要包括永久性淡水湖、季节性淡水湖、永久性咸水湖、季节性咸水湖等。福建境内湖泊少，而且小，湖泊湿地面积仅257.23公顷，全部为永久性淡水湖。主要分布在福州沿海地区。

4.2 各流域的湖泊湿地各湿地型及面积

福建省湖泊湿地一级流域涉及东南诸河，二级流域涉及闽江和闽南诸河，涉及三级流域3个（表2-11）。

表 2-11 福建各流域湖泊湿地各湿地型面积统计(公顷)

<table>
<tr><th>一级流域</th><th>二级流域</th><th>三级流域</th><th>永久性淡水湖</th><th>合 计</th></tr>
<tr><td rowspan="5">东南诸河</td><td rowspan="3">闽江</td><td>闽江上游(南平以上)</td><td>11.27</td><td>11.27</td></tr>
<tr><td>闽江中下游(南平以下)</td><td>211.99</td><td>211.99</td></tr>
<tr><td>小 计</td><td>223.26</td><td>223.26</td></tr>
<tr><td>闽南诸河</td><td>闽南诸河</td><td>33.97</td><td>33.97</td></tr>
<tr><td colspan="2">共 计</td><td>257.23</td><td>257.23</td></tr>
<tr><td colspan="3">总 计</td><td>257.23</td><td>257.23</td></tr>
</table>

4.3 各湿地区湖泊湿地各湿地型及面积

福建省仅有5个零星湿地区有湖泊湿地分布(表2-12)。

表 2-12 福建各湿地区湖泊湿地各湿地型面积统计(公顷)

湿地型 湿地区	永久性淡水湖	合 计
鼓楼区零星湿地区	43.90	43.90
闽侯县零星湿地区	168.09	168.09
福清市零星湿地区	24.76	24.76
翔安区零星湿地区	9.21	9.21
邵武市零星湿地区	11.27	11.27
总 计	257.23	257.23

4.4 各行政区湖泊湿地各湿地型及面积

福建省各行政区湖泊湿地面积分布见表2-13，主要分布在福州市闽侯县。

表 2-13 福建各行政区湖泊湿地各湿地型面积统计(公顷)

湿地型 行政区	永久性淡水湖	合 计
福建省	**257.23**	**257.23**
福州市	**236.75**	**236.75**
鼓楼区	43.90	43.90
闽侯县	168.09	168.09
福清市	24.76	24.76
厦门市	**9.21**	**9.21**
翔安区	9.21	9.21
南平市	**11.27**	**11.27**
邵武市	11.27	11.27

5 沼泽湿地

5.1 沼泽湿地各湿地型及面积

福建省沼泽湿地 193.97 公顷，包括草本沼泽、灌丛沼泽、地热湿地和淡水泉/绿洲湿地 4 个湿地型。由于湖泊与江(河)滩地围垦、沼泽湿地自然淤积加快与围垦等因素影响，福建省沼泽湿地面积锐减，保存量少而且零散，单块面积小。

5.2 各流域的沼泽湿地各湿地型及面积

福建省各流域沼泽湿地分布见表 2-14。

表 2-14 福建各流域沼泽湿地各湿地型面积统计(公顷)

一级流域	二级流域	三级流域	草本沼泽	灌丛沼泽	地热湿地	淡水泉/绿洲湿地	合 计
东南诸河	闽东诸河	闽东诸河	9.55				9.55
	闽江	闽江上游(南平以上)	8.21	20.87	8.12	9.38	46.58
		闽江中下游(南平以下)	14.56				14.56
		小 计	22.77	20.87	8.12	9.38	61.14
	闽南诸河	闽南诸河	123.28				123.28
总 计			155.60	20.87	8.12	9.38	193.97

5.3 各湿地区沼泽湿地各湿地型及面积

福建省各湿地区沼泽湿地分布见表 2-15。

表 2-15 福建各湿地区沼泽湿地各湿地型面积统计(公顷)

湿地区 \ 湿地型	草本沼泽	灌丛沼泽	地热湿地	淡水泉/绿洲湿地	合 计
长乐市零星湿地区	25.04				25.04
集美区零星湿地区	66.90				66.90
城厢区零星湿地区	23.05				23.05
清流县零星湿地区			8.12	9.38	17.50
泰宁县零星湿地区		10.20			10.20
永安市零星湿地区	8.21	10.67			18.88
云霄县零星湿地区	8.29				8.29
屏南县零星湿地区	24.11				24.11
总 计	155.60	20.87	8.12	9.38	193.97

5.4　各行政区的沼泽湿地各湿地型及面积

福建省各设区市沼泽湿地面积分布详见表2-16。

表2-16　福建各行政区沼泽湿地各湿地型面积统计(公顷)

湿地型 / 行政区	草本沼泽	灌丛沼泽	地热湿地	淡水泉/绿洲湿地	合　计
福建省	**155.60**	**20.87**	**8.12**	**9.38**	**193.97**
福州市	**25.04**				**25.04**
长乐市	25.04				25.04
厦门市	**66.90**				**66.90**
集美区	66.90				66.90
莆田市	**23.05**				**23.05**
城厢区	23.05				23.05
三明市	**8.21**	**20.87**	**8.12**	**9.38**	**46.58**
清流县			8.12	9.38	17.50
泰宁县		10.20			10.20
永安市	8.21	10.67			18.88
漳州市	**8.29**				**8.29**
云霄县	8.29				8.29
宁德市	**24.11**				**24.11**
屏南县	24.11				24.11

6　人工湿地

6.1　人工湿地各湿地型及面积

福建省人工湿地15.98万公顷，占湿地总面积的18.35%，主要有库塘、运河/输水河、水产养殖场和盐田4种湿地型(图2-7)。

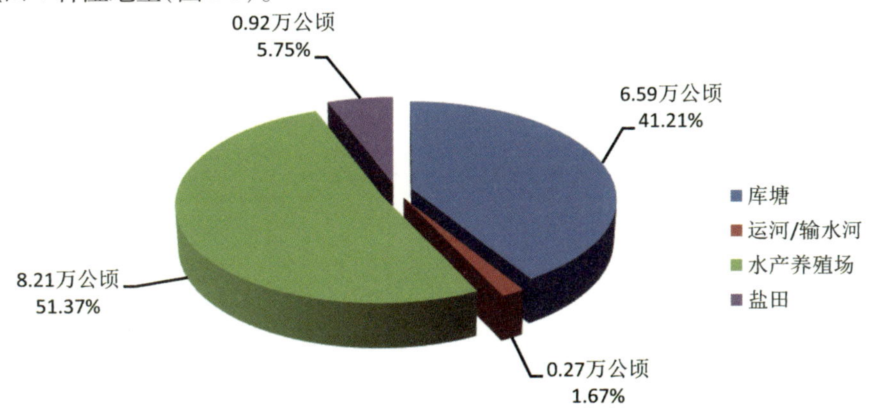

图2-7　福建人工湿地面积及比例构成图(万公顷)

6.1.1 库 塘

库塘湿地主要是为灌溉、水电、防洪等目的而建造的，面积不小于8公顷的人工蓄水区。福建省库塘湿地全为水库，面积6.59万公顷，分布于低山丘陵地区，尤其在闽江和闽南诸河流域居多。

6.1.2 运河/输水河

运河/输水河包括以灌溉、疏浚等为主要目的而建造的人工河流湿地，面积为0.27万公顷，主要分布于莆田市、泉州市、厦门市和漳州市等闽南地区。

6.1.3 水产养殖场

水产养殖场指以水产养殖为主要目的而建造的人工湿地。福建省水产养殖场面积8.21万公顷，主要分布于沿海地区。

6.1.4 盐 田

盐田是指为获取盐业资源而修建的晒盐场或盐池。福建省盐田面积0.92万公顷，主要分布于闽南沿海地区。

6.2 各流域的人工湿地各湿地型及面积

从一级流域来看，东南诸河人工湿地面积最大，面积15.26万公顷，其中库塘湿地5.87万公顷，水产养殖场8.20万公顷，盐田0.92万公顷，以水产养殖场为主；其次为珠江区人工湿地面积为0.71万公顷，主要以库塘湿地为主，面积0.70万公顷，运河/输水河和水产养殖场很小。福建省各级流域人工湿地分布见表2-17。

表2-17 福建各级流域人工湿地各湿地型面积统计(公顷)

一级流域	二级流域	三级流域	库 塘	运河/输水河	水产养殖场	盐 田	合 计
东南诸河	闽东诸河	闽东诸河	5710.53	71.63	653.64		6435.80
		滨海湿地	765.74		13163.99		13929.73
		小 计	6476.27	71.63	13817.63		20365.53
	闽江	闽江上游(南平以上)	13845.61	80.18	538.95		14464.74
		闽江中下游(南平以下)	17003.29	113.68	870.97		17987.94
		滨海湿地	24.43		1504.47		1528.90
		小 计	30873.33	193.86	2914.39		33981.58
	闽南诸河	闽南诸河	19147.30	2364.61	14977.23		36489.14
		滨海湿地	2232.58		50338.99		61756.88
		小 计	21379.88	2364.61	65316.22		98246.02
	共 计		58729.48	2630.10	82048.24	9185.31	152593.13

（续）

一级流域	二级流域	三级流域	库 塘	运河/输水河	水产养殖场	盐 田	合 计
长江区	鄱阳湖水系	信江	28.31				28.31
		抚河	39.43				39.43
		赣江栋背以上	42.79				42.79
		小 计	110.53				110.53
	共 计		110.53				110.53
珠江区	韩江及粤东诸河	韩江白莲以上	7027.79	47.22	70.77		7145.78
总 计			65867.80	2677.32	82119.01	9185.31	159849.44

6.3 各湿地区的人工湿地各湿地型及面积

福建省各湿地区人工湿地分布见表2-18。兴化湾湿地区人工湿地面积最大，面积1.16万公顷，主要湿地型为水产养殖场；第二位是湄洲湾湿地区，面积0.77万公顷，主要湿地型为水产养殖场和盐田；第三位的是水口水库湿地区，面积0.75万公顷，为库塘湿地。

表2-18 福建各湿地区人工湿地各湿地型面积统计（公顷）

湿地区＼湿地型	库 塘	运河/输水河	水产养殖场	盐 田	合 计
福建省	**65867.80**	**2677.32**	**82119.01**	**9185.31**	**159849.44**
沙埕港湿地区			1406.60		1406.60
三都湾湿地区	235.63		5479.27		5714.90
罗源湾湿地区	530.11		4720.17		5250.28
闽江河口湿地区	24.43		1665.06		1689.49
福清湾湿地区			5570.83		5570.83
兴化湾湿地区	955.51		10374.18	305.21	11634.90
平海湾湿地区			728.30	1765.12	2493.42
湄洲湾湿地区			6239.38	1413.80	7653.18
泉州湾湿地区			232.63	137.15	369.78
围头湾湿地区	11.45		551.63	815.64	1378.72
厦门海域湿地区			767.08	275.68	1042.76
九龙江河口湿地区	32.26		3868.77		3901.03
旧镇港湿地区			2776.99	1009.16	3786.15
东山湾湿地区			4103.83	89.83	4193.66

（续）

湿地区＼湿地型	库 塘	运河/输水河	水产养殖场	盐 田	合 计
诏安湾湿地区	754.35		3172.11	1991.17	5917.63
洪口水库湿地区	796.10				796.10
水口水库湿地区	7487.75				7487.75
山仔水库湿地区	379.77				379.77
街面水库湿地区	2543.64				2543.64
棉花滩水库湿地区	4881.04				4881.04
仓山区零星湿地区	8.95		42.32		51.27
马尾区零星湿地区	95.79	5.69	47.69		149.17
晋安区零星湿地区	179.73				179.73
闽侯县零星湿地区	271.24	20.90	404.58		696.72
连江县零星湿地区	275.64	29.82	431.87		737.33
罗源县零星湿地区	143.07	11.91	300.69		455.67
闽清县零星湿地区	253.51	47.75			301.26
永泰县零星湿地区	472.74		9.68		482.42
平潭县零星湿地区	60.24		1246.16	491.47	1797.87
福清市零星湿地区	1796.22	140.10	3220.64	393.24	5550.20
长乐市零星湿地区	348.15	32.37	2253.09		2633.61
思明区零星湿地区	199.71				199.71
海沧区零星湿地区	287.69	12.59	980.86		1281.14
湖里区零星湿地区	75.26		11.35		86.61
集美区零星湿地区	1110.30		1287.84		2398.14
同安区零星湿地区	458.21	24.01	556.76		1038.98
翔安区零星湿地区	188.26		1995.43		2183.69
城厢区零星湿地区	1756.33	95.19	8.03		1859.55
涵江区零星湿地区	249.66	292.26	77.55		619.47
荔城区零星湿地区	47.76	429.07	19.49		496.32
秀屿区零星湿地区	87.09	152.21	412.78	75.35	727.43
仙游县零星湿地区	1059.44				1059.44
梅列区零星湿地区			34.10		34.10
三元区零星湿地区	724.92		17.29		742.21
明溪县零星湿地区	343.53				343.53

（续）

湿地型 湿地区	库　塘	运河/输水河	水产养殖场	盐　田	合　计
清流县零星湿地区	1182.96				1182.96
宁化县零星湿地区	438.97	10.92			449.89
大田县零星湿地区	183.05				183.05
尤溪县零星湿地区	490.81				490.81
沙县零星湿地区	281.34		149.99		431.33
将乐县零星湿地区	108.48		13.17		121.65
泰宁县零星湿地区	2586.74	5.34	21.46		2613.54
建宁县零星湿地区	178.67				178.67
永安市零星湿地区	1073.47	53.94			1127.41
鲤城区零星湿地区		34.80			34.80
丰泽区零星湿地区	82.76	155.70	30.28		268.74
洛江区零星湿地区	551.64	8.84	18.49		578.97
泉港区零星湿地区	403.08				403.08
惠安县零星湿地区	157.65	8.62	967.60	405.27	1539.14
安溪县零星湿地区	634.28				634.28
永春县零星湿地区	272.90				272.90
德化县零星湿地区	800.66				800.66
石狮市零星湿地区	67.27	6.19	72.24	17.22	162.92
晋江市零星湿地区	453.07	130.24	162.80		746.11
南安市零星湿地区	2674.35	18.43	79.89		2772.67
芗城区零星湿地区	10.27	49.10	455.55		514.92
龙文区零星湿地区	16.98	13.89	474.92		505.79
云霄县零星湿地区	1004.47	120.99	56.15		1181.61
漳浦县零星湿地区	1712.55	235.13	5110.01		7057.69
诏安县零星湿地区	964.96	32.91	3027.64		4025.51
长泰县零星湿地区	262.46	52.43	619.61		934.50
东山县零星湿地区	110.20	58.11	434.36		602.67
南靖县零星湿地区	396.11	59.38	777.54		1233.03
平和县零星湿地区	448.05		42.93		490.98
华安县零星湿地区	35.73		130.86		166.59
龙海市零星湿地区	539.39	193.02	2622.70		3355.11

（续）

湿地区＼湿地型	库　塘	运河/输水河	水产养殖场	盐　田	合　计
延平区零星湿地区	1469. 81		12. 56		1482. 37
顺昌县零星湿地区	1109. 71				1109. 71
浦城县零星湿地区	494. 91		51. 71		546. 62
光泽县零星湿地区	536. 38	11. 18			547. 56
松溪县零星湿地区	503. 32				503. 32
政和县零星湿地区	553. 73		12. 12		565. 85
邵武市零星湿地区	131. 12		32. 63		163. 75
武夷山市零星湿地区	584. 82		34. 91		619. 73
建瓯市零星湿地区	2065. 94		158. 12		2224. 06
建阳市零星湿地区	401. 50	15. 02			416. 52
新罗区零星湿地区	1289. 22	26. 35	9. 17		1324. 74
长汀县零星湿地区	650. 87	7. 85			658. 72
永定县零星湿地区	146. 39	5. 36			151. 75
上杭县零星湿地区	514. 60		11. 36		525. 96
武平县零星湿地区	717. 19	34. 01	59. 41		810. 61
连城县零星湿地区	417. 80	5. 80	13. 45		437. 05
漳平市零星湿地区	164. 51				164. 51
蕉城区零星湿地区	254. 44	29. 90	475. 05		759. 39
霞浦县零星湿地区	433. 98		639. 57		1073. 55
古田县零星湿地区	3215. 80		131. 02		3346. 82
屏南县零星湿地区	654. 69				654. 69
寿宁县零星湿地区	555. 94				555. 94
周宁县零星湿地区	942. 42				942. 42
柘荣县零星湿地区	105. 76				105. 76
福安市零星湿地区	84. 20		8. 50		92. 70
福鼎市零星湿地区	619. 95		186. 21		806. 16

6.4 各行政区的人工湿地各湿地型及面积

福建省 9 个设区市人工湿地分布详见表 2-19。漳州市人工湿地面积最大，面积 3. 79 万公顷；第二位的是福州市，面积 3. 51 万公顷；第三位是宁德市，面积 1. 92 万公顷。

表 2-19　福建各行政区人工湿地各湿地型面积（公顷）

湿地型 行政区	库　塘	运河/输水河	水产养殖场	盐　田	合　计
福建省	**65867.80**	**2677.32**	**82119.01**	**9185.31**	**159849.44**
福州市	**6171.80**	**288.54**	**27772.07**	**884.71**	**35117.12**
仓山区	24.77		69.64		94.41
福清市	2751.73	140.10	16544.29	393.24	19829.36
晋安区	244.48				244.48
连江县	590.66	29.82	3581.98		4202.46
罗源县	673.18	11.91	2079.8		2764.89
马尾区	95.79	5.69	877.32		978.80
闽侯县	279.85	20.90	484.24		784.99
闽清县	630.21	47.75			677.96
平潭县	60.24		1304.02	491.47	1855.73
永泰县	472.74		9.68		482.42
长乐市	348.15	32.37	2821.10		3201.62
厦门市	**2319.43**	**36.60**	**5599.32**	**275.68**	**8231.03**
海沧区	287.69	12.59	980.86		1281.14
湖里区	75.26		11.35		86.61
集美区	1110.30		1287.84		2398.14
思明区	199.71				199.71
同安区	458.21	24.01	556.76		1038.98
翔安区	188.26		2762.51	275.68	3226.45
莆田市	**3200.28**	**968.73**	**6195.64**	**2394.53**	**12759.18**
城厢区	1756.33	95.19	185.67		2037.19
涵江区	249.66	292.26	316.47	118.03	976.42
荔城区	47.76	429.07	1258.04	187.18	1922.05
仙游县	1059.44		245.87		1305.31
秀屿区	87.09	152.21	4189.59	2089.32	6518.21
三明市	**9889.23**	**70.20**	**236.01**		**10195.44**
大田县	338.37				338.37
建宁县	178.67				178.67
将乐县	108.48		13.17		121.65
梅列区			34.10		34.10

（续）

湿地型 行政区	库 塘	运河/输水河	水产养殖场	盐 田	合 计
明溪县	343.53				343.53
宁化县	438.97	10.92			449.89
清流县	1182.96				1182.96
三元区	724.92		17.29		742.21
沙县	281.34		149.99		431.33
泰宁县	2586.74	5.34	21.46		2613.54
永安市	1073.47	53.94			1127.41
尤溪县	2631.78				2631.78
泉州市	**6356.46**	**362.82**	**5920.34**	**2540.23**	**15179.85**
安溪县	634.28				634.28
德化县	1048.01				1048.01
丰泽区	82.76	155.70	64.87		303.33
惠安县	157.65	8.62	4501.1	665.38	5332.75
晋江市	464.52	130.24	294.41	775.47	1664.64
鲤城区		34.80			34.80
洛江区	551.64	8.84	18.49		578.97
南安市	2674.35	18.43	618.66	40.17	3351.61
泉港区	403.08		350.57	1041.99	1795.64
石狮市	67.27	6.19	72.24	17.22	162.92
永春县	272.90				272.90
漳州市	**6287.78**	**814.96**	**27673.97**	**3090.16**	**37866.87**
东山县	864.55	58.11	2768.39	2034.06	5725.11
华安县	35.73		130.86		166.59
龙海市	571.65	193.02	6491.47		7256.14
龙文区	16.98	13.89	474.92		505.79
南靖县	396.11	59.38	777.54		1233.03
平和县	448.05		42.93		490.98
芗城区	10.27	49.10	455.55		514.92
云霄县	1004.47	120.99	1734.91	46.94	2907.31
漳浦县	1712.55	235.13	10312.66	1009.16	13269.5
长泰县	262.46	52.43	619.61		934.5

（续）

湿地型 行政区	库 塘	运河/输水河	水产养殖场	盐 田	合 计
诏安县	964.96	32.91	3865.13		4863.00
南平市	**12035.76**	**26.20**	**302.05**		**12364.01**
光泽县	536.38	11.18			547.56
建瓯市	2065.94		158.12		2224.06
建阳市	401.50	15.02			416.52
浦城县	494.91		51.71		546.62
邵武市	131.12		32.63		163.75
顺昌县	1109.71				1109.71
松溪县	503.32				503.32
武夷山市	584.82		34.91		619.73
延平区	5654.33		12.56		5666.89
政和县	553.73		12.12		565.85
龙岩市	**8781.62**	**79.37**	**93.39**		**8954.38**
连城县	417.80	5.80	13.45		437.05
上杭县	1795.56		11.36		1806.92
武平县	717.19	34.01	59.41		810.61
新罗区	1289.22	26.35	9.17		1324.74
永定县	3746.47	5.36			3751.83
漳平市	164.51				164.51
长汀县	650.87	7.85			658.72
宁德市	**10825.44**	**29.90**	**8326.22**		**19181.56**
福安市	84.20		1172.31		1256.51
福鼎市	619.95		1592.81		2212.76
古田县	6142.33		131.02		6273.35
蕉城区	1286.17	29.90	3061.39		4377.46
屏南县	654.69				654.69
寿宁县	555.94				555.94
霞浦县	433.98		2368.69		2802.67
柘荣县	105.76				105.76
周宁县	942.42				942.42

第二节 湿地分布规律

2010 年调查的福建省湿地有 5 类 21 型(稻田/冬水田除外)。全国所有的湿地类在福建均有分布。福建的湿地型占全国所有湿地型的 63.6%。福建省在较小的面积范围内集中了多种湿地类型，湿地类型多样，但面积分布极不均衡，各类湿地在空间分布上也各有其自身规律和特点。

1 近海与海岸湿地分布规律

福建地处太平洋西岸的我国东南沿海地区，海岸线漫长曲折，陆地海岸线长达 3752 公里，海岸线曲折率 1∶7，居全国第一位。全国近海与海岸湿地 12 个湿地型。2010 年湿地调查结果表明，福建近海与海岸湿地面积 57.56 万公顷，占福建省湿地总面积的 66.09%。福建近海与海岸湿地有浅海水域、珊瑚礁、岩石海岸、沙石海滩、淤泥质海滩、潮间盐水沼泽、红树林、河口水域、三角洲/沙洲/沙岛和海岸性淡水湖共 10 个湿地型，类型多，其中以浅海水域、淤泥质海滩和河口水域湿地为主。近海与海岸湿地连续分布于整个福建沿海，涉及福建沿海的宁德、福州、莆田、泉州、厦门和漳州 6 个设区市 38 个县(市、区)，19 个沿海单独区划的湿地区和 20 个沿海县市零星湿地区。近海与海岸湿地全部分布于东南诸河流域，涉及闽东诸河、闽南诸河和闽江流域 3 个二级流域(图 2-8 至图 2-22)。

图 **2-8** 浅海水域(张勇)

图 **2-9** 浅海水域(余希)

图 **2-10** 珊瑚礁(漳州林业局)

图 **2-11** 珊瑚礁(漳州林业局)

图 **2-12**　岩石海岸(余希)

图 **2-13**　沙石海滩(张勇)

图 **2-14**　淤泥质海滩(郑丁团)

图 **2-15**　淤泥质海滩(张勇)

图 **2-16**　淤泥质海滩(张勇)

图 **2-17**　潮间盐水沼泽(张勇)

图 **2-18**　潮间盐水沼泽(余希)

图 **2-19**　红树林(张勇)

图 **2-20** 红树林(张勇)

图 **2-21** 红树林(张勇)

图 **2-22** 红树林(张勇)

2 河流湿地分布规律

福建地形以山地丘陵为主，水系涉及东南诸河、珠江上游和长江中下游的鄱阳湖水系三大流域，水系发达，形成了江、河沟通互联的发达水网。福建省流域面积在 50 平方公里以上的河流有 597 条，流域面积 100 平方公里以上独流入海河流有 29 条。闽江为福建省第一大江，流域面积 6.10 万平方公里，福建省境内有 5.99 万平方公里，约占福建省土地总面积的一半。福建省常流溪河长约 11.63 万公里，平均水系密度 0.96 公里/平方公里，河网密度大，且形成以福建省为单元的相对独立、完整的水系，全国少见。

据 2010 年调查，福建省河流湿地面积 13.51 万公顷，包括永久性河流和洪泛平原湿地 2 个湿地型。其中永久性河流占比达 98% 以上，占绝对优势。福建省河流湿地资源丰富，同时在空间上分布也比较均匀，全省几乎所有县(市、区)都有河流湿地分布，几乎涉及福建所有的湿地区和流域。位于福建内陆的南平、三明和龙岩 3 个设区市河流湿地分布面积最大，流域区划中闽江流域河流湿地面积最大(图 2-23 至图 2-27)。

图 **2-23** 河口水域(张勇)

图 **2-24** 河口水域(张勇)

图 **2-25** 三角洲/沙洲(张勇)

图 **2-26** 洪泛平原湿地(张惠光)

图 **2-27** 永久性河流(福安林业局)

3 湖泊湿地分布规律

2010 年湿地调查结果表明，福建湖泊湿地面积很小，仅 0.02 万公顷，全部为永久性淡水湖，涉及 3 个三级流域，5 个湿地区，分布于福州鼓楼区、闽侯县和福清市，厦门翔安区以及南平邵武市 5 个县(市、区)(图 2-28、图 2-29)。

图 **2-28** 海岸性淡水湖(张勇)

图 **2-29** 永久性淡水湖(张惠光)

4 沼泽湿地分布规律

2010 年湿地调查结果表明，福建省沼泽湿地包括草本沼泽、灌丛沼泽、地热湿地和淡水泉/绿洲湿地 4 个湿地型，面积很小，仅 0.02 万公顷，是福建省面积最小的一类湿地。福建沼泽湿地单块面积小，斑块零散破碎，零星分布于长乐、集美、屏南、城厢、云霄、清流、泰宁、永安 8 个县(市、区)。总体来看，福建省沼泽湿地虽然面积小，但在空间分布上跨度大，呈现出小面积零星分布的特点(图 2-30 至图 2-34)。

图 **2-30** 草本沼泽(张惠光)

图 **2-31** 草本沼泽(张惠光)

图 **2-32** 灌丛沼泽(张惠光)

图 **2-33** 地热湿地(张惠光)

5 人工湿地分布规律

2010 年湿地调查结果表明，福建省人工湿地 15.98 万公顷，有库塘、运河/输水河、水产养

图 **2-34**　淡水泉(张惠光)

殖场和盐田 4 种湿地型，主要以库塘和水产养殖场为主。福建省人工湿地分布是与湿地利用紧密联系在一起的，在空间分布上呈现出明显的地域性特点。内陆山区人工湿地主要以库塘为主，大部分是在自然的河流湿地上为了发电或者灌溉通过人工筑坝形成，尤以闽江和闽南诸河流域居多。水产养殖场和盐田绝大多数分布于沿海一带，主要是由于福建沿海地区水产养殖业发达，特别是近几十年来，大量沿海潮间带被围垦用于养殖或者改造为盐田。运河/输水河主要分布于闽南地区的莆田平原、漳州平原、泉州平原和福州平原，这些地区由于地势平坦，适合农耕，农业较为发达。为了便于灌溉，人工修筑了大量运河/输水河(图 2-35 至图 2-37)。

图 **2-35**　库塘(张惠光)

图 **2-36**　库塘(张惠光)

图 **2-37**　运河/输水河(张勇)

第三章 湿地生物资源

第一节 湿地植物和植被

1 湿地植物

1.1 湿地植物种类组成

福建省湿地维管束植物共计1351种，隶属2门170科628属(详见附录1)。其中蕨类植物118种，隶属30科54属；裸子植物8种，隶属4科6属；被子植物1225种，隶属136科568属。被子植物中双子叶植物763种，隶属105科388属；单子叶植物462种，隶属31科180属。

1.1.1 福建省湿地植物区系的科级统计

福建省湿地植物中含有50种以上的科有4个，即禾本科(180种)、莎草科(127种)、菊科(88种)和唇形科(51种)，占总科数的2.35%，共165属446种，分别占总属数的26.27%和总种数的32.99%。含31至50种的科有4个，即豆科(43种)、蓼科(41种)、茜草科(35种)和玄参科(35种)，占总科数的2.35%，共59属154种，分别占总属数的9.40%和总种数的11.39%。含11至30种的科有18个，占总科数的10.59%，共133属282种，分别占总属数的21.18%和总种数的20.86%。含10种及以下的科有144个，占总科数的84.71%，共271属470种，分别占总属数的43.15%和总种数的34.76%；其中仅含1种的科计51个，占总科数的30.00%。10个含属个数最多的科依次排列是：禾本科82属；菊科47属；豆科29属；唇形科20属；兰科20属；茜草科17属；莎草科16属；荨麻科11属；虎耳草科11属；金星蕨科10属。此10科中按照所含种数的多少依次排列是：禾本科180种；莎草科127种；菊科88种；唇形科51种；豆科43种；茜草科35种；金星蕨科30种；兰科29种；荨麻科26种；虎耳草科17种。

1.1.2 福建省湿地植物区系的属级统计

福建省湿地植物中含10种及以上的属有15个，占总属数的2.39%。其中薹草属38种、蓼属34种、莎草属19种、箣竹属18种、飘拂草属18种、毛蕨属13种、蒿属13种、蔗草属13种、堇菜属12种、珍珠菜属12种、刚竹属12种、母草属11种、卷柏属10种、荸荠属10种、谷精草属 10 种；含 5 至 9 种的属 42 个，占总属数 6.69%，如榕属 9 种、鼠尾草属 9 种、眼子菜属 9 种、狸藻属 8 种、耳草属 8 种等；含 3 或 4 种的属共 80 个，占总属数的 12.74%，如酸模属 4 种、莲子草属 4 种、菱属 4 种、白酒草属 4 种、鬼针草属 4 种、黍属 4 种等；其余 491 属，每属仅含 1 或 2 种，占总属数的 78.18%。

1.1.3　福建省湿地植物区系的种级统计

按照植物垂直结构层次划分，本区系的 1352 种维管束植物中，乔木、灌木和木质藤本共有 256 种，占总种数的 18.93%，主要集中在禾本科、豆科、山茶科、桑科、茜草科、虎耳草科、大戟科、马鞭草科、锦葵科、葡萄科、樟科、杨柳科和桫椤科等科中。草本植物占优势，共有 1096 种，占总种数的 81.07%。

1.2　湿地植物区系地理成分

1.2.1　福建省湿地蕨类植物区系成分

根据陆树刚(2004)的中国蕨类植物属分布类型的划分系统，福建省湿地蕨类植物分别属于 9 种不同的分布区类型(表 3-1)。世界分布成分 13 属，占总属数的 24.07%，常见的有卷柏属、水韭属、木贼属、蕨属、蹄盖蕨属、铁角蕨属、狗脊蕨属、苹属、槐叶苹属和满江红属等。泛热带分布成分最丰富，共 18 属，占总属数的 33.33%，常见的有海金沙属、里白属、肾蕨属、凤尾蕨属、毛蕨属和桫椤属等。旧大陆热带分布成分 6 属，占总属数的 11.11%，常见的有莲座蕨属、鳞盖蕨属和星毛蕨属等。热带亚洲和热带美洲间断分布成分有金毛狗属 1 属，占总属数的 1.85%。热带亚洲至热带大洋洲分布成分有菜蕨属和针毛蕨属 2 属，占总属数的 3.71%。热带亚洲至热带非洲分布成分有星蕨属 1 属，占总属数的 1.85%。热带亚洲分布成分 5 属，占总属数的 9.26%，常见的有圣蕨属和新月蕨属等。北温带分布成分有紫萁属和卵果蕨属 2 属，占总属数的 3.71%。东亚分布及其变型成分 6 属，常见的有假蹄盖蕨属和假瘤蕨属等，占总属数的 11.11%。福建省湿地蕨类植物区系具有亚热带性质，其地理成分具有复杂性和多样性的特点。

表 3-1　福建省湿地蕨类植物属的分布区类型

分布区类型	属数(个)	占总属数比例(%)
1. 世界分布	13	24.07
2. 泛热带分布	18	33.33
3. 热带亚洲和热带美洲间断分布	1	1.85
4. 旧大陆热带分布	6	11.11
5. 热带亚洲至热带大洋洲分布	2	3.71
6. 热带亚洲至热带非洲分布	1	1.85
7. 热带亚洲分布	5	9.26
8. 北温带分布	2	3.71
14. 东亚分布及其变型	6	11.11
总　计	54	100

1.2.2　福建省湿地种子植物区系成分

根据吴征镒(1991)的中国种子植物属分布类型的划分系统，福建省湿地种子植物分别属于14种不同的分布区类型(表3-2)。

表3-2　福建省湿地种子植物属的分布区类型

分布区类型	属数(个)	占总属数比例(%)
1. 世界分布	72	12.54
2. 泛热带分布及其变型	152	26.48
3. 热带亚洲和热带美洲间断分布	16	2.79
4. 旧世界热带分布及其变型	41	7.14
5. 热带亚洲至热带大洋洲分布及其变型	27	4.70
6. 热带亚洲至热带非洲分布及其变型	25	4.36
7. 热带亚洲分布及其变型	59	10.28
8. 北温带分布及其变型	68	11.85
9. 东亚和北美洲间断分布及其变型	26	4.53
10. 旧世界温带分布及其变型	20	3.48
11. 温带亚洲分布	1	0.18
12. 地中海区、西亚至中亚分布及其变型	1	0.18
14. 东亚分布及其变型	53	9.23
15. 中国特有分布	13	2.26
总　　计	574	100

世界分布成分72属，占总属数的12.54%，常见的属有蓼属、酸模属、碱蓬属、藜属、苋属、繁缕属、睡莲属、金鱼藻属、焯菜属、独行菜属、堇菜属、水苋菜属、水龙属、狐尾藻属、珍珠菜属、狸藻属、拉拉藤属、半边莲属、鼠麹草属、苍耳属、鬼针草属、香蒲属、眼子菜属、川蔓藻属、芦苇属、黍属、马唐属、藨草属、荸荠属、莎草属、水莎草属、薹草属、浮萍属、紫萍属、无根萍属和灯心草属等。其中，浮萍属的浮萍、紫萍属的紫萍和无根萍属的无根萍是福建省水田、池塘浮水植被的主要成分。香蒲属的水烛、芦苇属的芦苇与卡开芦等在福建湿地的分布十分广泛，在沿海一些河口、河流两岸滩地、湖泊、池塘等湿地常组成单优群落，是挺水植物的主要成分。莎草属的短叶茳芏在河口两岸滩地、潮间带也常组成大面积单优群落。金鱼藻属和眼子菜属植物是福建省淡水池塘、溪沟和一些库区静水水体沉水植被的主要成分。川蔓藻属的川蔓藻是福建省滨海盐沼、盐场沟渠等咸水水体沉水植被的主要成分。

泛热带分布及其变型成分152属，占总属数的26.48%，是福建省所有分布区类型中比例最高的成分，在湿地植被中起着重要作用。常见的属有红树属、海榄雌属、黄槿属、雀稗属、苦草属、丁香蓼属、莲子草属、积雪草属、马齿苋属、鳢肠属、茅膏菜属、节节菜属、飘拂草属、狗牙根属、鸭跖草属、冷水花属、谷精草属、砖子苗属、水车前属、水蓑衣属、母草属和田菁属等。其中红树属、海榄雌属和黄槿属植物是福建河口红树林湿地的常见种类。莲子草属的喜旱莲子草是组成福建各地池塘、沟渠、河道和一些库区静水水生植被的主要成分之一。苦草属的苦草在池沼和静水湖库，常组成优势群落，是沉水植被的代表之一。

热带亚洲和热带美洲间断分布成分 16 属，占总属数的 2.79%。常见的属有过江藤属、凤眼莲属和月见草属等。其中凤眼莲属的凤眼莲在福建省多数静水河道、沟渠、库湾和池塘等避风处均可见其踪迹，有时占据大部分水面，组成单优群落。月见草属的海边月见草在福建省福州市至诏安县的滨海沙质滩地广为分布。

旧世界热带分布及其变型成分 41 属，占总属数的 7.14%。常见的属有雨久花属、水筛属、木榄属、山姜属、楼梯草属、水竹叶属、水蕹属、芭蕉属和水鳖属等。其中水筛属的水筛主要分布于福建省北部山区的农田、池塘和静水湖边，常组成优势群落，是沉水植物的代表之一。水鳖属的水鳖是浮水植物的代表之一。木榄属的木榄主要分布在漳江口红树林湿地。

热带亚洲至热带大洋洲分布及其变型成分 27 属，占总属数的 4.70%。常见的属有苦槛蓝属、黑藻属、旋蒴苣苔属和通泉草属等。其中黑藻属的黑藻是闽西和闽北水质较好的水体中沉水植物的主要成分之一。

热带亚洲至热带非洲分布及其变型成分 25 属，占总属数的 4.36%。常见的属有老鼠簕属、海漆属、水团花属、莠竹属和芒属等。其中老鼠簕属和海漆属属于红树植物，主要分布在福建省南部河口。水团花属在内陆溪流湿地常见。

热带亚洲分布及其变型成分 59 属，占总属数的 10.28%，常见的属有秋茄树属、蜡烛果属、蛇根草属、苦荬菜属、赤车属、葛属、鸡屎藤属、河八王属、芋属和海芋属等。其中秋茄树属的秋茄树是福建省河口分布最为广泛的红树植物，南至诏安县，北达福鼎市，是北半球最抗寒的红树植物。蜡烛果属的桐花树是泉州湾以南红树林的主要树种之一。

北温带分布及其变型成分 68 属，占总属数的 11.85%。常见的属有柳属、唐松草属、荠属、婆婆纳属、紫堇属、黑三棱属、米草属、稗属、泽泻属和慈姑属等。其中柳属的长梗柳与银叶柳在福建省山区溪流两岸常形成带状沿岸分布。看麦娘属的看麦娘、稗属的稗是福建省各地水田湿地最常见的湿生杂草。米草属的互花米草在福建沿海滩涂湿地中分布广泛，常组成单优群落，是危害最严重的外来入侵植物。

东亚和北美洲间断分布及其变型成分 26 属，占总属数的 4.53%。常见的属有三白草属、莲属、珊瑚菜属、菰属和菖蒲属等。其中菖蒲属的石菖蒲是内陆溪流石上最常见的植物。菰属的菰（茭白）、莲属的莲是福建省各地栽培最为普遍、分布最广的挺水植物。

旧世界温带分布及其变型成分 20 属，占总属数的 3.48%，常见的属有荞麦属、鹅肠菜属、草木犀属、马甲子属、菱属、水芹属、栓果菊属、鹅观草属和萱草属等。其中菱属的菱和乌菱是福建省东南部和南部沿海池沼、浅水湖泊、池塘常见种植的浮叶植物。栓果菊属的蔓茎栓果菊是福建省中、南部沿海各地常见的滨海盐土植物。

温带亚洲分布成分为马兰属 1 属，占总属数的 0.18%。

地中海区、西亚至中亚分布及其变型成分为黄连木属 1 属，占总属数的 0.18%。

东亚分布及其变型成分 53 属，占总属数的 9.23%，常见的属有蕺菜属、枫杨属、芡属、田麻属、假婆婆纳属、败酱属、泥胡菜属和黄鹌菜属等。其中枫杨属的枫杨在福建闽江支流、九龙江上游和闽东诸河等河滩常可见其呈带状沿岸分布。

中国特有分布成分 13 属，占总属数的 2.26%，常见的属有水松属、水杉属、喜树属和四棱草属等。

1.3 福建省湿地植物区系特点

1.3.1 区系成分多样，热带性、隐域性明显

福建省湿地植物区系比较复杂，联系广泛。以湿地种子植物为例，在中国种子植物 15 个分布区类型中，福建省湿地种子植物区系除中亚分布及其变型成分外共有 14 个分布区类型。从属的区系成分看，泛热带分布类型最多，达 152 属，占总属数(世界分布属除外)的 30.28%；泛热带分布、旧世界热带分布、热带亚洲至热带大洋洲分布等 6 个热带分布或以热带分布为主的属共有 320 属，占总属数(世界分布属除外)的 63.75%；北温带分布类型有 68 属，占总属数(世界分布属除外)的 13.54%；北温带分布、东亚和北美洲间断分布、旧世界温带分布等温带分布的属共有 182 属，占总属数(世界分布属除外)的 36.25%。由此可见，热带性成分在福建省湿地种子植物区系中起主导作用。另外，在福建省湿地种子植物区系中，世界分布属多达 72 属，占总属数的 12.54%。在湿地植物中，许多挺水植物、漂浮植物和沉水植物群落的优势种都属于世界分布类型，如芦苇属、香蒲属、莎草属、藨草属、荸荠属、狐尾藻属、浮萍属、无根萍属、紫萍属、金鱼藻属、眼子菜属和川蔓藻属等。由于水域环境温度相对较稳定，使水生植物相对陆地植物有更大的分布区，表现出一定的隐域性特征。

1.3.2 草本植物占绝对优势

福建省湿地维管植物区系中草本植物有 1096 种，占维管植物总种数的 81.07%；木本植物 256 种，占维管植物总种数的 18.93%。在福建省各类湿地中生长的湿生、沼生、挺水、漂浮、浮叶、沉水、盐沼和沙生植物中，草本占绝对优势，特别是单子叶植物，如禾本科的芦苇属、米草属、菰属、稗属和黍属等，莎草科的薹草属、莎草属、藨草属、飘拂草属和荸荠属等，以及天南星科、水鳖科、泽泻科、灯心草科、水蕹科、茨藻科、眼子菜科、黑三棱科、香蒲科、浮萍科、谷精草科、鸭跖草科和雨久花科等科属的草本植物，成为多数典型的水生植物群落的主要成分。这与湿地特殊的生态环境有很大关系，也与单子叶植物有较多的广布和隐域性的区系成分有关。木本植物中枫杨属、柳属、桤木属、绣球属、水团花属、黄杨属、溲疏属、簕竹属、刚竹属等，多数分布于福建省各江河河滩、溪流两岸或水湿条件较好的山谷、低地；木本植物中木榄属、蜡烛果属、秋茄树属、海桑属、海榄雌属、老鼠簕属、大青属等，是组成福建省河口红树林的主要成分。

1.3.3 各类湿地均有明显的优势植物群落

在不同湿地环境中发育的湿地植物群落均有较明显的优势种，且具有分布范围广、盖度大的特点。

在河口红树林湿地中，主要分布着 7 种天然红树植物群落，并以秋茄树、桐花树、白骨壤、

木榄4种植物群落为主。其中白骨壤多自然分布在低潮带，土壤盐度0.5%～1.0%，个别区域达2.2%，是福建省最耐盐的红树植物。秋茄树在福建省南至诏安县，北达福鼎市，均有分布，是福建省也是全国分布最广泛的红树植物。木榄成片分布在漳江口、九龙江口近岸高潮带。桐花树则分布在泉州湾以南的河口滩涂。红树植物常组成纯林或混生，群落总盖度为75%～90%，成带状或块状分布。

在河口潮间泥质滩涂，大面积分布着以互花米草和大米草为优势种的植物群落，尤以三都湾、罗源湾、闽江河口和九龙江河口为甚，有的甚至绵延数公里，盖度70%～90%。

在河口湿地还分布有芦苇、短叶茳芏、海三棱藨草、糙叶薹草、盐地鼠尾粟、南方碱蓬和铺地黍等组成的单优群落。

湖泊和水塘中，菹草、狐尾藻、小眼子菜、菰、黑藻和水烛等植物常组成优势群落，盖度在80%以上。

河道、沟渠、库湾和内河中，凤眼莲、大薸、喜旱莲子草、水蓼和鸭跖草等植物常组成优势群落，盖度75%～95%。

水田、淡水鱼塘和静水湖边等是满江红、浮萍、紫萍和无根萍等浮水植物及谷精草、鸭舌草和灯心草等集中分布和生长的区域。

在滨海沙质滩地上，厚藤、海边月见草、单叶蔓荆和老鼠簕等沙生植物常集中块状分布，盖度60%～85%。

1.3.4 单型、寡型科属多，广布性植物多

福建省湿地植物区系中单型和寡型科、属数量较多，常见的单属科有卷柏科、水蕨科、莲座蕨科、槐叶苹科、满江红科、香蒲科、黑三棱科、水蕹科、金鱼藻科、菱科和水马齿科等；寡属科有水韭科、苹科、沟繁缕科、狸藻科、海桑科、田葱科等。常见的单种属有蕺菜属、芡属、黑藻属、田葱属、稗荩属、水禾属、大薸属和吉祥草属等；寡种属有水蕨属、三白草属、川薹草属、金鱼藻属、扯根菜属、莲属、秋茄树属、蜡烛果属、川蔓藻属、石蔓属、水鳖属、菰属和紫萍属等。

福建省湿地植物中有许多广布性植物，如挺水植物芦苇既是生态幅最广，也是分布最广的被子植物。在我国芦苇可由寒温带、温带地区向南分布到亚热带、热带地区。它们在湿地可以生长，在湿润森林或干旱、半干旱的草原地区，乃至极端干旱的荒漠地区也可见其踪迹。在世界各地，除南美洲的亚马孙地区外，几乎都有芦苇分布。香蒲属的水烛不仅广泛分布于我国南北各省，在世界各大洲也多有分布，几乎遍布世界各处水域中。一些漂浮植物，如浮萍属、紫萍属、无根萍属和狐尾藻属等属的多数植物大都是世界广布的。

1.4 福建省常见湿地植物种类

1.4.1 近海与海岸湿地

福建省近海与海岸湿地内分布的植物可划分为红树植物、盐生植物和沙生植物，常见种类包括：

(1)红树植物：包括红树和半红树植物，主要有秋茄、桐花、白骨壤、老鼠簕、无瓣海桑、木榄、苦郎树、苦槛蓝、黄槿、海滨木槿和阔苞菊等。

(2)盐生植物：主要有互花米草、芦苇、短叶茳芏、海三棱藨草、水烛、藨草、盐地鼠尾粟、南方碱蓬、海滨藜、番杏、糙叶薹草、海刀豆、台湾虎尾草、光梗阔苞菊和田菁等。

(3)沙生植物：主要有厚藤、单叶蔓荆、海边月见草、老鼠簕、甜根子草、矮生薹草、狗牙根、结缕草和中华结缕草等。

1.4.2 淡水湿地

淡水湿地内分布的植物可划分为沉水植物、漂浮植物、浮叶植物、挺水植物、沼生植物和湿生植物，常见种类包括：

(1)沉水植物：主要有菹草、眼子菜、金鱼藻、黑藻、苦草、泥茜、狐尾藻、川蔓藻、小茨藻、飞瀑草和石蔓等。

(2)漂浮植物：槐叶苹、满江红、浮萍、紫萍、大薸、凤眼莲和水鳖等。

(3)浮叶植物：主要有荇菜、芡实、睡莲、菱、萍蓬草和莼菜等。

(4)挺水植物：主要有卡开芦、芦竹、水烛、莲和菰等。

(5)沼生植物：主要有水松、池杉、沼生水马齿、血水草、石龙尾、水苦荬、泽泻、野慈姑、甜茅、匍匐柳叶箬、水生黍、稗、水毛花、萤蔺、芙兰草、牛毛毡、双穗飘拂草、扁穗莎草、水莎草、菖蒲、谷精草和灯心草等。

(6)湿生植物：主要有深绿卷柏、笔管草、桫椤、湿地松、蕺菜、银叶柳、垂柳、长梗柳、枫杨、江南桤木、赤杨、苎麻、毛蓼、水蓼、火炭母、羊蹄、喜旱莲子草、石龙芮、毛茛、圆锥绣球、华凤仙花、节节菜、喜树、轮叶蒲桃、丁香蓼、水芹、泽珍珠菜、星宿草、水苏、陌上菜、长蒴母草、通泉草、水团花、白花蛇舌草、半边莲、鼠麹草、蟛蜞菊、绿竹、麻竹、毛环竹、水竹、河竹、看麦娘、乱草、千金子、狗牙根、柳叶箬、鼠尾粟、铺地黍、双穗雀稗、河八王、五节芒、水蔗草、水虱草、夏飘拂草、碎米莎草、阿穆尔莎草、香附子、异型莎草、长尖莎草、红鳞扁莎、砖子苗、短叶水蜈蚣、条穗薹草、野芋、海芋、鸭跖草、水竹叶、野蕉和绶草等。

在季节性水分条件变化剧烈的湿地生境，如河滩、河心洲和库滩等，以及人为干扰频繁的湿地生境，如河岸、海堤、水产养殖场和盐田等，以适应性强、分布广泛、生活周期短、传播能力强的先锋植物为主，常见的有藿香蓟、熊耳草、小蓬草、一年蓬、土荆芥、土牛膝、鬼针草、银胶菊、野艾蒿、魁蒿、钻形紫菀、短颖马唐、狗尾草、赛葵、类芦和马缨丹等。

1.5 湿地国家重点保护野生植物

福建省湿地植物中属于国家重点保护野生植物的有 22 种(表 3-3)，其中国家 Ⅰ 级保护野生植物有 3 种，分别是东方水韭、水松和莼菜；国家 Ⅱ 级保护野生植物有 19 种，分别是金毛狗、水蕨、桫椤、黑桫椤、小黑桫椤、粗齿桫椤、福建桫椤、笔筒树、榉、石蔓、金荞麦、莲、樟、野大豆、喜树、野菱、珊瑚菜、普通野生稻和中华结缕草。

表 3-3　福建国家重点保护野生湿地植物名录

物种名称	保护等级	分布地区
东方水韭 *Isoetes orientalis*	Ⅰ	泰宁
水松 *Glyptos trobuspensilis*	Ⅰ	福州、莆田、泉州、龙岩
莼菜 *Brasenia schreberi*	Ⅰ	泉州
金毛狗 *Cibotium barometz*	Ⅱ	福建省各地
水蕨 *Ceratopteris thalictroides*	Ⅱ	福建省各地
桫椤 *Alsophila spinulosa*	Ⅱ	福建省各地
黑桫椤 *Alsophila podophylla*	Ⅱ	漳州
小黑桫椤 *Alsophila metteniana*	Ⅱ	漳州
粗齿桫椤 *Alsophila denticulata*	Ⅱ	泉州、漳州、龙岩、三明、南平
福建桫椤 *Alsophila lamprocaulis*	Ⅱ	漳州
笔筒树 *Sphaeropteris lepifera*	Ⅱ	福州
榉 *Zelkova schneideriana*	Ⅱ	泉州、漳州、龙岩、三明
石蔓 *Terniopsis sessilis*	Ⅱ	福州、泉州、龙岩、三明
金荞麦 *Fagopyrum cymosum*	Ⅱ	福州、南平
莲 *Nelumbo nucifera*	Ⅱ	福建省各地
樟 *Cinnamomum camphora*	Ⅱ	福建省各地
野大豆 *Glycine soja*	Ⅱ	厦门、漳州
喜树 *Camptotheca acuminata*	Ⅱ	福建省各地
野菱 *Trapa incisa* var. *quadricaudata*	Ⅱ	福建省南部及东南部沿海
珊瑚菜 *Glehnia littoralis*	Ⅱ	福州、莆田、泉州、厦门、漳州
普通野生稻 *Oryza rufipogon*	Ⅱ	漳州
中华结缕草 *Zoysia sinica*	Ⅱ	福州、莆田、泉州、厦门、漳州、宁德

1.6　福建省特有湿地植物

福建省特有湿地植物有假脉莲座蕨、福建蹄盖蕨、小叶毛蕨、高大毛蕨、德化毛蕨、福建赤车、密球苎麻、石蔓、飞瀑草、暗子蓼、福建大蒜芥、红花香椿、藤枝竹、福建酸竹、黄甜竹、屏南少穗竹、肿节少穗竹等 18 种。

2　湿地植被类型和分布

依据植被型组—植被型—群系的分类系统，通过对福建省湿地调查发现，福建省湿地植被共有 7 个植被型组，17 个植被型，416 个群系。植被类型和分布状况如下。

2.1 针叶林湿地植被型组

2.1.1 暖性针叶林湿地植被型

(1)黑松群系：沙生植物。主要分布在福州平潭的东甲岛、光幼屿、黄门岛、前岐、姜山岛、娘宫、塘屿、南官屿、北官屿和高屿。其生境为岩石海岸、淤泥质海滩、沙石海滩，为人工种植，植被面积为66.90公顷。黑松高度4~12米，胸径5~20厘米，多与木麻黄、湿地松和台湾相思树构成海岸基干林带。调查区域为黑松与台湾相思树混交林，多分布于山地的中下部，20世纪60年代初期开始营造，一部分是在原相思树林中混交黑松，另一部分是人工混合播种，这样既可以使相思树在迎风面山地茁壮生长，又可提高黑松利用价值，起到互相促进的作用。

(2)湿地松群系：分布在漳浦县西溪杜浔水港溪，为人工种植，植被面积为4.60公顷。该群系常种植于溪岸土壤较肥沃的地块，郁闭度达0.75，为单一优势种，林下多伴生有苍耳、水蓼、喜旱莲子草、升马唐、牛筋草等植物。

(3)水杉群系：耐水湿植物。分布在泰宁县大湖溪，为人工种植，植被面积为11.50公顷。水杉是该区域的绿化树种，多种植于道路两侧形成景观带，而溪流、河岸常为块状种植。该群系郁闭度达0.70，为单一优势种，林下多伴生有升马唐、狗尾草和牛筋草等植物。福建各地均有栽培，常在湖边形成优势群落。

(4)水松群系：森林沼泽植物。分布在屏南县、尤溪县、德化县、仙游县、武夷山市、永春县等，植被面积为184.78公顷。在屏南县岭下乡上楼村和尤溪县的山地山间沼泽地带均有纯林分布。

2.2 阔叶林湿地植被型组

2.2.1 落叶阔叶林湿地植被型

(1)杨树群系：本次调查的杨树主要是意杨和加杨，它们喜土层肥沃、湿润、结构良好的沙壤土，以河湖冲积形成的灰湖潮土最佳，在冲积平原、河流两岸的冲积土上生长良好。该群系主要分布在闽江河口湿地的侯官、沙堤、浦口，以及邵武市的登高电站、朱坊河，植被面积为91.00公顷。为人工种植，常在河床冲积土上形成优势群落。分布在闽江河口湿地侯官的意杨群系，郁闭度达0.85，高度达16米，为单一优势种，由于种植在河床上，淹水时间较长，林下植物种类稀少，只有零星的喜旱莲子草和水蓼分布。

(2)垂柳群系：耐水湿植物。福建省广泛分布，多为人工栽培，植被面积为1.00公顷，湖岸、河边常见。郁闭度有0.70左右，高度一般5米左右。芦苇、水蓼、喜旱莲子草等为常见伴生种。

(3)长梗柳群系：耐水湿植物。福建省广泛分布，植被面积为399.50公顷，为自然生长，主要分布在河岸、湖滨积水处。郁闭度达0.75，高度一般6米。乔木层为单一树种，林下灌草丛植物分布较少；草本层以长梗柳幼苗为主，还有少量喜旱莲子草、水莎草和水蓼等分布。

(4)银叶柳群系：耐水湿植物。主要分布在武夷山市，建阳市、连城县有少量分布，植被面积为110.60公顷。该群系多生长在河床和河岸，郁闭度达0.80，高度一般3~4米。常见伴生种有檵木、轮叶蒲桃、水团花和芦苇等。

(5)旱柳群系：耐水湿植物。主要分布在闽江河口湿地乌龙江和金山公园。为人工种植，分布于乌龙江河床上的群系，郁闭度达0.70；还种植有垂柳、番石榴；草本层主要以短叶茳芏为主，还可见有喜旱莲子草和水蓼等。

(6)枫杨群系：福建省广泛分布，植被面积为461.40公顷。多为自然生长，常见于溪流河床或河岸两侧分布，但不耐长期积水和水位太高立地。郁闭度达0.85，高度达18米以上。分布在福建武夷山保护区九曲河段上的枫杨群系，胸径最大达45厘米，树干上附生有细茎石斛、毛兰等兰科植物。

(7)长梗柳+银叶柳群系：耐水湿植物。分布于长汀县童坊河，植被面积为10.20公顷。生长在河流两侧。该群系郁闭度达0.75。林下还分布有碎米莎草、狗尾草和水蓼等。

(8)长梗柳+垂柳群系：耐水湿植物：分布于龙岩市长汀县七里河、郑坊河，植被面积为4.30公顷。生长在河流两侧。该群系盖度达70%。林下还分布有喜旱莲子草、狗尾草和水蓼等。

(9)长梗柳+枫杨群系：耐水湿植物。分布于三明市清流县小池溪，植被面积为2.40公顷。生长在河流两侧。该群系郁闭度达0.75。林下还分布有五节芒、香附子和水蓼等。

(10)江南桤木群系：耐水湿植物。分布于三明市泰宁县峨眉峰省级自然保护区内的东海洋中山沼泽灌丛湿地，平均海拔1433米。该群系郁闭度达0.75，高度3~4米，还分布有三花冬青、小果冬青、黄山松、波叶红果树、野山楂等；草本主要以谷精草、长苞谷精草和小灯心草等。

(11)拟赤杨群系：分布于武夷山市的黄柏溪、九曲溪、九曲溪支流、前兰支流，生长在河流两侧，多为天然分布。常散生于溪边，与檵木、枫杨和青冈等形成小群落。

(12)枫杨+拟赤杨群系：分布于龙岩市长汀县的老口河，生长在河流两侧。该群系郁闭度达0.75，高度6~10米。林下草本还分布有水蓼、狼尾草、鼠尾粟和羊蹄等。

(13)枫杨+乌桕群系：分布于三明市清流县的拔口溪，生长在河流两侧。该群系郁闭度达0.70，高度5~10米。林下草本还分布有水蓼、野芋和斑茅等。

(14)枫杨+榉群系：分布于三明市清流县的龙地溪，生长在河流两侧。该群系郁闭度达0.75，高度5~10米。林下草本还分布有水蓼和五节芒等。

(15)枫杨+盐肤木群系：分布于三明市清流县的龙津河、下村溪，生长在河流两侧。该群系郁闭度达0.75，高度4~6米。林下草本还分布有狗牙根、畦畔莎草和五节芒等。

(16)枫香群系：分布于三明市清流县的炭山溪，生长在河流两侧。该群系郁闭度达0.75，高度7米。林下草本还分布有五节芒等。

(17)苦楝+枫香群系：分布于三明市清流县的下谢溪，生长在河流两侧。该群系郁闭度达0.70，高度6~10米。林下草本还分布有狼尾草、鼠尾粟和五节芒等。

(18)山牡荆群系：分布于福州市永泰县的青龙溪，生长在河流两侧。该群系郁闭度达0.80，高度7米。林下还分布有盐肤木、狼尾草、鼠尾粟和五节芒等。

(19)乌桕群系：耐水湿植物。福建省广泛分布，多生长在河流两侧、湖岸周边，能耐短期的积水，在平原、沿河两岸土层深厚、土壤较高适度地方，长势较好。分布在泰宁金湖县级自然保护区濉溪内的乌桕群系，郁闭度达0.80，高度6米。林下还分布有狗牙根、水竹、铺地黍和水蓼等。

(20)乌桕+枫杨：耐水湿植物。分布于三明市清流县的赖坊溪，生长在河流两侧，植被面积为2.00公顷。该群系郁闭度达0.75，高度5～10米。林下草本层还分布有狼尾草、鼠尾粟、五节芒和水蓼等。

(21)盐肤木群系：福建省广泛分布，多生长在河流两侧、湖岸周边，能耐短期的积水。郁闭度达0.70，高度3米。伴生有五节芒、狗牙根、石菖蒲、铺地黍和水蓼等。

(22)盐肤木+算盘子群系：分布于三明市清流县的吴家溪，生长在河流两侧。该群系郁闭度达0.70，高度2～3米。林下草本层还分布有狼尾草、鼠尾粟和五节芒等。

(23)苦楝群系：分布于三明市清流县的尤坊甲溪，生长在河流两侧，植被面积为1.90公顷。该群系郁闭度达0.70，高度3～5米。林下草本层还分布有狼尾草、喜旱莲子草、水蓼和五节芒等。

(24)香椿群系：分布于宁德市福安市的沙溪坑溪岸边。香椿喜深厚、肥沃的沙质壤土，较耐水湿，多分布于溪谷、宅旁、冲击土壤、水分条件好的地方。该群系郁闭度达0.75，高度8～12米。林下还伴生有狗尾草、升马唐、喜旱莲子草和水蓼等。

(25)喜树群系：分布于武平县梁野山自然保护区，邵武市将石自然保护区，泰宁，三明市明溪县的下桃支、湾内，梅列区的洋山河，植被面积为3.00公顷，于溪流两岸土壤肥湿之处生长良好。该群系郁闭度达0.80，高度10～15米。伴生有油茶、盐肤木、狼尾草、升马唐和条穗薹草等。

(26)黄连木群系：分布于福州市永泰县的梧村电站，生长在库塘周边。该群系郁闭度达0.75，高度8米。林下还伴生有斑茅、狼尾草、五节芒和喜旱莲子草等。

(27)千年桐群系：分布于福州市永泰县的岩下溪，生长在河流两侧。该群系郁闭度达0.70，高度7米。林下还分布有斑茅、狼尾草、五节芒和喜旱莲子草等。

2.2.2 常绿阔叶林湿地植被型

(1)木麻黄群系：木麻黄是福建省沿海地区防风固沙林和农田防护林的主要树种，广泛分布于沿海各县(区、市)，生长在岩石海岸、沙石海滩、洪泛平原湿地上及库塘、水产养殖场、草本沼泽、潮间盐水沼泽周边，多为人工种植，植被面积为66.80公顷。由于生长快、抗风力强、耐沙埋、干旱和盐碱，成为沿海防风固沙、海岸基干林带及农田防护林网最重要的造林树种，盖度达80%。乔木层多为单一树种，林下的植物较少，多为沙生的灌草层，常见的植物有枸杞、狗牙根、小藜等。

(2)樟树群系：樟树喜酸性或中性沙壤土，不耐干旱瘠薄，能耐短期水淹。分布于福州市永泰县的大义洲、桃花洲，生长在河流两侧，三角洲、沙洲上，植被面积为21.90公顷，郁闭度达0.80，高度随林龄变化而差异较大。林下可见黄甜竹、梵天花、牡荆、狗尾草、土牛膝和水蓼等。

(3)巨尾桉群系：为人工种植，主要分布在漳州市漳浦县永久性河流两侧、库塘周边，福州市三角洲和沙洲上有零星分布。虽种植于靠近河流、水库区域，但淹水时间较短，其喜肥沃、疏松的沙壤土，抗风力强，且为速生树种。

(4)台湾相思树群系：主要分布在漳浦县绥安后港溪、赵家城溪、赤土水头洪泛平原、东平水库、扬美水库、六鳌虎头山岩石海岸、林进屿岩石海岸，平潭县北香炉屿、大墩岛、小庠岛、姜山岛、高屿、猴屿和大屿，植被面积为31.30公顷。多生长于沙质土、石质土和海岸碱性沙地上，耐瘠薄、干旱及间歇性水淹或浸渍。分布在平潭县各个岛屿的台湾相思树常与黑松、木麻黄间种，是福建东南沿海低山、丘陵、台地、平原和岛屿的主要绿化树种。

(5)杨梅叶蚊母树群系：分布在福州市永泰县百漈沟溪，生长在河流两侧。为天然分布。该群系为常绿乔木，郁闭度达0.85。伴生植物有檵木、轮叶蒲桃、野芋、狗牙根和五节芒等。

(6)柳叶润楠群系：分布在福州市永泰县莒口溪岸边，为天然分布。该群系为常绿小乔木，郁闭度达0.85。伴生植物有檵木、轮叶蒲桃、火炭母、斑茅和芦竹等。适于水边栽培，用作护岸固堤树种。

(7)李氏女贞群系：分布在福州市永泰县曹溪，生长在河流两侧。为天然分布。该群系为常绿小乔木，盖度达80%。伴生植物有檵木、五节芒和条穗薹草等。

(8)猴欢喜群系：分布在福州市永泰县二楼溪、白马溪，生长在河流两侧。为天然分布。该群系为半常绿乔木，郁闭度达0.85。伴生植物有水团花、醉鱼草、石菖蒲和肾蕨等。

(9)青冈群系：分布在福州市永泰县文潭里，生长在河流两侧。为天然分布。该群系为常绿乔木，郁闭度达0.85。伴生植物有檵木、山黄麻和酸叶胶藤等。

(10)芒果群系：分布在福州市闽江河口湿地乌龙江，生长在江河两侧。为人工种植果树。在土层深厚、排水良好的微酸性沙壤土上生长良好。该群系为常绿乔木，郁闭度达0.80。伴生植物有水蓼、升马唐和杠板归等。

(11)香樟＋苦楝群系：分布在龙岩市长汀县汀江溪，生长在河流两侧。能耐短期水淹。郁闭度达0.80。林下可见马甲子、狗牙根和水蓼等。

(12)南岭黄檀群系：分布在福州市永泰县乌岩溪，生长在河流两侧。为天然分布。该群系为常绿乔木，郁闭度达0.75。伴生植物有檵木、柏拉木、大序隔距兰和石菖蒲等。

(13)棕榈群系：分布在南平市浦城县柳木源溪，生长在河流两侧排水良好、肥沃的壤土或沙壤土上。郁闭度0.70。伴生植物有水蓼、火炭母和升马唐等。

2.2.3　竹林湿地植被型

(1)水竹群系：福建省广泛分布，生于溪边或山麓，为天然分布，植被面积为341.50公顷。位于三明市永安天宝岩国家级自然保护区天斗山的水竹群系，海拔1203米，群落类型为水竹—中位泥炭藓群丛，群落总盖度100%。灌木层以水竹为主，还分布有木荷、石斑木、满山红和黄山松等；草本层以中位泥炭藓为主，还分布有蕨、一支黄花、芒和双蝴蝶等。

(2)台湾桂竹群系：主要分布在漳平、永泰，生长在河流两侧、库塘周边，部分是人工种植。盖度达70%，高度1～4米，多形成单优种群落。伴生的植物有五节芒、斑茅、芦竹、野芋和石菖蒲等。

(3)麻竹群系：主要分布在泉州、漳州、龙岩、福州等地，多生于溪流两侧，为人工种植，植被面积为602.60公顷。盖度达80%。伴生的植物有海芋、野芋和葎草等。

(4)桂竹群系：主要分布在尤溪县丁口溪，生长在河流两侧，部分是人工种植。盖度达70%，高度1～4米，多形成单优种群落。伴生的植物有五节芒、斑茅、芦竹、野芋和石菖蒲等。

(5)绿竹群系：福建省广泛分布，为人工种植，生长在河流两侧、水产养殖场周边、库塘周边及洪泛平原湿地上，为丛生乔木状。伴生种有升马唐、火炭母、葎草和杠板归等。

(6)绿竹＋枫杨群系：分布在龙岩市新罗区的三坑溪、马坑溪，生长在河流两侧。绿竹为人工种植，与枫杨混生，高度达15米。盖度达80%。伴生种有芒、水蓼和喜旱莲子草等。

(7)麻竹+绿竹群系：分布在龙岩市新罗区的濯田河，生长在河流两侧，为人工种植，植被面积为12.10公顷。为大型笋用竹，高度达15米。伴生种有铺地黍、五节芒和火炭母等。

(8)绿竹+河竹群系：分布在长汀县长潭河、童坊河，生长在河流两侧，部分为人工种植，植被面积为5.62公顷，高度达13米。伴生种有铺地黍、碎米莎草和水蓼等。

(9)淡竹群系：分布在上杭县、尤溪县、光泽县、延平区、浦城县，生长在河流两侧、库塘周边。盖度达75%，高度达12米。伴生种有卡开芦、斑茅、五节芒、薏苡、二歧蓼、藿香蓟、铺地黍、碎米莎草和水蓼等。

(10)苦竹群系：分布在清流县、延平区、武夷山市、浦城县、建阳市，生长在河流两侧、库塘周边。盖度达70%，高度达4米。伴生种有五节芒、葛、斑茅、碎米莎草、藿香蓟和铺地黍等。

(11)刚竹群系：分布在永泰县下寮溪、赤鲤河和屏南县白溪，生长在河流两侧，植被面积为18.70公顷。盖度达80%，高度达10米。伴生种有苎麻、美丽胡枝子、斑茅、五节芒、葛、藿香蓟和铺地黍等。

(12)黄竹群系：分布在沙县、永安市、邵武市，生长在河流两侧、库塘周边，植被面积为63.00公顷。盖度达85%，高度达7米。伴生种有水团花、野芋、五节芒、葛和藿香蓟等。

(13)箣竹群系：分布在漳浦县、云霄县、南靖县、诏安县，生长在河流两侧，植被面积为139.10公顷。盖度达80%，高度达20米。伴生种有水蓼、黄花稔、水团花、卡开芦、芒和藿香蓟等。

(14)藤枝竹群系：分布在南靖县的象溪、前山虎兰溪、满山红扶坝，生长在河流两侧、库塘周边，植被面积为15.10公顷。盖度达80%，高度达10米。伴生种有水蓼、黄花稔、卡开芦和芦竹等。

(15)河边竹群系：分布在大田县、尤溪县、政和县、建瓯市、永泰县，生长在河流两侧，植被面积为111.10公顷。盖度达85%，高度达7米。伴生种有石菖蒲、斑茅、条穗薹草、铺地黍、五节芒、石竹、水蓼和黄花稔等。

(16)青皮竹群系：分布在清流县李家边溪、武夷山市五里庵水库、闽江河口古山洲，生长在河流两侧、库塘周边及三角洲、沙洲上，植被面积为1.10公顷。盖度达80%，高度达12米。伴生种有五节芒、斑茅、画眉草、铺地黍、水蓼和黄花稔等。

(17)河竹群系：分布在松溪县龙塘后、上溪坪、中云桥，武夷山市西郊支流、东山埔支流、下堡支流、楮树下水库等。生长在河流两侧、库塘周边，植被面积为24.30公顷。盖度达75%，高度达4米。伴生种有五节芒、葛、斑茅、野芋、画眉草和铺地黍等植物。

(18)福建酸竹群系：分布在屏南县甘棠溪、北坑，延平区里村水库，古田县凤都小吉、黄田洋上，生长在河流两侧、库塘周边，植被面积为22.80公顷。盖度达70%，高度达6米。伴生种有五节芒、葛、牡荆、美丽胡枝子和水蓼等。

(19)毛环竹群系：分布在政和县赤岐溪、松溪、东平溪、东河，松溪县东厝、矮溪桥、浑头、小库头、大布，生长在河流两侧、库塘周边，植被面积为21.60公顷。盖度达75%，高度达11米。伴生种有盐肤木、条穗薹草、水竹、五节芒、葛和水蓼等。

(20)凤尾竹群系：分布在浦城县南浦溪，生长在河流两侧，植被面积为17.90公顷。盖度达

80%，高度达3米，伴生种有水团花、盐肤木和五节芒等。

(21)孝顺竹群系：分布在延平区下水坪峡溪，生长在河流两侧，植被面积为0.50公顷。盖度达75%，高度达7米。伴生种有檵木、斑茅和五节芒等。

(22)箬竹群系：分布在南靖县番科炉、梧宅后溪、番仔寮—田中，明溪县大洋的岭下，三元区峰溪、欧坑溪、竹源坑溪、清溪、下长溪、乌龙砂坊渔塘溪，南安市凤巢水库，生长在河流两侧、库塘周边。盖度达75%，高度达4米。伴生种有鸭跖草、水蓼、铺地黍、水竹和五节芒等。

(23)少穗竹群系：分布在屏南县梅溪头水库，生长在库塘周边。盖度达75%，高度达5米。伴生种有牡荆和五节芒等。

(24)屏南少穗竹群系：分布在屏南县岭下溪、龙虎岔水库，生长在河流两侧、库塘周边，植被面积为6.40公顷。盖度达75%，高度达4米。伴生种有葛、鸭跖草和五节芒等。

(25)肿节少穗竹群系：分布在清流县嵩溪溪、赤坑溪、向阳水库、桂溪，尤溪县大坪洋水库，生长在河流两侧、库塘周边，植被面积为10.80公顷。盖度75%，高度达4米。伴生种有五节芒、香附子、野芋、水蓼和铺地黍等。

(26)毛竹群系：分布在永春县上姚溪，永泰县乌岩溪，生长在河流两侧，植被面积为1.50公顷。盖度达80%，高度达12米。伴生种有藿香蓟、轮叶蒲桃、水蓼、铺地黍、水竹和五节芒等。

(27)黄甜竹群系：分布在永泰县枝柄溪、大洋溪、玉锡溪、陈家溪、村尾溪、古岸溪、青坑岭、剑潭溪、九老溪、台口溪、白杜坂、溪门溪、东风电站、东方红，古田县大桥珍山，马尾区白眉大溪里，宁化县石牛溪，生长在河流两侧、库塘周边、洪泛平原上。盖度达80%，高度达12米。伴生种有山黄麻、苍耳、斑茅、蕉芋、狗牙根、野芋、水蓼、铺地黍、水竹和五节芒等。

(28)假毛竹群系：分布在永安市早安、胡贡河、丰山源、西溪、下瑶、桂溪上洋、内炉、大龙逢、苏坑、坑里、三溪，生长在河流两侧。盖度达80%，高度达10米。伴生种有水竹、魁蒿、大狗尾草、苍耳、鸭跖草、水蓼和五节芒等。

(29)石竹群系：分布在尤溪县建设溪、中仙华口溪、山后溪、涺溪、九曲源宅溪、广坑溪、下洋溪、坑园溪、洋头溪、柳塘水库、浮坑洋、后亭溪，生长在河流两侧、库塘周边，植被面积为50公顷。盖度达70%，高度达3米。伴生种有芦竹、斑茅、水蓼、铺地黍和五节芒等。

(30)毛竹+黄竹群系：分布在清流县蛇坑溪，生长在河流两侧，植被面积为0.20公顷。盖度达75%，高度达12米。伴生种有鸭跖草、水蓼、铺地黍、畦畔莎草和五节芒等。

(31)黄竹+盐肤木群系：分布在清流县田源溪，生长在河流两侧，植被面积为3.60公顷。盖度达80%，高度达6米。伴生种有鸭跖草、畦畔莎草、水蓼、铺地黍和五节芒等。

(32)面杆竹群系：分布在永泰县樟江溪，生长在河流两侧。盖度达75%，高度达4米。伴生种有鸭跖草、水蓼、条穗薹草、铺地黍和五节芒等。

2.3 灌丛湿地植被型组

2.3.1 落叶阔叶灌丛湿地植被型

(1)白背叶群系：分布在南靖县涵溪、象溪，延平区新岭溪、员垱洲水库、深溪水库，晋安区月洋水库，连城县洋地溪，福清市一都坞坪，生长在河流两侧、库塘周边。盖度达80%，高度达4米。伴生种有鸭跖草、卡开芦、牡荆、野芋和五节芒等。

(2)醉鱼草群系：分布在将乐县沙源溪，明溪县陈坊、坪地，宁化县溪源溪、黄沙潭溪、兴坑溪、下洋溪、蕉坑溪、沿溪溪、儒地溪，将乐县漠溪河、九南坑，光泽县寒坑溪，连城县后埔溪等地，分布较广，生长在河流两侧、库塘周边，植被面积为4.20公顷。盖度达70%，高度达3米。伴生种有铺地黍、石菖蒲、鱼腥草、具芒碎米莎、狗牙根、牡荆、野芋和五节芒等。

(3)牡荆群系：福建省广泛分布，生长在河流两侧、库塘周边、洪泛平原湿地、水产养殖场周边等地，植被面积为87.20公顷。盖度达70%，高度达3米。伴生种有鸭跖草、石菖蒲、狗牙根、水团花、鬼针草、水蓼、铺地黍、鱼腥草、野芋和五节芒等。

(4)盐肤木群系：分布在新罗区西贯溪、东厅溪、罗畲溪、陈地溪、小溪，连城县迪坑溪、上琴溪、张地溪，清流县长校溪、余朋溪、时州水库，延平区后洋山溪、江楼底溪、双溪，光泽县清溪河，松溪县丘地，罗源县南洋岭溪等地，分布较广，生长在河流两侧、库塘周边。盖度达70%，高度达4米。伴生种有斑茅、五节芒、牡荆、野芋、香附子、喜旱莲子草、石菖蒲、鱼腥草、狗牙根和五节芒等。

(5)金合欢群系：分布在福清市一都菜岭、镜洋下施，东山湾闸门，生长在河流两侧、水产养殖场周边。盖度达80%，高度达5米。伴生种有鸭跖草、葛、喜旱莲子草和五节芒等。

(6)光荚含羞草群系：分布在漳浦县官浔玳瑁山溪、赤岭大宅溪、石榴上洋溪、黄仓溪、盘陀通坑溪、官浔溪南溪、赤岭顶厝溪、湖西顶云溪、大南坂刺塘后溪、赤湖南峰溪、石榴田寮溪，龙海市小田坑、连江县莲湖，长乐市新塘港，南靖县九龙江、天口等地。为引进种，人工种植，生长在河流两侧、库塘周边、水产养殖场周边，洪泛平原湿地上。盖度达80%，高度达5米。伴生种有卡开芦、铺地黍、藿香蓟、丁香蓼、狗牙根、鸭跖草、斑茅、五节芒和喜旱莲子草等。

(7)山鸡椒群系：分布在屏南县后堡坑、百丈漈、新木桥溪、茶盘溪、会溪、下院坑、黄连溪、官山水库，南靖县书洋双峰等地，生长在河流两侧、库塘周边。盖度达75%，高度达4米。伴生种有狗尾草、葛、水蓼、铺地黍、鸭跖草、斑茅和五节芒等。

(8)桃群系：分布在福安市橄榄坂，人工种植，生长在洪泛平原湿地上。盖度达70%，高度达4米。伴生种有卡开芦、铺地黍、藿香蓟、狗牙根、鸭跖草、五节芒和喜旱莲子草等。

(9)天仙果群系：分布在屏南县长潭溪、窄垄仔、后圪溪、梅溪、白玉溪、坪溪，生长在河流两侧。盖度达70%，高度达3米。伴生种有卡开芦、五节芒、葛和石菖蒲等。

(10)美丽胡枝子群系：分布在屏南县甘棠溪、洋中溪、梅溪头水库，生长在河流两侧、水库周边。盖度达70%，高度达2米。伴生种有牡荆、五节芒和葛等。

(11)南方荚蒾群系：分布在屏南县岭下溪，生长在河流两侧。盖度达70%，高度达2.5米。伴生种有牡荆、五节芒和葛等。

(12)小构树群系：分布在泰宁县坑坪溪，德化县朱地溪，生长在河流两侧。盖度达75%，高度达3米。伴生种有牡荆、火炭母、铺地黍、五节芒和葛等。

(13)楤木群系：分布在永泰县下亭隔、岩下溪、三界坑、里洋溪，生长在河流两侧。盖度达70%，高度达2米。伴生种有铺地黍、五节芒和海金沙等。

(14)番石榴群系：分布在闽江河口湿地区马腾村，生长在潮间盐水沼泽区。盖度达60%，高度达4米。伴生种有铺地黍、藿香蓟、狗牙根和喜旱莲子草等。

(15)猴耳环群系：分布在永泰县椿阳溪，生长在河流两侧。盖度达70%，高度达4米。伴生种有棕叶狗尾草、铺地黍、五节芒和海金沙等。

(16)紫珠群系：分布在永泰县后溪、大梅洋，生长在河流两侧。盖度达70%，高度达3米。伴生种有牡荆、棕叶狗尾草、斑茅、五节芒和海金沙等。

(17)驳骨丹群系：分布在连城县罗口溪、罗家溪、龙门坑、文川溪，生长在河流两侧、库塘周边。盖度达70%，高度达2米。伴生种有藿香蓟、五节芒、狗牙根和海金沙等。

(18)银合欢群系：分布在闽江河口湿地区的乌龙江，仓山区螺洲，生长在河流两侧及三角洲、沙洲上。盖度达70%，高度达5米。伴生种有铺地黍、五节芒、喜旱莲子草和水蓼等。

(19)马甲子群系：分布在长汀县朱坊至大田、汀江、南山河、刘源河、凹下水库、朱溪河、红畲水库，清流县高坑库塘，清流县、永安市的安砂水库，连城县李丰溪，闽清县梅溪等地，生长在河流两侧、水库周边，植被面积为9.40公顷。盖度达85%，高度达4米。伴生种有水竹、铺地黍、狗牙根、半边莲、喜旱莲子草和水蓼等。

2.3.2 常绿阔叶灌丛植被型

(1)单叶蔓荆群系：分布在闽江河口、厦门，生长在沙岸上。盖度达70%，高达50厘米。常见其伴生植物有矮生薹草、狗牙根等。

(2)轮叶蒲桃群系：分布在晋安区龙潭溪，永泰县后溪、乌岩溪、北溪、蕉坑、赤壁溪、白杜坂、白马溪，长汀县赖溪水库、红畲水库，罗源县牛沃溪、十八重溪、西洋、下村、溪尾、溪坪、仕坂、聂山等地，生长在河流两侧、水库周边及洪泛平原上，植被面积为58.50公顷。盖度达80%，高度达1.5米。伴生种有鹅掌柴、五节芒、石菖蒲、葛和斑茅等。

(3)马缨丹群系：福建省各地均有分布，原产于美洲，引进后溢为野生，生长在河流两侧、水库周边、洪泛平原湿地上，植被面积为5.00公顷。盖度达80%，高度达2米。常见伴生种有小蓬草、升马唐、圆果雀稗、银胶菊、狗尾草、铺地黍、葎草和鸡屎藤等。

(4)檵木群系：分布在延平区安丰溪、中洋溪、三垱溪、村头溪、百际溪、下水坪峡溪、折竹溪、登山水库、大禄溪和大横横头，明溪县余坊和罗翠，永泰县黄溪，罗源县川边溪，连城县714电站，生长在溪河两侧、库塘周边。盖度达80%。伴生植物有五节芒、水团花、卡开芦、升马唐和铺地黍等。

(5)小叶蚊母树群系：分布在屏南县、周宁县、政和县翠溪，福鼎市梨园溪磻溪镇后坪村，生长在溪河两边。盖度达85%。伴生植物有檵木、轮叶蒲桃、五节芒和糯米团等。

(6)茶群系：分布在蕉城区上坂、邑坂、铜镜、文湖等地，生长在洪泛平原湿地上，为人工种植。盖度达70%。伴生植物有藿香蓟、五节芒、火炭母、铺地黍和狗牙根等。

(7)黄栀子群系：分布在周宁县翠溪，生长在库塘周边。盖度达65%。伴生植物有藿香蓟、五节芒和铺地黍等。

(8)黄瑞木群系：分布在古田县凤都菜地，生长在河流两侧。盖度达65%。伴生植物有藿香蓟、五节芒和铺地黍等。

(9)雀舌黄杨群系：分布在建宁县茶源溪，晋安区桃源溪，植被面积为3.30公顷。生长在河流两侧。盖度达60%。伴生植物有藿香蓟、五节芒、升马唐和铺地黍等。

(10)山黄麻群系：分布在永泰县盘富溪，植被面积为7.90公顷。生长在河流两侧。盖度达65%。伴生植物有藿香蓟、斑茅、五节芒、葛、铺地黍等。

(11)鹅掌柴群系：分布在永泰县白马溪、长坑溪、枝柄溪，生长在河流两侧。盖度达65%。伴生植物有轮叶蒲桃、檵木、五节芒和葛等。

(12)风箱树群系：分布在武夷山市、武平县、南靖县，生长在库塘周边。盖度达65%。

(13)水团花群系：福建省各地广泛分布，生长在河流两侧、库塘周边。盖度达80%。常见的伴生植物有牡荆、轮叶蒲桃、类芦、五节芒、铺地黍、乌蕨、石菖蒲、鸭跖草和水蓼等。

(14)细叶水团花群系：分布在永泰县大樟溪、长潭溪、梧桐坂，生长在河流两侧、洪泛平原湿地上，植被面积为84.70公顷。盖度达70%。伴生植物有轮叶蒲桃、檵木、五节芒、斑茅、葎草和葛等。

(15)羊舌树群系：分布在永泰县黄溪，生长在河流两侧。盖度达75%。伴生植物有青冈、轮叶蒲桃、檵木、五节芒、葛和海金沙等。

(16)嘉赐树群系：分布在永泰县后溪，生长在河流两侧。盖度达80%。伴生植物有水团花、檵木、五节芒、葛和海金沙等。

(17)杜鹃群系：分布在永泰县曹溪，生长在河流两侧。盖度达75%。伴生植物有轮叶蒲桃、水团花、檵木、五节芒和葛等。

(18)紫金牛群系：分布在永泰县百漈沟，生长在河流两侧。盖度达70%。伴生植物有轮叶蒲桃、水团花、五节芒和葛等。

(19)圆锥绣球群系：分布在将乐县上大坑，生长在河流两侧。盖度达75%。伴生植物有轮叶蒲桃、水团花、五节芒、条穗薹草和葛等。

(20)变叶榕群系：分布在明溪县下汴原厝坑、下汴帐干，生长在河流两侧，植被面积为3.40公顷。盖度达70%。伴生植物有乌药、水团花、五节芒、条穗薹草、葛和野芋等。

(21)竹叶榕群系：分布在永泰县上庄溪、小喜溪、占柄溪、下亭隔，植被面积为0.80公顷。生长在河流两侧。盖度达70%。伴生植物有楤木、斑茅、虎杖、野芋、狗牙根、五节芒和葛等。

(22)全缘榕群系：分布在将乐县漠溪河、梅列区台溪，生长在河流两侧，植被面积为0.50公顷。盖度达70%。伴生植物有楤木、醉鱼草、斑茅、虎杖、野芋、铺地黍和葛等。

(23)乌饭树群系：分布在清流县高段溪，生长在河流两侧。盖度达70%。伴生植物有水团花、醉鱼草、斑茅、铺地黍、海金沙和葛等。

(24)乌药群系：分布在将乐县安仁溪、石帆溪、池湖溪，明溪县下汴帐干，生长在河流两侧。盖度达80%。伴生植物有变叶榕、水团花、五节芒、狗牙根、海金沙和葛等。

(25)算盘子群系：分布在清流县村尾溪，生长在河流两侧。盖度达70%。伴生植物有醉鱼草、五节芒、野芋、海金沙和葛等。

(26)三花冬青群系：分布在泰宁县东海洋灌丛沼泽，生长在沼泽湿地。盖度达85%。伴生植物有江南桤木、黄山松、小果冬青、野山楂和谷精草等。

2.4　草丛湿地植被型组

2.4.1　莎草型湿地植被型

(1)短叶水蜈蚣群系：分布在连城县池溪溪、儒畲溪、文地溪、溪源溪、黄坑溪、赤坑溪、良坑溪、长坑溪、张家营溪，南靖县船场溪等地，生长在河流两侧，植被面积为2.30公顷。盖度达65%，高达25厘米。常形成单优群落，有时也可见伴生植物香附子和鸡眼草等。

(2)异型莎草群系：分布在华安县绵治—沙坑口、永丰溪、良村小溪，平潭县韩厝水库等地，生长在河流两侧、库塘周边，植被面积为4.80公顷。盖度达75%，高达70厘米。常形成单优群落，有时也可见伴生植物鸭跖草和水蓼等。

(3)二型鳞薹草群系：该群系多分布在永安安砂水库秤沟湾正常蓄水位区。群系高80厘米，盖度达90%。伴生有皱叶狗尾草、鼠麴草、水蓼、刺蒴麻、金钱草、紫花地丁、风轮菜、全缘榕小苗、泥胡菜、空心泡、鱼眼草等。

(4)水莎草群系：福建省广泛分布，生长在河流两侧、库塘、水产养殖场周边及洪泛平原湿地、三角洲/沙洲、草本沼泽湿地上，植被面积为123.20公顷。盖度达90%，高达100厘米。常形成单优群落，有时也可见伴生植物鸭跖草、水蓼、喜旱莲子草、狗牙根、香附子和铺地黍等。

(5)粗根茎莎草群系：分布在诏安县梅东、公仔店、腊州、宫口、甲洲、洪洲、下河、搭桥、澳仔头等地，生长在河流两侧、水产养殖场周边及三角洲、沙洲上，植被面积为1.10公顷。盖度达80%，高达25厘米，常形成单优群落，有时也可见伴生植物球柱草、鸭跖草和水蓼等。

(6)碎米莎草群系：福建省广泛分布，生长在河流两侧、库塘周边，植被面积为31.90公顷。盖度达85%，高达85厘米。常形成单优群落，有时也可见伴生植物鸭跖草、狗牙根、水蓼、喜旱莲子草和铺地黍等。

(7)香附子群系：福建省广泛分布，生长在河流两侧周边、库塘、水产养殖场周边及沙石海滩、洪泛平原湿地、草本沼泽湿地上，植被面积为46.70公顷。盖度达80%，高达30厘米。常形成单优群落，有时也可见伴生植物鸭跖草、蕺菜、喜旱莲子草、狗牙根和铺地黍等。

(8)球柱草群系：分布在诏安县梅东、公仔店、腊州、宫口、甲洲、洪洲、渡西、下河、搭桥、澳仔头，闽江河口鳝鱼滩，长乐市山前等地，生长在河流两侧、水产养殖场周边及沙石海滩、三角洲、沙洲上，植被面积为26.20公顷。盖度达80%，高达30厘米。常形成单优群落，有时也可见伴生植物鸭跖草、蕺菜、喜旱莲子草、狗牙根、铺地黍和水蓼等。

(9)藨草群系：分布在集美区、连江县，生长在永久性河流及草本沼泽上。盖度达80%，高达1米。常可见短叶茳芏、互花米草、芦苇等伴生。

(10)糙叶薹草群系：分布在闽江河口，生长在潮间盐水沼泽区。盖度达75%，高达40厘米，常可见短叶茳芏伴生。

(11)海三棱藨草群系：分布在闽江河口，生长在潮间盐水沼泽、三角洲、沙洲、沙岛区。盖度达75%，高达40厘米。常形成单优群落，也可见短叶茳芏、互花米草等伴生。

(12)芙兰草群系：分布在诏安县三斜坑、顶安坑、焕塘溪、埔坪坑、东坑、林东、内古关、使君塘水库、小吼水库、乌坑水库、红坑水库、上洋坑渠道等地，生长在河流、运河、输水河两侧、水产养殖场周边、库塘周边，植被面积为12.40公顷。盖度达80%，高达120厘米。常形成单优群落，有时也可见伴生植物铺地黍、鸭跖草、水蓼、狗牙根、香附子和喜旱莲子草等。

（13）百球藨草群系：分布在光泽县端溪、林下溪、际儒溪、万年坑溪、墩上溪、山头关溪、宋家郎溪、大青溪、李坊溪、乌石水库道等地，生长在河流两侧、库塘周边，植被面积为4.70公顷。盖度达90%，高达120厘米。常形成单优群落，有时也可见伴生植物铺地黍、鸭跖草和水蓼等。

（14）阿穆尔莎草群系：分布在建阳市雷公口水库，生长在库塘周边，植被面积为0.80公顷。盖度达85%，高达50厘米。常形成单优群落，有时也可见伴生植物铺地黍、鸭跖草、蕺菜和水蓼等。

（15）条穗薹草群系：福建省广泛分布，生长在河流两侧、库塘周边、水产养殖场周边及洪泛平原湿地上，植被面积为363.30公顷。盖度达80%，高达60厘米。常形成单优群落，有时也可见伴生植物双穗雀稗、野芋、水蓼和蕺菜等。

（16）矮生薹草群系：分布在惠安县，生长在沙石海滩上，植被面积为4.40公顷。盖度达85%，高达30厘米。常见伴生植物有厚藤、海边月见草等。

（17）畦畔莎草群系：分布在延平区大作溪、后岭下、小塔前溪、姜口溪、东山水库、上青溪、九坍溪、百际溪、五七溪，清流县蛇坑溪、芹溪溪等地，生长在河流两侧、库塘周边，植被面积为1.00公顷。盖度达90%，高达50厘米。常形成单优群落，有时也可见伴生植物铺地黍、鸭跖草和水蓼等。

（18）水虱草群系：分布在南安市新垵水库、后垄水库，石狮市奈清水库，秀屿区石塘水库，古田县泮洋兰兜，仙游县来狮水库等地，生长在河流两侧、水产养殖场周边、库塘周边，植被面积为11.80公顷。盖度达80%，高达30厘米。常形成单优群落，有时也可见伴生植物狗牙根和喜旱莲子草等。

（19）球穗扁莎群系：分布在三都湾湿地牛路门，生长在水产养殖场周边。盖度达80%，高达50厘米。常形成单优群落，有时也可见伴生植物铺地黍、水蓼、狗牙根和喜旱莲子草等。

（20）扁穗莎草群系：分布在南安市后垄水库，生长在库塘周边，植被面积为0.70公顷。盖度达80%，高达25厘米。常形成单优群落，有时也可见伴生植物狗牙根和喜旱莲子草等。

（21）具芒碎米莎草群系：分布在将乐县杨梅坑垅、漠溪、洋坊溪、门前溪、沙边溪和九南坑，建宁县都溪河、濉溪和鸳鸯湖，石狮市莲塘水库等地，生长在河流两侧和库塘周边，植被面积为4.10公顷。盖度达85%，高达50厘米。常形成单优群落，有时也可见伴生植物鸭跖草、水蓼、狗牙根和香附子等。

（22）水毛花群系：分布在长乐市院里，生长在水产养殖场周边。盖度达80%，高达80厘米。常形成单优群落，有时也可见伴生植物铺地黍、水蓼、狗牙根和喜旱莲子草等。

（23）复序飘拂草群系：分布在平潭县新桥村，生长在水产养殖场周边。盖度达85%，高达40厘米。常形成单优群落，有时也可见伴生植物铺地黍、狗牙根和喜旱莲子草等。

（24）绢毛飘拂草群系：分布在长乐市东洛岛、牛角湾，生长在沙石海滩上，植被面积为9.00公顷。盖度达85%，高达40厘米。常形成单优群落。

（25）夏飘拂草群系：分布在仙游县来狮水库，生长在库塘周边。盖度达85%，高达30厘米。常形成单优群落，有时也可见伴生植物狗牙根和喜旱莲子草等。

(26)二花珍珠茅群系：分布在永安市天宝岩保护区大洋，生长在草本沼泽上。盖度达 80%，高达 50 厘米。常见伴生植物有中位泥炭藓、鸭舌草、鸭嘴草和谷精草等。

(27)割鸡芒群系：分布在邵武市，生长在河流两侧，植被面积为 20.00 公顷。盖度达 65%，高达 70 厘米。常见伴生植物有鸭跖草和水蓼等。

(28)畦畔莎草 + 香附子群系：分布在清流县下村溪、炭山溪，生长在河流两侧，植被面积为 0.20 公顷。盖度达 85%，高达 40 厘米。常可见伴生植物狗牙根、铺地黍和喜旱莲子草等。

(29)类头状花序藨草群系：分布在将乐县龙溪，生长在河流两侧。盖度达 85%，高达 90 厘米。常形成单优群落，可见伴生植物铺地黍、蕺菜和鸭跖草等。

(30)短叶茳芏群系：广泛分布于福建省沿海各县市，生长在淤泥质海滩、岩石海岸、河口水域、永久性河流、库塘、水产养殖场及三角洲、沙洲、沙岛上，植被面积为 19.80 公顷。盖度达 90%，高达 1 米。常形成单优群落，也可见互花米草、糙叶薹草、芦苇等伴生。

(31)香附子 + 红鳞扁莎群系：分布在清流县桐坑溪，生长在河流两侧。盖度达 85%，高达 40 厘米。常可见伴生植物狗牙根和铺地黍等。

(32)芒尖薹草群系：分布在沙县张尖溪，生长在河流两侧。盖度达 85%，高达 50 厘米。常可见伴生植物蕺菜和野芋等。

(33)龙师草群系：分布在武夷山市，生长在河流两侧。盖度达 65%，高达 80 厘米。常可见其伴生植物有鸭跖草、铺地黍和水蓼等。

2.4.2　禾草型湿地植被型

(1)铺地黍群系：福建省广泛分布，生长在河流两侧、库塘周边、水产养殖场周边、沙石海滩及洪泛平原湿地上，植被面积为 1527.40 公顷。盖度达 90%，高达 60 厘米。常形成单优群落，伴生植物有狗牙根、喜旱莲子草和水蓼等。

(2)铺地黍 + 喜旱莲子草群系：分布在长汀县濯田河，生长在河流两侧。盖度达 80%，高达 50 厘米。伴生分布的植物有狗牙根和香附子等。

(3)双穗雀稗群系：福建省广泛分布，生长在河流两侧、库塘周边、水产养殖场周边、地热湿地周边及洪泛平原湿地上，植被面积为 332.20 公顷。盖度达 90%，高达 30 厘米。常形成单优群落，也可见其伴生植物秕壳草、铺地黍等。

(4)乱草群系：分布在永定县上洋溪、旱溪坝、布坑溪、铜锣坪溪、田龙溪、半径溪、棉花滩水库，生长在河流两侧、库塘周边。盖度达 80%，高达 60 厘米。常形成单优群落，伴生植物有狗牙根、喜旱莲子草、水蓼等。

(5)稗群系：分布在南靖县船场溪，石狮市埭尾溪、莲塘水库，龙海市东园农场、鸡母寿养殖场，古田县城西槐门，长汀县红坍水库，柘荣县黄地溪、青岚面水库、白沙溪、大水源溪等地，生长在河流两侧、水产养殖场和库塘周边，植被面积为 52.50 公顷。盖度达 85%，高达 50 厘米。常形成单优群落，伴生植物有狗牙根、喜旱莲子草和水蓼等。

(6)老鼠艻群系：分布在漳浦县、诏安湾、东山县，生长在沙石海滩、岩石海岸上，植被面积为 7.50 公顷。盖度达 80%，高达 40 厘米。常见其伴生植物有海边月见草、厚藤等。

(7)甜根子草群系：分布在秀屿区，生长在沙石海滩上，植被面积为 0.10 公顷。盖度达 70%，高达 1 米。常见伴生植物有铺地黍、狗牙根等。

(8)狗牙根群系：福建省广泛分布，生长在河流两侧，库塘、水产养殖场、地热湿地周边，三角洲、沙洲、沙石海滩及洪泛平原湿地上，植被面积为1347.09公顷。盖度达90%，高达30厘米。常形成单优群落，伴生植物有喜旱莲子草、铺地黍、半边莲和羊蹄等。

(9)卡开芦群系：福建省广泛分布，生长在河流两侧，库塘、水产养殖场周边及洪泛平原湿地上，植被面积为1392.50公顷。盖度达95%，高达1.70米。常形成单优群落，伴生植物有狗牙根、喜旱莲子草和铺地黍等。

(10)五节芒群系：福建省广泛分布，生长在河流两侧，库塘、水产养殖场周边及洪泛平原湿地上，植被面积为6859.67公顷。盖度达95%，高达2.5米。常形成单优群落，伴生植物有芒、葛和火炭母等。

(11)斑茅群系：福建省广泛分布，生长在河流两侧，库塘、水产养殖场周边，三角洲、沙洲及洪泛平原湿地上，植被面积为569.31公顷。盖度达95%，高达2米。伴生植物有芒、水蓼、铺地黍、狗牙根、葛和火炭母等。

(12)类芦群系：福建省广泛分布，生长在河流两侧，库塘、水产养殖场周边及洪泛平原湿地上，植被面积为611.50公顷。盖度达85%，高达1.80米。伴生植物有斑茅和水蓼等。

(13)河八王群系：分布在南靖县下坂—梅林、小溪口、船场溪，连城县上地水库、罗口溪、马山前溪、城溪溪、溪甲溪、文川溪，生长在河流两侧，水产养殖场、库塘周边及洪泛平原湿地上，植被面积为15.40公顷。盖度达85%，高达2.5米。伴生植物有芒、五节芒、铺地黍、狗牙根、葛和葡蟠、藿香蓟等。

(14)芦竹群系：福建省广泛分布，生长在河流两侧，库塘、水产养殖场周边及洪泛平原湿地上，植被面积为512.20公顷。盖度达85%，高达2米。常见伴生植物有五节芒、秕壳草、狗尾草、鸭跖草、铺地黍和水蓼等。

(15)圆果雀稗群系：分布在诏安湾西港盐场、岱南盐场、双东盐场、港口、双东盐厂、东葛头村，南安市坂尾水库、九溪水库、团结水库、安平桥，柘荣县龙溪，长乐市三星，仓山区塘下等地，生长在河流两侧，水产养殖场、盐田及库塘周边，植被面积为9.40公顷。盖度达80%，高达50厘米。常见伴生植物铺地黍、一年蓬、鬼针草、狗牙根和藿香蓟等。

(16)毛花雀稗群系：分布在闽江河口清富、后阪，龙海市郊边水库，生长在水产养殖场及库塘周边。盖度达75%，高达50厘米。常见伴生植物有铺地黍、一年蓬、鬼针草和狗牙根等。

(17)秕壳草群系：福建省广泛分布，生长在河流两侧及库塘周边，植被面积为401.30公顷。盖度达90%，高达50厘米。常见伴生植物有水蓼、铺地黍和狗牙根等。

(18)蓉草群系：分布在宁化县河龙溪、南坑溪、青山甲溪、上曹溪、根竹溪、长潭河、罗溪溪、淮土溪、大罗溪、方田溪、绍光上溪和黄甲桥溪，生长在河流两侧，植被面积为24.70公顷。盖度达85%，高达50厘米。常见伴生植物有水蓼、铺地黍和狗牙根等。

(19)高野黍群系：分布在诏安县东上营、含英、澳仔头、甲洲、洪洲、东沈、湖内，生长在河流两侧，水产养殖场周边，沙石海滩及洪泛平原湿地上，植被面积为14.10公顷。盖度达80%，高达1米。常见伴生植物有水蓼和铺地黍等。

(20)野生稻群系：分布在漳浦县湖西，生于小池塘边。国家Ⅱ级保护植物；多年生水生草本，秆高1.5~2米，濒危种。是水稻遗传育种的研究资料、珍贵种质资源，可为阐明水稻起源和演化提供理论基础。

(21)狗尾草群系：福建省广泛分布，生长在河流两侧及库塘周边，植被面积为20.70公顷。盖度达80%，高达60厘米。常见伴生植物有藿香蓟、铺地黍和牛筋草等。

(22)狼尾草群系：分布在仙游县、柘荣县、龙文区、周宁县，生于在河流两侧及库塘周边，植被面积为26.80公顷。盖度达75%，高达60厘米。常见伴生植物有藿香蓟、铺地黍和升马唐等。

(23)杂交狼尾草群系：分布在石狮市，为人工种植，生于库塘周边，植被面积为44.60公顷。盖度达80%，高达2米。常见伴生植物有钻形紫菀、铺地黍和喜旱莲子草等。

(24)象草群系：福建省广泛分布，为人工种植，生长在河流两侧及水产养殖场、库塘周边，植被面积为138.20公顷。盖度达85%，高达2米。常见伴生植物有升马唐、牛筋草和铺地黍等。

(25)龙爪茅群系：分布在东山县、秀屿区，生于沙石海滩上及水产养殖场周边，植被面积为0.20公顷。盖度达60%，高达40厘米。常见伴生植物有番杏、厚藤和铺地黍等。

(26)牛筋草群系：分布在诏安县、福清市、东山县、华安县、古田县、漳浦县、长泰县、诏安县、南靖县、东山县和政和县，生长在河流两侧，水产养殖场、库塘周边及沙石海滩、洪泛平原湿地上，植被面积为30.60公顷。盖度达75%，高达40厘米。常见伴生植物有狗牙根、铺地黍、水蓼和喜旱莲子草等。

(27)台湾虎尾草群系：分布在诏安湾、旧镇港，生长在水产养殖场、盐田周边。盖度达70%，高达60厘米。常见伴生植物有狗牙根、盐地鼠尾粟、铺地黍和白花鬼针草等。

(28)柳叶箬群系：分布在漳浦县、安溪县、永春县、南安市，生长在河流两侧及库塘周边，植被面积为13.80公顷。盖度达80%，高达50厘米。常见伴生植物有鸭跖草、水蓼、升马唐和铺地黍等。

(29)荩草群系：分布在漳浦县、周宁县、安溪县、永春县、南安市，生长在河流两侧及库塘周边。盖度达75%，高达50厘米。常见伴生植物有鸭跖草、火炭母、水蓼、狗牙根、碎米莎草和铺地黍等。

(30)二型莠竹群系：分布在诏安县，生长在河流两侧。盖度达75%，高达60厘米。常见伴生植物有牛筋草、鸭跖草、水蓼和狗牙根等。

(31)臭根子草群系：分布在诏安县，生长在水产养殖场周边。盖度达70%，高达80厘米。常见伴生植物有牛筋草和狗牙根等。

(32)短颖马唐群系：分布在东山湾，生长在水产养殖场周边。盖度达65%，高达50厘米。常见伴生植物有银胶菊、牛筋草和狗牙根等。

(33)升马唐群系：分布在漳浦县、古田县、延平区，生长在河流两侧及水产养殖场、库塘周边，植被面积为28.50公顷。盖度达60%，高达50厘米。常见伴生植物有银胶菊、鸭跖草、火炭母、水蓼、狗牙根和铺地黍等。

(34)竹节草群系：分布在清流县，生长在河流两侧。盖度达70%，高达60厘米。常见伴生植物有鸭跖草、水蓼和狗牙根等。

(35)芒群系：分布在漳浦县、德化县、浦城县、清流县、南安市，生长在河流两侧，水产养殖场、库塘周边及洪泛平原湿地上，植被面积为53.90公顷。盖度达65%，高达80厘米。常见伴生植物有藿香蓟、鸭跖草、火炭母、鬼针草、水蓼、狗牙根和铺地黍等。

(36)盐地鼠尾粟群系：分布在东山湾、秀屿区、诏安湾、湄洲湾、兴化湾、平海湾、平潭县、旧镇港、龙海市，生长在运河河流两侧，淤泥质海滩、潮间盐水沼泽、沙石海滩、岩石海岸、盐田及水产养殖场上，植被面积为7.80公顷。盖度达90%，高达40厘米。常形成单优群落。

(37)芦苇群系：广泛分布于福建省沿海各地，生长在淤泥质海滩、岩石海岸、河口水域、永久性河流两侧、库塘周边、洪泛平原湿地、水产养殖场周边及三角洲、沙洲、沙岛，植被面积为477.10公顷。盖度达85%，高达50米。常形成单优群落。

(38)薏苡群系：分布在尤溪县、南安市、浦城县、涵江区、仙游县、永泰县、福鼎市，生长在河流两侧，植被面积为48.40公顷。盖度达75%，高达2米。常见伴生植物有野芋、鸭跖草、火炭母、水蓼、狗牙根和铺地黍等。

(39)藨草群系：该群系主要分布在永安安砂水库正常蓄水位区，为多年生喜湿禾草。群系高60~100厘米，群落盖度可达70%，生长几年后能形成很大的株丛。与之伴生的还有半边莲、鼠麴草、广东焯菜等。

(40)牛虱草群系：分布在同安区，生长在库塘周边。盖度达75%，高达40厘米。常见伴生植物有鸭跖草、水蓼和狗牙根等。

(41)甜茅群系：分布在延平区，生长在河流两侧、水产养殖场周边，植被面积为0.40公顷。盖度达70%，高达70厘米。常见伴生植物有藿香蓟、鸭跖草、鬼针草、水蓼、狗牙根和铺地黍等。

(42)疏花雀麦群系：分布在延平区，生长在河流两侧、库塘周边。植被面积为1.00公顷。盖度达60%，高达60厘米。常见伴生植物有鸭跖草、鬼针草、水蓼和狗牙根等。

(43)鸭嘴草群系：分布在光泽县，生长在河流两侧，植被面积为0.10公顷。盖度达60%，高达50厘米。常见伴生植物有鸭跖草、水蓼和狗牙根等。

(44)水禾群系：分布在延平区、沙县，生长在河流两侧、库塘周边，植被面积为6.40公顷。盖度达80%，高达50厘米。常见伴生植物有鸭跖草和水蓼等。

(45)白茅群系：福建省广泛分布，生长在河流两侧，库塘、水产养殖场周边及洪泛平原湿地上，植被面积为57.00公顷。盖度达85%，高达60厘米。常见伴生植物有藿香蓟、铺地黍和狗牙根等。

(46)鸭嘴草群系：分布在三都湾，生长在水产养殖场周边，植被面积为4.00公顷。盖度达70%，高达40厘米。常见伴生植物有鸭跖草、狗牙根和水蓼等。

(47)光头稗群系：分布在三都湾，生长在水产养殖场周边。盖度达70%，高达50厘米。常见伴生植物有鸭跖草、狗牙根和水蓼等。

(48)雀稗群系：分布在长泰县，生长在库塘周边，植被面积为2.00公顷。盖度达70%，高达60厘米。常见伴生植物有鸭跖草、铺地黍和水蓼等。

(49)多花黑麦草群系：分布在屏南县，生长在草本沼泽区，植被面积为12.00公顷。盖度达75%，高达70厘米。常见伴生植物有鸭跖草和狗牙根等。

(50)金色狗尾草群系：分布在柘荣县，生长在河流两侧。盖度达65%，高达70厘米。常见伴生植物有鸭跖草、铺地黍和水蓼等。

(51)棕叶狗尾草群系：分布在周宁县、仙游县、泰宁县，生长在河流两侧，植被面积为0.50公顷。盖度达75%，高达90厘米。常见伴生植物有鸭跖草、铺地黍、狗牙根和水蓼等。

(52)大狗尾草群系：分布在永安市、柘荣县，生长在河流两侧。盖度达60%，高达70厘米。常见伴生植物有野芋、水蓼、鸭跖草、铺地黍和狗牙根等。

(53)水蔗草群系：分布在寿宁县，生长在河流两侧。盖度达80%，高达80厘米。常见伴生植物有鸭跖草、铺地黍和水蓼等。

(54)拂子茅群系：分布在福安市，生长在河流两侧。盖度达75%，高达70厘米。常见伴生植物有铺地黍、水蓼和野芋等。

(55)菰群系：分布在长乐市、永泰县、罗源县、仙游县、荔城区、古田县，生长在河流两侧，水产养殖场、库塘周边，植被面积为39.10公顷。盖度达80%，高达80厘米。常见伴生植物有水蓼、野芋、鸭跖草、火炭母、狗牙根和铺地黍等。

(56)假俭草群系：分布在惠安县、洛江区、泰宁县，生长在河流两侧，植被面积为0.90公顷。盖度达90%，高达30厘米。常见伴生植物有裸花鸭跖草、狗牙根和铺地黍等。

(57)细弱柳叶箬群系：分布在南安市，生长在河流两侧，植被面积为3.80公顷。盖度达85%，高达40厘米。常见伴生植物有喜旱莲子草、秕壳草、鸭跖草和铺地黍等。

(58)求米草群系：分布在南安市，生长在河流两侧，植被面积为3.00公顷。盖度达70%，高达40厘米。常见伴生植物有肿柄菊、喜旱莲子草、秕壳草、鸭跖草和铺地黍等。

(59)水生黍群系：分布在永春县、荔城区，生长在河流两侧、库塘周边。盖度达80%，高达60厘米。常见伴生植物有喜旱莲子草、狗牙根、狗尾草、秕壳草、鸭跖草和铺地黍等。

(60)互花米草群系：广泛分布于福建省沿海各地。分布面积达9149.33公顷，其中宁德市互花米草分布面积最大，达5080.33公顷，占福建省分布面积的55.53%。生长在淤泥质海滩、岩石海岸、河口水域、永久性河流、库塘、水产养殖场及三角洲、沙洲、沙岛上。盖度达95%，高达2.5米。常形成单优群落，也可见与秋茄树、短叶茳芏、芦苇等伴生。有关互花米草入侵的叙述见本章节主要外来入侵植物内容。

(61)大米草群系：分布在福安市、诏安县、云霄县、闽江河口，生长在河流两侧，三角洲、沙洲、沙岛、水产养殖场及潮间盐水沼泽上。盖度达90%，高达2米。常形成单优群落，也可见芦苇、互花米草等伴生。

(62)中华结缕草群系：分布在兴化湾，生长在潮间盐水沼泽、沙石海滩上。盖度达90%，高达30厘米。常形成单优群落，也可见盐地鼠尾粟等伴生。

(63)结缕草群系：分布在三都湾、霞浦县、泰宁县，生长在河流两侧、水产养殖场及库塘上，植被面积为3.00公顷。盖度达85%，高达30厘米。常形成单优群落，也可见狗牙根等伴生。

(64)皱叶狗尾草群系：分布在永春县、涵江区，生长在河流两侧，植被面积为1.60公顷。盖度达85%，高达80厘米。常见伴生植物有石菖蒲、野芋、狗尾草、秕壳草和铺地黍等。

(65)长叶雀稗群系：分布在南安市，生长在河流两侧，植被面积为2.00公顷。盖度达70%，高达70厘米。常见伴生植物有狗尾草、秕壳草和铺地黍等。

(66)紫马唐群系：分布在南安市，生长在河流两侧。盖度达70%，高达50厘米。常见伴生植物有狗尾草、铺地黍和碎米莎草等。

(67)鼠尾粟群系：分布在诏安湾、翔安区、霞浦县、长泰县、闽江河口，生长在河流两侧，植被面积为1.00公顷。盖度达65%，高达70厘米。常见伴生植物有狗尾草和铺地黍等。

(68)画眉草群系：分布在闽江河口，生长在三角洲、沙洲、沙岛上。盖度达70%，高达70厘米。常见伴生植物有狗牙根和铺地黍等。

(69)旱稗群系：分布在连江县、闽江河口，生长在河流两侧，水产养殖场、库塘周边及洪泛平原湿地上。盖度达70%，高达60厘米。常见伴生植物有铺地黍、香茶菜、水蓼、鸭跖草和火炭母等。

(70)鹅观草群系：分布在罗源县，生长在河流两侧。盖度达70%，高达70厘米。常见伴生植物有铺地黍、鸭跖草和火炭母等。

(71)糠黍群系：分布在涵江区，生长在运河、输水河两侧。盖度达85%，高达70厘米。常见伴生植物有铺地黍、鸭跖草和野芋等。

(72)竹叶茅群系：分布在永安市、仙游县，生长在运河、输水河两侧，植被面积为4.00公顷。盖度达80%，高达60厘米。常见伴生植物有条穗薹草、铺地黍、鸭跖草和野芋等。

(73)狗牙根+半边莲群系：分布在永安市、清流县，生长在库塘周边。盖度达85%，高达30厘米，常形成两个物种混杂的群系。

(74)芒+五节芒群系：分布在清流县，生长在河流两侧，植被面积为0.60公顷。盖度达75%，高达2米。常见伴生植物有铺地黍和火炭母等。

(75)斑茅+五节芒群系：分布在清流县，生长在河流两侧，植被面积为0.20公顷。盖度达80%，高达2.5米。常见伴生植物有藿香蓟、铺地黍和火炭母等。

(76)毛花雀稗+鼠尾粟群系：分布在清流县，生长在河流两侧。盖度达75%，高达60厘米。常见伴生植物有铺地黍和灯心草等。

(77)狗牙根+香附子群系：分布在清流县，生长在河流两侧。盖度达80%，高达40厘米，伴生植物较少。

(78)蛇尾草群系：分布在永安市，生长在河流两侧。盖度达80%，高达1.5米。常见伴生植物有豨签、魁蒿和铺地黍等。

(79)鼠妇草群系：分布在诏安县、漳浦县、南安市、闽江河口，生长在河流两侧，库塘、水产养殖场周边，植被面积为3.30公顷。盖度达80%，高达50厘米。常见伴生植物有水蓼、铺地黍、鸭跖草和双穗雀稗等。

2.4.3 杂类草湿地植被型

(1)水蓼群系：福建省广泛分布，生长在河流两侧，库塘、水产养殖场周边，三角洲、沙洲及洪泛平原湿地上，植被面积为301.80公顷。盖度达90%，高达40厘米。常见伴生植物有铺地黍、狗牙根、喜旱莲子草和火炭母等。

(2)水蓼+铺地黍群系：分布在长汀县，生长在库塘周边，植被面积为1.70公顷。盖度达85%，高达60厘米。常见伴生植物有石龙芮和狗牙根等。

(3)一年蓬群系：福建省广泛分布，生长在河流两侧，库塘、水产养殖场周边及洪泛平原湿地上，植被面积为5.40公顷。盖度达85%，高达70厘米。常见伴生植物有鸭跖草、刺苋、水蓼、铺地黍和狗牙根等。

(4)番杏群系：分布在秀屿区、厦门市，生长在沙石海滩上，植被面积为0.10公顷。盖度达75%，高达70厘米。常见伴生植物有铺地黍、狗牙根等。

(5)小藜群系：分布在九龙江河口、翔安区，生长在水产养殖场周边，植被面积为1.00公顷。盖度达75%，高达80厘米。常见伴生植物有铺地黍、厚藤、海边月见菜等。

(6)海滨藜群系：广泛分布于福建沿海地区的滨海盐土、沙质滩地上。总盖度达85%以上。常形成单优群落，也可见盐地鼠尾粟、南方碱蓬、中华补血草等植物伴生。

(7)南方碱蓬群系：广泛分布于福建省沿海各地，生长在淤泥质海滩、潮间盐水沼泽，运河、输水河两侧，盐田、库塘周边、水产养殖场周边及三角洲、沙洲、沙岛上，植被面积为0.10公顷。盖度达85%，高达50米。常形成单优群落。

(8)珊瑚菜群系：分布于沙滩高潮线以上至沙堤。植株生长较稀疏，盖度达40%。主根圆柱形，深入沙土中，长达30厘米，是防风固沙的优良植物，根为著名药材"北沙参"，为国家Ⅱ级保护野生植物。主要分布于惠安县垵头附近的沙滩。常见伴生种为匍匐苦荬菜。

(9)石龙芮群系：分布在长汀县，生长在河流两侧、库塘周边。盖度达80%，高达60厘米。常见伴生植物有水蓼和狗牙根等。

(10)鸭跖草群系：福建省广泛分布，生长在河流两侧，库塘、水产养殖场周边及洪泛平原湿地上，植被面积为311.7公顷。盖度达85%，高达50厘米。常见伴生植物有藿香蓟、水蓼、铺地黍和狗牙根等。

(11)野蕉群系：福建省广泛分布，生长在河流、运河、输水河两侧、库塘周边及洪泛平原湿地上，植被面积为31.1公顷。盖度达90%，高达5米。常见伴生植物有鱼腥草、藿香蓟、水蓼、铺地黍和狗牙根等。

(12)石菖蒲群系：福建省广泛分布，生长在河流两侧及库塘周边，植被面积为370.50公顷。盖度达85%，高达50厘米。常见伴生植物有鱼腥草和水蓼等。

(13)野芋群系：福建省广泛分布，生长在河流两侧，库塘周边，植被面积为576.79公顷。盖度达85%，高达60厘米。常见伴生植物有鱼腥草、水蓼和铺地黍等。

(14)萱草群系：分布在明溪县、梅列区、三元区、政和县，生长在河流两侧。盖度达75%，高达70厘米。常见伴生植物有虎杖、铺地黍、水蓼和狗牙根等。

(15)狗脊蕨群系：分布在漳浦县、永春县、南安市，生长在河流两侧，植被面积为0.50公顷。盖度达70%，高达50厘米。常见伴生植物有藿香蓟、鸭跖草、铺地黍、水蓼、喜旱莲子草等。

(16)菜蕨群系：该群系零散分布于永安安砂水库正常蓄水位区，植被面积为27.5公顷。群系高70厘米。盖度达75%，以菜蕨为主。还分布有铺地黍、狗牙根、藨草、鼠麹草等。

(17)笔管草群系：分布在云霄县、涵江区、周宁县，生长在河流两侧，植被面积为2.80公顷。盖度达80%，高达70厘米。常见伴生植物有薏苡、鸭跖草、铺地黍和水蓼等。

(18)毛蓼群系：分布在诏安县，生长在河流两侧、水产养殖场周边，植被面积为2.8公顷。盖度达80%，高达60厘米。常见伴生植物有喜旱莲子草、鸭跖草、铺地黍和水蓼等。

(19)海边月见草群系：分布在秀屿区、漳浦县、东山县，生长在沙石海滩及水产养殖场周边，植被面积为1.1公顷。盖度达75%，高达60厘米。常见伴生植物有铺地黍、狗牙根等。

(20)丁香蓼群系：分布在南靖县、华安县，生长在河流两侧，库塘、水产养殖场周边及洪泛平原湿地上，植被面积为32.2公顷。盖度达85%，高达50厘米。常见伴生植物有藿香蓟、鬼针草、水蓼、铺地黍、鸭跖草和狗牙根等。

(21)糯米团群系：分布在南靖县、邵武市、屏南县、周宁县，生长在河流两侧，植被面积为17.9公顷。盖度达85%，高达60厘米。常见伴生植物有藿香蓟、鬼针草、铺地黍和鸭跖草等。

(22)苎麻群系：福建省广泛分布，生长在河流两侧、库塘周边，植被面积为18.80公顷。盖度达85%，高达70厘米。常见伴生植物有水蓼、石菖蒲、野芋、鱼腥草和铺地黍等。

(23)刺苋群系：分布在华安县、南安市，生长在河流两侧、库塘周边，植被面积为16.00公顷。盖度达70%，高达60厘米。常见伴生植物有一年蓬、水蓼和铺地黍等。

(24)马齿苋群系：分布在云霄县，生长在河流两侧、水产养殖场周边，植被面积为2.00公顷。盖度达75%，高达30厘米。常见伴生植物有铺地黍和狗牙根等。

(25)海马齿群系：分布在云霄县，生长在河流两侧、水产养殖场周边，植被面积为79.00公顷。盖度达70%，高达40厘米。常见伴生植物有铺地黍和狗牙根等。

(26)三白草群系：分布在云霄县、建宁县、武夷山市、厦门市，生长在河流两侧、库塘周边，植被面积为2.50公顷。盖度达75%，高达60厘米。常见伴生植物有五节芒和铺地黍等。

(27)狼杷草群系：分布在华安县、政和县，生长在河流两侧。盖度达75%，高达70厘米。常见伴生植物有条穗薹草和铺地黍等。

(28)鬼针草群系：福建省广泛分布，生长在河流河两侧及库塘、盐田、水产养殖场周边。盖度达80%，高达80厘米。常见伴生植物有藿香蓟、水蓼、金纽扣、铺地黍和马缨丹等。

(29)白花鬼针草群系：分布在泉港区、石狮市、仙游县、旧镇港、南安市，生长在河流两侧、库塘周边，植被面积为6.40公顷。盖度达80%，高达80厘米。常见伴生植物有铺地黍、杂交狼尾草和狗牙根等

(30)小蓬草群系：福建省广泛分布，生长在河流两侧，淤泥质海滩、三角洲、沙洲、沙岛、草本沼泽、洪泛平原湿地、盐田上，及库塘、水产养殖场周边，植被面积为71.3公顷。盖度达80%，高达60厘米。常见伴生植物有藿香蓟、鬼针草、水蓼、狗牙根、金纽扣、牛筋草、铺地黍和马缨丹等。

(31)光梗阔苞菊群系：分布在诏安湾，生长在盐田上。盖度达70%，高达70厘米。常见伴生植物有狗牙根和铺地黍等。

(32)银胶菊群系：广泛分布在沿海湿地上，生长在河流两侧及水产养殖场周边、盐田上，植被面积为102.30公顷。盖度达75%，高达80厘米。常见伴生植物有藿香蓟、马缨丹、鸭跖草、狗牙根和铺地黍等。

(33)藿香蓟群系：分布在浦城县、漳浦县、九龙江河口、南安市、闽侯县、南靖县、柘荣县、永春县、华安县、龙海市、东山湾，生长在河流两侧，洪泛平原湿地上及库塘、水产养殖场周边，植被面积为42.20公顷。盖度达75%，高60厘米。常见伴生植物有小蓬草、牛筋草、白花鬼针草、狗牙根和铺地黍等。

(34)金纽扣群系：分布在南靖县，生长在河流两侧及水产养殖场周边，植被面积为3.9公顷。盖度达85%，高达50厘米。常见伴生植物有鸭跖草、匍蟠和铺地黍等。

(35)芫荽菊群系：分布于永安安砂水库消落带上，从死水位至正常蓄水位区域之间都有分布。群系高20厘米，盖度可达80%。常见的伴生植物有鼠麴草、鱼眼草、广东蔊菜、狗牙根、三叶朝天委陵菜等。

(36)三叶朝天委陵菜群系：分布于永安安砂水库死水位区，生长在消落带上，水库处于正常蓄水位时将被淹没。群系高25厘米，盖度可达75%。常见的伴生植物有鼠麴草、鱼眼草、广东蔊菜等。

(37)芫荽菊+鼠麴草群系：分布于永安安砂水库死水位区，生长在消落带上，水库处于正常蓄水位时将被淹没。群系高25厘米，盖度可达75%。常见的伴生植物有鱼眼草、广东蔊菜、三叶朝天委陵菜等。

(38)广东蔊菜+鼠麴草群系：分布于永安安砂水库死水位区，生长在消落带上，水库处于正常蓄水位时将被淹没。群系高0.25，盖度可达75%。还可见伴生植物芫荽菊、三叶朝天委陵菜等。

(39)半边莲+鼠麴草群系：该群系分布在七星岛正常蓄水位区。群系高20厘米。盖度达80%。以半边莲、鼠麴草为主，还伴生有广东蔊菜、鱼眼草、芫荽菊等。

(40)苍耳群系：福建省广泛分布，生长在河流两侧，三角洲、沙洲、沙岛，洪泛平原湿地，盐田、库塘、水产养殖场周边，植被面积为9.40公顷。盖度达80%，高达70厘米。常见伴生植物有藿香蓟、鬼针草、水蓼、狗牙根、喜旱莲子草、牛筋草和铺地黍等。

(41)香丝草群系：分布在永春县、顺昌县、闽侯县、旧镇港、漳浦县、连江县、晋安区，生长在河流两侧、洪泛平原湿地上及库塘、水产养殖场周边，植被面积为33.1公顷。盖度达80%，高达70厘米。常见伴生植物有藿香蓟、鬼针草、葛、苍耳和铺地黍等。

(42)钻形紫菀群系：分布在石狮市、德化县、旧镇港、漳浦县、同安区、平潭县，生长在河流两侧及水产养殖场上。盖度达75%，高达60厘米。常见伴生植物有鸭跖草、水蓼和铺地黍等。

(43)香蕉群系：分布在龙海市、华安县、顺昌县，生长在河流两侧及水产养殖场周边，植被面积为14.7公顷。盖度达75%，高达60厘米。常见伴生植物有秕壳草、牛筋草、鸭跖草、水蓼、铺地黍、喜旱莲子草等。

(44)圆叶节节菜群系：分布在诏安县，生长在河流两侧，植被面积为0.80公顷。盖度达75%，高达30厘米。常见伴生植物有水蓼、牛筋草和狗牙根等。

(45)黄花稔群系：分布在漳浦县，生长在河流两侧。盖度达75%，高达30厘米。常见伴生植物有水蓼和狗牙根等。

(46)饭包草群系：分布在华安县，生长在河流两侧及水产养殖场上，植被面积为0.60公顷。盖度达80%，高达50厘米。常见伴生植物有水蓼和狗牙根等。

(47)菜蕨群系：分布在邵武市、南安市、仙游县、涵江区，生长在河流两侧、洪泛平原湿地上及库塘、水产养殖场周边，植被面积为27.5公顷。盖度达85%，高达90厘米。常见伴生植物有水蓼、鸭跖草、铺地黍和狗牙根等。

(48)蕨群系：分布在泰宁县、浦城县、光泽县、上杭县、闽清县、明溪县，生长在河流两侧及库塘周边，植被面积为9.8公顷。盖度达80%，高达90厘米。常见伴生植物有水蓼、野芋和铺地黍等。

(49)虎杖群系：分布在沙县、建宁县、明溪县、三元区、梅列区、宁化县、光泽县，生长在河流两侧及库塘、水产养殖场周边，植被面积为25.8公顷。盖度达80%，高达150厘米。常见伴生植物有鱼腥草、水蓼、野芋、苎麻和铺地黍等。

(50)二歧蓼群系：分布在延平区，生长在河流两侧。盖度达80%，高达1.5米。常见伴生植物有水蓼、喜旱莲子草和鱼腥草等。

(51)喜旱莲子草群系：福建省广泛分布，生长在河流两侧，三角洲、沙洲、沙岛、洪泛平原湿地及盐田、库塘、水产养殖场周边，植被面积为211.4公顷。盖度达90%，高达40厘米。常见伴生植物有水蓼、狗牙根和铺地黍等。

(52)蕺菜群系：福建省广泛分布，生长在河流两侧，洪泛平原湿地，及盐田、库塘、水产养殖场周边，植被面积为8.6公顷。盖度达90%，高达40厘米。常见伴生植物有水蓼、秕壳草和铺地黍等。

(53)艾群系：分布在南安市、顺昌县、泰宁县、永春县、闽侯县，生长在河流两侧及水产养殖场周边。盖度达80%，高达60厘米。常见伴生植物有藿香蓟、葎草、狗尾草、喜旱莲子草等。

(54)肾蕨群系：分布在华安县、仙游县、周宁县、闽侯县，生长在河流两侧及库塘周边。盖度达85%，高达50厘米。常见伴生植物有藿香蓟、鬼针草和火炭母等。

(55)羊蹄群系：分布在沙埕港、三都湾，生长在水产养殖场周边。盖度达80%，高达60厘米。常见伴生植物有藿香蓟、白酒草、狗尾草、喜旱莲子草等。

(56)冷水花群系：分布在将乐县、屏南县、周宁县，生长在河流两侧，植被面积为0.40公顷。盖度达75%，高达40厘米。常见伴生植物有藿香蓟和糯米团等

(57)序叶苎麻群系：分布在南靖县、宁化县、寿宁县，生长在河流两侧。盖度达85%，高达1.2米。常见伴生植物有刺蓼、野芋和火炭母等。

(58)多裂翅果菊群系：分布在周宁县，生长在河流两侧。盖度达70%，高达60厘米。常见伴生植物有狗尾草和铺地黍等。

(59)南艾蒿群系：分布在三都湾、沙埕港，生长在水产养殖场上。盖度达80%，高达70厘米。常见伴生植物有藿香蓟、白酒草、狗尾草和铺地黍等。

(60)白酒草群系：分布在三都湾、沙埕港，生长在水产养殖场上。盖度达85%，高达80厘米。常见伴生植物有草木樨、藿香蓟、狗尾草和铺地黍等。

(61)茵陈蒿群系：分布在三都湾，生长在水产养殖场上。盖度达85%，高达70厘米。常见伴生植物有藿香蓟、白酒草、狗尾草和铺地黍等。

(62)水芹群系：分布在寿宁县，生长在河流两侧。盖度达70%，高达50厘米。常见伴生植物有野芋和铺地黍等。

(63)山麦冬群系：分布在古田县，生长在河流两侧，植被面积为16.8公顷。盖度达75%，高达40厘米。常见伴生植物有五节芒和类芦等。

(64)美人蕉群系：分布在古田县、永春县，生长在河流两侧。盖度达85%，高达2米，常形成纯群落。

(65)大苞鸭跖草群系：分布在寿宁县，生长在河流两侧。盖度达85%，高达60厘米。常见伴生植物有鱼腥草和铺地黍等。

(66)渐尖毛蕨群系：分布在永春县，生长在河流两侧。盖度达85%，高达50厘米。常见伴生植物有鱼腥草和野芋等。

(67)小花蓼群系：分布在永春县，生长在河流两侧。盖度达80%，高达1米。常见伴生植物有鱼腥草和狗牙根等。

(68)光蓼群系：分布在石狮市，生长在河流两侧及库塘周边。盖度达85%，高达70厘米，常形成单优群落，生长在水沟的则可见铺地黍、白花鬼针草等伴生植物。

(69)牛轭草群系：分布在泉港区，生长在河流两侧。盖度达75%，高达40厘米。常见伴生植物有野芋、鸭舌草、喜旱莲子草等。

(70)聚花草群系：分布在仙游县、德化县，生长在河流两侧，植被面积为5.20公顷。盖度达85%，高达60厘米。常见伴生植物有野芋、铺地黍、水蓼、喜旱莲子草等。

(71)截叶铁扫帚群系：分布在南安市，生长在库塘周边，植被面积为0.70公顷。盖度达70%，高达1米。常见伴生植物有藿香蓟、铺地黍和水蓼等。

(72)肿柄菊群系：广泛分布在沿海各地，生长在河流两侧。盖度达95%，高达2米，常形成单优群落，只在群落周边可见铺地黍、喜旱莲子草和葎草等伴生植物。

(73)肖梵天花群系：分布在南安市，生长在河流两侧。盖度达80%，高达70厘米。常见伴生植物有藿香蓟和一年蓬等。

(74)小二仙草群系：分布在南安市，生长在库塘周边。盖度达70%，高达30厘米。常见伴生植物有铺地黍和狗牙根等。

(75)香茶菜群系：分布在南安市、连江县、仙游县，生长在库塘周边。盖度达80%，高达70厘米。常见伴生植物有一年蓬、白花鬼针草、铺地黍和狗牙根等。

(76)陌上菜群系：分布在南安市，生长在库塘周边。盖度达80%，高达30厘米。常见伴生植物有一年蓬、铺地黍和狗牙根等。

(77)苎麻群系：分布在石狮市，生长在河流两侧。盖度达80%，高达1米。常见伴生植物有藿香蓟、铺地黍、喜旱莲子草等。

(78)黄花菜群系：分布在连城县、德化县、尤溪县，生长在河流两侧，植被面积为13.30公顷。盖度达80%，高达60厘米。常见伴生植物有铺地黍、喜旱莲子草等。

(79)鸭舌草群系：分布在泉港区、福清市，生长在河流两侧，植被面积为4.00公顷。盖度达70%，高达30厘米。常见伴生植物有铺地黍和狗牙根等。

(80)蕉芋群系：分布在永泰县、仙游县、泰宁县、永春县，生长在河流两侧，植被面积为28.40公顷。盖度达90%，高达2米。常见伴生植物有铺地黍、菜蕨、葎草和狗牙根等。

(81)姜花群系：分布在永春县，生长在河流两侧。盖度达95%，高达1.5米。常见伴生植物有铺地黍、菜蕨、香附子和葎草等。

(82)华山姜群系：分布在德化县，生长在河流两侧。盖度达90%，高达1.2米。常见伴生植物有铺地黍、菜蕨和葛等。

(83)艳山姜群系：分布在南靖县、南安市、仙游县、秀屿区、华安县，生长在河流两侧。盖度达90%，高达1.2米。常见伴生植物有铺地黍、秕壳草、野芋、喜旱莲子草等。

(84)接骨草群系：分布在南安市，生长在河流两侧，植被面积为2.10公顷。盖度达85%，高达1米。常见伴生植物有藿香蓟、铺地黍、火炭母和秕壳草等。

(85)草木犀群系：分布在兴化湾、福清湾、沙埕港、三都湾，生长在水产养殖场上。盖度达85%，高达1.5米。常形成单优群落。

(86)土荆芥群系。分布在柘荣县、古田县，生长在河流两侧。盖度达80%，高达1米。常见牛筋草、水蓼等伴生。

(87)决明群系：分布在南靖县，生长在河流两侧。盖度达80%，高达1米。常见铺地黍、水蓼等伴生。

(88)凤尾蕨群系：分布在连江县，生长在水产养殖场上。盖度达80%，高达50厘米。常见伴生植物有藿香蓟、铺地黍和羊蹄等。

(89)肾蕨群系：分布在华安县、闽侯县、仙游县、周宁县，生长在河流两侧及库塘周边。盖度达85%，高达50厘米。常形成单优群落。

(90)戟叶蓼群系：分布在连江县，生长在河流两侧，植被面积为4.00公顷。盖度达85%，高达1米。常见伴生植物有铺地黍、喜旱莲子草和葎草等。

(91)长花蓼群系：分布在闽江河口，生长在河流、河口两侧及三角洲、沙洲、沙岛上。盖度达80%，高达1米。常见伴生植物有铺地黍、喜旱莲子草等。

(92)薄荷群系：分布在永泰县，生长在河流两侧。盖度达80%，高达70厘米。常见伴生植物有藿香蓟和铺地黍等。

(93)蟛蜞菊群系：分布在仓山区，生长在河流两侧。盖度达100%，高达40厘米。多为人工种植后逸生，常形成单优群落。

(94)婆婆针群系：分布在罗源县，生长在河流两侧，植被面积为3.00公顷。盖度达80%，高达70厘米。常见伴生植物有喜旱莲子草和铺地黍等。

(95)梵天花群系：分布在南靖县、连江县，生长在河流两侧及水产养殖场周边。盖度达80%，高达70厘米。常见伴生植物有鬼针草、秕壳草、鸭跖草和铺地黍等。

(96)海芋群系：分布在芗城区、永泰县，生长在河流两侧及水产养殖场周边。盖度达90%，高达1米。常见伴生植物有鬼针草、鸭跖草和铺地黍等。

(97)水竹叶群系：分布在福清市，生长在河流两侧，植被面积为1.90公顷。盖度达85%，高达50厘米。常见伴生植物有鸭跖草和铺地黍等。

(98)江南灯心草群系：分布在平潭县，生长在海岸性淡水湖岸。盖度达80%，高达30厘米。常形成单优群落。

(99)凤仙花群系：分布在罗源县，生长在库塘周边。盖度达70%，高达60厘米。常见伴生植物有鸭跖草、铺地黍和狗牙根等。

(100)金毛狗群系：分布在仙游县，生长在河流两侧。盖度达70%，高达70厘米。常见伴生植物有五节芒和芒萁等。

(101)三裂叶蟛蜞菊群系：分布在涵江区，生长在运河、输水河两侧，植被面积为0.80公顷。盖度达95%，高达50厘米。常形成单优群落。

(102)草龙群系：分布在涵江区、仙游县，生长在河流两侧或浮于水面，植被面积为2.00公顷。盖度达65%，高达40厘米。常见伴生植物有双穗雀稗和秕壳草等。

(103)紫芋群系：分布在涵江区、仙游县，生长在河流两侧，植被面积为20.90公顷。盖度达85%，高达60厘米。常见伴生植物有双穗雀稗、秕壳草和狗牙根等。

(104)鸭跖草群系：福建省广泛分布，生长在河流两侧，洪泛平原湿地上，及库塘、水产养殖场周边，植被面积为311.70公顷。盖度达85%，高达50厘米。常见伴生植物有水蓼、喜旱莲子草和铺地黍等。

(105)里白群系：分布在清流县，生长在河流两侧。盖度达85%，高达1.2米。常见伴生植物有五节芒等。

(106)闽台毛蕨群系：分布在将乐县，生长在河流两侧。盖度达85%，高达50厘米。常见伴生植物有水蓼、鱼腥草和铺地黍等。

(107)春蓼群系：分布在建宁县，生长在河流两侧，植被面积为1.90公顷。盖度达80%，高达80厘米。常见伴生植物有鸭跖草、鱼腥草和铺地黍等。

(108)蓼子草群系：分布在泰宁县，生长在河流两侧，植被面积为5.10公顷。盖度达80%，高达45厘米。常见伴生植物有双穗雀稗、鸭跖草、鱼腥草和狗牙根等。

(109)丛枝蓼群系：分布在永安市，生长在河流两侧。盖度达80%，高达60厘米。常见伴生植物有鸭跖草和狗牙根等。

(110)绵毛箭叶蓼群系：分布在清流县，生长在河流两侧。盖度达75%，高达1.2米。常见伴生植物有双穗雀稗、鸭跖草和铺地黍等。

(111)毛水蓼群系：分布在建宁县，生长在河流两侧，植被面积为12.80公顷。盖度达80%，高达40厘米。常见伴生植物有鸭跖草和鱼腥草等。

(112)魁蒿群系：分布在永安市，生长在河流两侧。盖度达80%，高达80厘米。常见伴生植物有蛇尾草、大狗尾草和鸭跖草等。

(113)豨莶群系：分布在永安市，生长在河流两侧，植被面积为4.80公顷。盖度达75%，高达60厘米。常见伴生植物有藿香蓟、大狗尾草和铺地黍等。

(114)长苞谷精草群系：分布在泰宁县，生长在灌丛沼泽，植被面积为10.00公顷。盖度达65%，高达40厘米。常见伴生植物有灯心草和谷精草等。

(115)艾+五节芒群系：分布在清流县，生长在河流两侧。盖度达85%，高达1.5米。常见伴生植物有藿香蓟、大狗尾草和铺地黍等。

(116)龙舌兰群系：分布在平海湾，生长在盐田上。盖度达80%，高达1.5米。常见伴生植物有铺地黍、狗牙根、盐地鼠尾粟等。

(117)谷精草群系：分布在云霄县、永安市，生长在库塘周边及草本沼泽上。盖度达70%，高达40厘米。常见伴生植物有灯心草等。

(118)灯心草群系：分布在清流县伍家坊溪、汶溪溪、东山溪，上杭县梅花山水库，沙县龙泉溪，建瓯市溪屯、小桔、店村、溪东溪，仙游县坝头溪，集美区西滨等地，生长在河流两侧、草本沼泽区，植被面积为2.60公顷。盖度达80%，高达70厘米，常形成单优群落，有时也可见伴生有鸭跖草、水蓼和喜旱莲子草等。

(119)水烛群系：分布在闽侯县、长乐市、闽江河口、马尾区、石狮市、平潭县、东山县、南安市、同安区、集美区、诏安湾、三都湾、兴化湾、湄洲湾，生长在河流南侧、潮间盐水沼泽、河口水域、草本沼泽，库塘、盐田及水产养殖场周边，植被面积为86.00公顷。盖度达85%，高达2米。常形成单优群落。

(120)田菁群系：分布在同安区、龙海市、涵江区、兴化湾、湄洲湾，生长在洪泛平原湿地及水产养殖场周边，植被面积为5.00公顷。盖度达75%，高达2米。常可见短叶茳芏、互花米草、芦苇等伴生。

2.4.4 藤本湿地植被型

(1)火炭母群系：福建省广泛分布，生长在河流两侧及库塘周边，植被面积为68.40公顷。草质藤本。盖度达90%，长达1米。常形成单优群落。

(2)刺蓼群系：分布在南靖县、屏南县，生长在库塘周边及草本沼泽上。草质藤本，盖度达85%，长达200厘米。常形成单优群落。

(3)杠板归群系：分布在三都湾，生长在水产养殖场周边，植被面积为3.50公顷。草质藤本。盖度达85%，长达2米。常见伴生植物有狗牙根、狗尾草和铺地黍等。

(4)葎草群系：福建省广泛分布，生长在河流两侧、水产养殖场周边、洪泛平原湿地上及库塘周边，植被面积为106.60公顷。草质藤本。盖度达100%，长达5米。常形成单优群落。

(5)葡蟠群系：分布在南靖县、德化县，生长在河流两侧，植被面积为2.00公顷。盖度达75%。常见伴生植物有五节芒、水蓼和铺地黍等。

(6)菟丝子群系：分布在福清市，生长在河流两侧，植被面积为4.80公顷。盖度达80%，常见伴生植物有藿香蓟、鬼针草、牛筋草和五节芒等。

(7)鸡屎藤群系：分布在光泽县，生长在河流两侧。盖度达85%。常见伴生植物有藿香蓟、鬼针草、牡荆和五节芒等。

(8)葛群系：福建省广泛分布，生长在河流两侧、水产养殖场周边、洪泛平原湿地上及库塘周边。草质藤本。盖度达95%。常见伴生植物有藿香蓟、鬼针草、铺地黍、狗尾草和五节芒等。

(9)粉叶羊蹄甲群系：分布在晋安区，生长在河流两侧。盖度达85%。常见伴生植物有藿香蓟、鬼针草和五节芒等。

(10)首冠藤群系：分布在永泰县，生长在河流两侧。盖度达80%。常见伴生植物有五节芒、轮叶蒲桃和鬼针草等。

(11)藤黄檀群系：分布在上杭县，生长在河流两侧。盖度达85%。常见伴生植物有卡开芦、鬼针草和藿香蓟等。

(12)蕹菜群系：分布在仙游县、石狮市、泉州市、南安市，生长在河流两侧浅水区。盖度达90%。常见伴生植物有双穗雀稗、喜旱莲子草等。

(13)心萼薯群系：分布在龙海市，生长在河流两侧。盖度达80%。常见伴生植物有藿香蓟、鬼针草和狗牙根等。

(14)五爪金龙群系：分布在龙海市、南安市、秀屿区、仙游县，生长在河流两侧及库塘周边，植被面积为1.30公顷。盖度达90%。常见伴生植物有藿香蓟、鬼针草、铺地黍和狗牙根等。

(15)牵牛群系：分布在南靖县，生长在河流两侧及水产养殖场周边，植被面积为24.00公顷。盖度达85%。常见伴生植物有鸭跖草、喜旱莲子草、藿香蓟、鬼针草和铺地黍等。

(16)木鳖群系：分布在南靖县，生长在河流两侧。盖度达85%。常见伴生植物有藿香蓟、鬼针草和铺地黍等。

(17)厚藤群系：广泛分布于沿海各地，生长在河流两侧、岩石海岸、沙石海滩、三角洲、沙洲、沙岛及水产养殖场周边，植被面积为36.70公顷。盖度达95%。是海滩固沙的优良藤本，常形成单优群落。

(18)海刀豆群系：分布在湄洲湾、龙海市，生长在河流两侧及水产养殖场上。盖度达90%。常见伴生植物有狗牙根、铺地黍等。

(19)鱼黄草群系：分布在南安市，生长在库塘周边。盖度达80%。常见伴生植物有藿香蓟、鬼针草和狗牙根等。

(20)刺葡萄群系：分布在福安市。盖度达85%。为人工种植。

(21)金樱子群系：分布在屏南县，生长在河流两侧。盖度达80%。常见伴生植物有藿香蓟、鬼针草和五节芒等。

2.5 苔藓湿地植被型组

(1)中位泥炭藓群系：分布在永安天保岩保护区，生长在草本沼泽、灌丛沼泽区，植被面积为7.00公顷。伴生的植物有水竹、二花珍珠茅、谷精草和灯心草等。

2.6 浅水植物湿地植被组

2.6.1 漂浮植物型

(1)凤眼莲群系：福建省广泛分布，生长在河流、永久性淡水湖、草本沼泽、洪泛平原湿地及库塘、水产养殖场上，多生于静水或水流缓慢的水面，植被面积为1060.80公顷。盖度达100%，高达50厘米。常形成单优群落，偶见其伴生有大薸和浮萍等。

(2)大薸群系：福建省广泛分布，生长在河流、永久性淡水湖、库塘、地热湿地及水产养殖场上，多生于静水或水流缓慢的水面，植被面积为15.60公顷。盖度达100%，高达20厘米。原产于巴西，现广泛分布于热带、亚热带地区常形成单优群落。

(3)浮萍群系：分布在武平县、秀屿区、三都湾、蕉城区、沙县、漳浦县、闽侯县，生长在河流、库塘及水产养殖场上，多生于静水或水流缓慢的水面，植被面积为7.30公顷。盖度达80%，常形成单优群落。

(4)菱群系：分布在秀屿区，生长在库塘上，植被面积为0.30公顷。盖度达100%。为人工养植，形成单优群落。

(5)满江红群系：分布在连江县，生长在水产养殖场上，多生于静水或水流缓慢的水面，植被面积为0.20公顷。盖度达100%。常形成单优群落。

(6)满江红+槐叶苹群系：分布在福建西北山区的河流两侧，多为浅水静水水域。盖度达

95%以上。常见伴生植物有水鳖、眼子菜和金鱼藻等。

(7)浮萍+凤眼莲群系：分布在长汀县，生长在永久性河流的河面上，多生于静水或水流缓慢的水面。盖度达95%。

(8)大薸+凤眼莲群系：分布在古田县、闽侯县、连江县和长乐市，生长在水体浑浊、肥力高的水库和河流上。群系盖度达95%以上。常见伴生植物有槐叶苹、满江红和紫萍等沉水植物。

(9)水鳖群系：分布在福建东部的福安市、周宁县、寿宁县及闽北的浦城、光泽和建阳等地，生长在库塘静水水面。总盖度达85%以上。常形成单优群落。

2.6.2 浮叶植物型

(1)睡莲群系：分布在永安天保岩保护区，生长在灌丛沼泽区。盖度达85%。伴生的植物有水竹、谷精草和灯心草等。

(2)莕蓬草群系：分布在连江县、清流县，生长在水产养殖场、淡水泉/绿洲湿地上。盖度达80%。伴生的植物有圆叶节节菜等。

2.6.3 挺水植物型

(1)莲群系：分布在建宁县、海沧区、集美区、丰泽区、永春县、仓山区、连江县、鼓楼区、闽侯县、三都湾、德化县、闽江河口，生长在河流、水产养殖场、永久性淡水湖及库塘湿地上，多为人工种植，植被面积为50.50公顷。盖度达80%。

(2)菰群系：分布在长乐市、永泰县、罗源县、仙游县、清流县、古田县，生长在河流及库塘湿地上，多为人工种植，植被面积为39.10公顷。盖度达85%。常形成单优群落，生长在河床上的可见其伴生植物有水蓼、喜旱莲子草和铺地黍等。

(3)水龙群系：分布在仙游县、永春县、光泽县、南安市、荔城区，生长在河流浅水区，植被面积为20.80公顷。盖度达75%。常形成单优群落，其伴生植物多为火炭母和铺地黍等。

(4)石菖蒲群系：福建省广泛分布，生长在河流及库塘湿地上，植被面积为370.50公顷。盖度达85%，高达50厘米。常形成单优群落。

(5)水葱群系：分布在连城县，生长在河流和库塘的浅水区。盖度达85%，常形成单优群落，偶见有伴生植物野芋和铺地黍等。

(6)野慈姑群系：分布在邵武市龙湖、霞浦县、闽江河口，生长在河流的浅水区及三角洲、沙洲、沙岛周边。盖度达75%，常见其伴生植物多为喜旱莲子草和秕壳草等。

2.6.4 沉水植物型

(1)泥茜群系：分布在清流县，生长在淡水泉/绿洲湿地的河床上。盖度达75%。常见伴生植物有小叶眼子菜等。

(2)小叶眼子菜+泥茜群系：分布在清流县，生长在淡水泉/绿洲湿地的河床上。盖度达75%。

(3)黄花狸藻群系：分布在连江县，生长在河流浅水区，盖度达75%。

(4)水筛群系：分布在罗源县，生长在河流浅水区，盖度达70%。

(5)眼子菜群系：分布在周宁县，生长在河流浅水区，盖度达80%。常见伴生植物有泥茜等。

(6)菹草群系：广泛分布于福建省各地，生长在溪河、库塘水深3米内的水体中，在水下常呈成片的绿色纯植丛。常见伴生植物有黑藻、小叶眼子菜和苦草等。

(7)金鱼藻群系：分布在连城县的冠豸山、泰宁的大金湖、连江县的鳌江、古田县的翠屏湖、福清市的东张水库、莆田市的东圳水库、平潭县的三十六脚湖，一般分布在水深0.5～3米处，在水流较缓、水质较好、透明度较大的水域中分布。常见的伴生植物有苦草、黑藻、小叶眼子菜等。

(8)黑藻群系：是福建省分布最广泛的沉水植物之一，多生长在池塘、库塘及河流中，一般分布于水深2米内的浅水水域。常见的伴生植物有菹草、金鱼藻、小叶眼子菜和水车前等。

(9)苦草群系：分布在永泰县的大樟溪、松溪县的松溪、古田县的翠屏湖、莆田市的东圳水库和南安的山美水库等溪河和库塘中，一般分布在水深1～2米处，在水流较缓、水质较好、透明度较大的水域中有分布。常见的伴生植物有浮叶眼子菜、黑藻、狐尾藻和水车前等。

(10)狐尾藻群系：分布在厦门、福州，生长在库塘等静水水下，常在沿岸水深0.5～3米的浅水处。盖度达90%。常形成单优群落。

(11)川蔓藻群系：分布于惠安县山腰镇、东山县前楼镇、陈城镇，莆田北高镇和东峤镇等，生长在沿海滩涂的盐沼、池塘和盐田等地。植物体长50～60厘米。伴生植物有角果藻等。

(12)飞瀑草群系：生长在山区植被覆盖率高、生态环境较好、水质洁净、透明度高的江河、溪流中，常固着在水底岩石上，一般生长于水深1.5米的水域以内。如在福建长汀县汀江新桥镇河段、上杭县步云乡麻林溪河段水流湍急处的岩石上。盖度达80%。常形成单优群落。

(13)石蔓群系：分布于长汀县大同镇观音桥附近汀江中水流湍急的水底岩石上。常形成单优群落。

2.7　红树林湿地植被型组

福建省是我国红树林天然分布最北的省份，北至宁德市福鼎市前岐镇柯湾村，南至东山县陈城镇后崎村。本次调查红树林面积共0.14万公顷(表3-4、表3-5)，其中红树林湿地型总面积0.12万公顷，主要分布在龙海九龙江河口、惠安泉州湾、福鼎沙埕港、云霄东山湾和福清兴化湾；还有0.02万公顷零星红树林分布在三都湾、罗源湾、闽江河口、福清湾、湄洲湾、厦门沿海等湾内的淤泥质海滩和潮间盐水沼泽湿地。红树林集中分布在泉州和漳州，面积最大为漳州市，为0.07万公顷，占福建省红树林面积的47.73%。在漳州又主要集中在龙海市，面积0.05万公顷。

表3-4　福建各行政区红树林面积分布

设区市	县级行政区	红树林面积(公顷)	占福建省百分比(%)
福州市	长乐市	15.70	1.10
	福清市	141.02	9.90
	连江县	6.26	0.44
	小　计	162.98	11.44

（续）

设区市	县级行政区	红树林面积(公顷)	占福建省百分比(%)
厦门市	海沧区	11.89	0.83
	集美区	2.61	0.18
	同安区	23.58	1.66
	翔安区	5.32	0.37
	小　计	43.40	3.04
莆田市	涵江区	4.49	0.32
	仙游县	1.50	0.11
	秀屿区	36.39	2.55
	小　计	42.38	2.98
泉州市	丰泽区	27.56	1.93
	惠安县	278.20	19.52
	晋江市	0.38	0.03
	泉港区	4.48	0.32
	石狮市	0.39	0.03
	小　计	311.01	21.83
漳州市	龙海市	525.87	36.90
	云霄县	111.72	7.84
	漳浦县	42.62	2.99
	小　计	680.21	47.73
宁德市	福安市	32.95	2.31
	福鼎市	143.11	10.04
	蕉城区	4.65	0.33
	霞浦县	4.29	0.30
	小　计	185	12.98
总　计		1424.98	100

表 3-5　福建各河口、海湾红树林面积分布

设区市	县级行政区	红树林面积(公顷)	占福建省百分比(%)
沙埕港	福鼎市	143.11	10.04
三都湾	福安市	32.95	2.31
	蕉城区	4.65	0.33
	霞浦县	4.29	0.30
	小　计	41.89	2.94

（续）

设区市	县级行政区	红树林面积(公顷)	占福建省百分比(%)
闽江河口	长乐市	15.70	1.10
	连江县	6.26	0.44
	小　计	21.96	1.54
福清湾	福清市	30.06	2.11
兴化湾	福清市	110.96	7.79
	涵江区	4.49	0.32
	小　计	115.45	8.11
湄洲湾	仙游县	1.50	0.11
	秀屿区	36.39	2.55
	泉港区	4.48	0.32
	小　计	42.37	2.98
泉州湾	丰泽区	27.56	1.93
	惠安县	278.20	19.52
	石狮市	0.39	0.03
	小　计	306.15	21.48
围头湾	晋江市	0.38	0.03
厦门海域	海沧区	11.89	0.83
	集美区	2.61	0.18
	同安区	23.58	1.66
	翔安区	5.32	0.37
	小　计	43.40	3.04
九龙江口	龙海市	525.87	36.90
前湖湾	漳浦县	3.96	0.28
旧镇港	漳浦县	9.15	0.64
东山湾	云霄县	111.72	7.84
	漳浦县	29.51	2.07
	小　计	141.23	9.91
总　　计		1424.98	100

注：红树林湿地有2个植被型10个群系。

2.7.1　红树林湿地植被型

（1）秋茄树群系：广泛分布于福建省沿海各县市，也是福建省最主要的红树林种类。盖度达95%，高达5米。常见伴生植物有桐花树、老鼠簕、互花米草、芦苇等。福鼎沙埕港天然秋茄群落是我国红树林自然分布的地理最北界。

（2）桐花树群系：主要分布在东山湾、泉州湾、九龙江河口。盖度达90%，高达5米。常见的伴生植物有秋茄树、老鼠簕、互花米草、短叶茳芏等。

(3)秋茄树+桐花树群系：主要分布在东山湾、云霄县、九龙江河口。盖度达95%，高达5米。常见的伴生植物有老鼠簕、互花米草、短叶茳芏等。

(4)白骨壤群系：主要分布在东山湾、九龙江河口、旧镇港、厦门海域。盖度达85%，高达4米。常见的伴生植物有秋茄树、桐花树、互花米草、短叶茳芏等。

(5)无瓣海桑群系：主要分布在东山湾、厦门海域。盖度达80%，高达14米。常见的伴生植物有秋茄树、桐花树、互花米草、短叶茳芏等。无瓣海桑系引种的人工种植群落。

(6)桐花树+白骨壤群系：主要分布在九龙江河口。盖度达85%，高达4米。常见的伴生植物有互花米草、短叶茳芏等。

(7)老鼠簕群系：主要分布在九龙江河口。盖度达80%，高达1米。常见的伴生植物有互花米草、短叶茳芏、芦苇等。

(8)木榄群系：分布于福建漳江口红树林国家级自然保护区内，见于近岸高潮区地段，呈片状或带状分布。群系盖度达90%，树高达6.5米。常可见秋茄树、桐花树等伴生。

2.7.2 半红树湿地植被型

(1)苦槛蓝群系：分布在兴化湾、厦门市，生长在沙石海滩的沙岸上。盖度达80%，高达100厘米，常见其伴生植物有海边月见草、狗牙根、结缕草等。

(2)苦郎树群系：分布在闽江河口、诏安湾、福清市、涵江区，生长在河流两侧、水产养殖场及洪泛平原湿地上。盖度达95%，常见其伴生植物有马缨丹、土牛膝等。

3 湿地植物的保护和利用情况

福建湿地类型多样、生境复杂，孕育了极为丰富的湿地植物。福建湿地植物共有维管束植物1351种(含变种、变型)，占福建维管束植物总数的28.87%，占全国湿地植物总数的92.03%。包括湿生植物、沼生植物、挺水植物、沉水植物、盐沼植物、滨海沙生和红树植物等。在不同的湿地类型上发育不同类型的优势种群。福建省湿地植被共有7个植被型组，17个植被型，416个群系，形成极为丰富的湿地植物资源。对湿地植物资源的保护和合理开发利用，能获得较好的经济效益、社会效益和生态效益，同时也可以有效地促进湿地保护。

3.1 湿地植物的保护现状

自20世纪50年代以来的一系列湿地开发活动，特别是围垦、围网养殖、河道疏浚、筑堤建坝、工业污染、农业面源污染等人为因素使湿地自身生态功能逐步衰退，湿地生物多样性下降。湿地植物多样性资料显示，随着湿地生境丧失或退化，福建境内珍稀濒危野生保护湿地植物如水蕨、野菱、川藻、珊瑚菜、莲、野生稻、拟高粱等分布在池沼、沿海沙地、滩涂或江河等地的，都面临人为采挖、除草剂使用及生境破坏等因素而面临濒危的压力。为保护湿地生态环境、动植物重要栖息地及湿地植物资源，福建省通过建立自然保护区、实施湿地保护与恢复项目等方式，积极维护湿地生物多样性，保护珍稀濒危物种。

3.1.1 海岸带湿地植物保护现状

福建海岸带湿地分布着陆生、沙生、湿生和水生植物种类，典型的有红树林、盐沼、滨海沙生等各种植被类型。本次湿地资源调查统计，分布在海岸带湿地植物群落有58个群系，红树林群系类型有8种，其中有7种分布在自然保护区内，只有近年引进种无瓣海桑群系不在自然保护区范围内。在福建龙海九龙江口红树林省级自然保护区、福建漳江口红树林国家级自然保护区、福建泉州湾河口湿地省级自然保护区核心区内，分布有大面积的秋茄树群系、桐花树群系、桐花树+白骨壤群系、秋茄树+桐花树群系，红树植被及其自然演替过程得到较完整保护。同时，在福建闽江河口湿地省级自然保护区、闽江河口湿地、九龙江河口湿地、兴化湾湿地、湄洲湾湿地、三都湾湿地、诏安湾湿地内，对其典型的自然植被带、河口水域等重要生态区域都得到了较为合理有效的保护。随着沿海地区人口密度持续增加和经济社会的迅速发展，近海与海岸湿地植物的生境受到严重威胁，特别是滩涂围垦、养殖、外来物种入侵等对沿海典型植被造成了严重破坏，沿海滩涂植被自然演替过程受到严重干扰。此次调查，海岸带湿地植物中有国家Ⅱ级保护野生植物中华结缕草、珊瑚菜等2种，珊瑚菜只在泉州惠安县垵头附近的沙滩、泉州湾省级自然保护区内有分布，生境破坏、人为采挖是其濒危的最重要原因。

以福建龙海九龙江口红树林省级自然保护区为例，自然保护区内保存了福建省迄今为止面积最大、种类最多、生长最好的红树林，红树林面积达344.3公顷，占福建省红树林总面积的39.5%，红树植物有5科5属6种，占福建省总数的83.3%。红树林沼泽生境和滨海盐沼有非常典型的红树林生态系统，为众多的水鸟、鱼类、甲壳类提供了良好的栖息地。因此，维护区内的红树林、湿地及自然景观的完整性和稳定性，保护国家重点保护的野生动物资源及其生态环境具有重要作用。

3.1.2 河流、库塘湿地植物保护现状

福建省内陆水系发达，形成了江、河、库塘沟通互联，密集的水网体系，拥有丰富的江河洲滩湿地资源，这些湿地不仅是各种野生动物的重要栖息地，也是湿地植物资源集中分布区之一。本次调查中分布在河流、库塘湿地中的植物群落有342个群系，以狗牙根、铺地黍、卡开芦、鸭跖草、水蓼、野芋、石菖蒲、长梗柳、水莎草、条穗薹草等湿地植物为主，广泛分布于河流两侧、库塘周边的浅滩湿地上。由于河流和库塘的保护多以水源保护为主，因此分布于该区域的湿地植物多与河流、库塘的水源保护相关，不列为特殊的湿地保护类型。本次在河流、库塘湿地调查区域内发现的国家重点保护物种有7种，主要有香樟、榉、喜树、金毛狗、野大豆、川藻、野菱等。

3.1.3 沼泽、淡水湖湿地植物保护现状

福建省内的沼泽、淡水湖湿地有灌丛沼泽、草本沼泽、海岸淡水湖和永久性淡水湖。本次调查中分布在沼泽、淡水湖湿地中的植物群落有24个群系，主要的湿地植物种类有江南桤木、水竹、中位泥炭藓、谷精草、野生稻、莲、野菱等。分布在福建天宝岩国家级自然保护区内的以中位泥炭藓为建群种的苔藓湿地植被型、分布在福建泰宁峨眉峰省级自然保护区内以江南桤木、三花冬青为建群种的灌丛沼泽以及分布在福建闽江源国家级自然保护区内的莲群系等，都得到很好的保护。福建漳浦野生稻国家级保护点是以保护分布于漳浦县湖西的野生稻资源及生境为目标，作为全国湿地保护工程规划农业湿地保护项目进行保护的。位于平潭三十六脚湖的江南灯心草群系将因保护淡水湖水资源得以保护。因此福建省分布在沼泽、淡水湖湿地中的湿地植物都得到较好的保护。本次湿地调查中发现位于沼泽的国家重点保护野生植物有东方水韭和野生稻。

3.2 湿地植物利用现状

根据湿地植物的不同特性，在丰富多样的湿地植物资源中，人类发展了不同的利用模式。在福建省境内湿地植物的主要利用方式有：

3.2.1 捕沙促淤、防浪护岸

福建海岸线漫长，沿海地区夏秋台风频繁，对海岸堤防威胁甚大，甚至在良好掩护的港湾内部的土石堤防，同样易于被暴风增水及暴风浪冲缺成灾。光绪年间和民国时期，均有华侨从东南亚引种红树林到漳州、厦门地区，以保护海岸免遭暴风浪侵蚀破坏。20 世纪 50 年代以来，福建多次大规模引种红树林。红树林成为对海平面变化最敏感的生态系统之一，红树林捕沙促淤的生物地貌功能可以在一定程度上抵消海平面上升增加浸淹强度的负面影响。

3.2.2 开发药用、食用、观赏植物等应用价值

福建各类湿地蕴藏着丰富的湿地植物资源，按其用途可分为药用植物、食用植物、饲用植物、纤维植物、观赏植物等。有的湿地植物有多种用途，有的植物不同器官有不同用途。例如，莲在我国南北各省广为栽培，其全身是宝。藕、叶、叶柄、莲蕊、莲房入药，能清热止血；莲心有清心火、强心降压功效；莲子有补脾止泻、养心益肾功效；莲藕可作蔬菜食用或提取淀粉；荷花是我国传统的水生观赏植物。水烛是中国传统的水景花卉，用于美化水面和湿地，其叶片可作编织材料；茎叶纤维可造纸；花粉入药，称“蒲黄”，能消炎、止血、利尿。老鼠簕以全株或根入药，有清热解毒、消肿散结、止咳平喘的功效。菰的根状茎粗短肥厚，生有多数匍枝及粗壮须根，埋于泥中，嫩茎秆被黑粉菌寄生而肥大成茭白，是美味蔬菜。福建境内湿地还广泛分布着芦苇，芦苇是重要的造纸原料，每公顷每年可创造 450 ~ 900 元的经济价值。

此外，省内湿地植物的观赏植物应用价值也得到了发展，主要的湿地观赏植物有水烛、菖蒲、水葱、荷花、睡莲、芦竹、美人蕉、黄花鸢尾、慈姑、泽泻、苦草、大薸、萍蓬草、芦苇、水芹、红蓼、紫芋、水鳖、菰、金鱼藻、狐尾藻、黑藻、眼子菜、菹草等。

3.2.3 开发湿地生态旅游资源

近几年来，湿地作为一种重要的旅游新资源，受到福建省各地的重视。据统计，福建省内以福建闽江河口国家级湿地公园、福建九龙江河口国家级湿地公园、福建宁德东湖国家级湿地公园为代表的湿地公园建设逐步开展。湿地旅游开发通常以原生自然景观为依托，加以合理的生态景观规划，借助生态工程技术，恢复退化湿地植被，发展可持续的生态旅游模式。湿地植被在生态旅游中充当着重要的角色。例如九龙江河口红树林、芦苇形成独特的湿地景观，闽江河口的芦苇、短叶江芏以及丰富的鸟类资源为福建省开展湿地生态旅游提供了得天独厚的条件。

3.2.4 防治污染、改善湿地水质

随着全球性海岸带居住和开发高潮的兴起，越来越多的生活污水、工业废水、陆地农田残留的农药和化肥，进入河流、海岸带和海洋。海洋污染不断加重，引起越来越多的关注。湿地植物直接吸收利用污水中可利用的营养物，吸附和富集重金属和一些有毒有害物质，为根区好氧微生物输送氧气，增强和维持介质的水力传输能力。同时湿地植物能有效地拦截、净化地表径流携带的泥沙和其他污染物，并可以通过“促淤效应”增加氮、磷、悬浮物等污染物质的沉积，减轻水体的污染负荷。例如红树林生态系统，其不仅对生活污水具有某种程度的抗性或耐受力，林下土壤

可沉积较多重金属，红树植物和林下土壤都还有吸收各种污染物的能力和净化海洋环境的作用。当红树吸收重金属离子后，体内大量的丹宁分子能与其发生化学反应，使其失去毒性。红树林生态系统是一个红树林—细菌—藻类—浮游动物—鱼类等生物群落构成的兼有厌氧—需氧特性的多级净化系统。红树林通过吸附沉降、植物的吸收等作用，降解和转化污染物，从而使水体质量得到改善。而林下的多种微生物能分解林内污水中的有机物和吸收有毒的重金属，释放出来的营养物质可供给红树林生态系统内的各种生物，从而起到净化环境的作用。

3.2.5 维持湿地生物多样性

湿地植物为水禽和鱼类提供栖息繁衍场所和食物。例如由红树植物构成的湿地生态系统在维护海岸带水生生物物种多样性方面具有举足轻重的作用。国内外的大量研究表明，与其他生态系统相比，红树林湿地生态系统中的动植物种类更加丰富，水生生物的物种多样性远远高于其他海岸带水域生态系统。红树林内部产生的凋落物为近海海洋动物提供了丰富的饵食；经微生物分解后又变成红树植物的营养物质，促进红树林群落的良性发展；河口、海湾近岸富含营养的水体，为大量的藻类、无脊椎海洋动物和鱼类等提供了理想的生境；同时，红树林还是海洋鸟类最理想的天然栖息地。凡红树林分布的区域，均保持了较高的鸟类种群和其他生物物种的多样性。尤其对于候鸟，红树林广阔的滩涂和丰富的底栖动物为迁徙鸟类提供了落脚歇息、觅食、恢复体力的一切优厚条件。

3.3 湿地植物保护存在的问题

3.3.1 近海与海岸湿地开发增加湿地植物的保护压力

福建近海与海岸湿地主要以基岩海岸为主，但发育有沙埕港、三沙湾、罗源湾、闽江口、福清湾、兴化湾、湄洲湾、泉州湾、深沪湾、厦门湾、旧镇湾、东山湾、诏安湾等13个大小海湾，有着典型的近海与海岸湿地资源。绵长的湿地内生长着以红树林、互花米草、大米草、芦苇、短叶茳芏等为优势种的群落。但随着沿海地区人口密度持续增加和经济社会的迅速发展，近海与海岸湿地植被受到严重威胁。特别是城市规划建设、滩涂围垦、外来物种入侵等对沿海典型植被造成严重破坏，沿海滩涂植被自然演替过程的连续性受到严重干扰，湿地植物的保护压力增大。

3.3.2 河流、库塘湿地植物面临多重威胁

福建境内的河流、库塘众多，水网密布，水生植被繁茂，成分较为复杂，形成浮水、沉水、挺水等植物群落。由于区域社会经济的快速发展，水电站的建设、工业农业和生活污染物、滩地造林、围网养殖、硬化堤岸建设等对河流、库塘湿地植被造成了重要的负面影响。随着滩地和浅水水域的围垦，以及堤岸硬化工程的实施，河流湿地植被带破坏严重；随着围网养殖和入库塘污染排放的增加，水体富营养化程度增加，沉水植被面积和生物多样性日益减少。一些河流、库塘大量采砂使滩床下降，水位上涨，影响部分湿地植物的生存。

3.3.3 生物入侵威胁自然湿地植物

福建湿地生态系统中危害较大的入侵植物物种主要有互花米草、凤眼莲、喜旱莲子草等。以互花米草为例，其1979年底从美国引进，首先在南京大学植物园进行繁殖和育苗实验，1980年10月将草苗运往福建省罗源县进行扩大繁殖，1981年3月起在罗源湾海滩进行不同岸段和不同高程的多点、多次、小面积移栽试验，并获得成功。由于互花米草生长速度快，不同气候条件的地

区，有的甚至全年处于生长期，无病虫害、根系发达且深、密度大等原因，在福建省沿海滩涂上形成大面积的扩张，形成外来物种的入侵。互花米草泛滥之处，不仅破坏了滩涂湿地的生态系统，而且给沿海地区养殖业带来了重大经济损失。目前，互花米草在福建省分布面积达 9149.33 公顷，主要分布在宁德市和福州市，该区域的湿地生态遭到破坏，湿地生物多样性呈下降趋势，生态安全受到严重的威胁。互花米草对湿地生态系统的危险主要表现在：①生长密度过大，影响海水交换能力，导致水质下降，同时根系枯烂和茎枯死于滩涂上，致使泥滩受到污染，海水水质变劣；②破坏潮间带泥质滩涂水生生物栖息环境，使贝类、蟹类、鱼类、藻类等多种水生生物窒息死亡，导致潮间带湿地生态系统被严重破坏，威胁本地水生生物物种及群落多样性；③与本地滩涂植物竞争生长空间，致使滩涂上红树林、短叶茳芏和芦苇等许多本地植物生存空间呈现萎缩并被替代，威胁本地湿地植物及植被群落多样性；④由于水生生物、湿地植物受到破坏，从而破坏鸟类食物链(主要是潮间带底栖生物和植物)，并且侵占鸟类的觅食地和最高潮水位停歇地，威胁在此栖息的水鸟及群落多样性；⑤互花米草的淤积造陆功能，加快了湿地促淤，将使湿地高潮位区形成为旱地，改变了湿地属性。

4　主要外来入侵植物

4.1　凤眼莲

凤眼莲为雨久花科多年生水生植物，通常漂浮于水面生长。原产于巴西，20 世纪初引入台湾地区，并于 20 世纪 50 年代作为猪饲料在我国南方各省大量引种。近 20 多年来，农民不再打捞凤眼莲作为猪饲料，同时由于工业污染、生活污染、养殖业污染以及过度的水利开发，便得江河湖库水体富营养化程度提高，凤眼莲面积迅速扩大，严重影响行洪排涝、航运、灌溉、发电、水产养殖及水源供给。

4.1.1　生　境

(1)气候：凤眼莲喜高温、多湿的气候，在福建省可周年生长、繁殖。11 月以后随着气温的下降，老的叶片或植株死亡，新叶或新植株长势缓慢或停止生长；冬季凤眼莲虽然茎叶枯黄，但植株中央和基部仍保持绿色，并没有死亡，春季温度回升后，大量新株发生。

(2)水文：凤眼莲喜生长于静止的水体，如水库、湖泊、池塘、沼泽地和稻田，或流速缓慢的沟渠、河道。

(3)水体富营养化：水体富营养化是凤眼莲扩散蔓延的重要条件。

4.1.2　种间关系

凤眼莲的大量生长，造成水面拥塞，水体溶解氧浓度降低，二氧化碳浓度增高，pH 值降低，水质恶化加剧，水生动物窒息死亡。凤眼莲覆盖水面形成单优群落时，遮蔽光线，使其他本地植物特别是沉水植物失去生存空间。

4.1.3　扩散机制

凤眼莲兼有有性与无性两种繁殖方式。在高温季节，通过匍匐枝增殖，约 5 天就能形成一新株，之后新植株又开始新一轮的增殖，迅速占据水面。凤眼莲有性繁殖株每株可结 300 ~ 500 粒种子，种子在水中休眠期可达 15 ~ 20 年，适宜条件下沿河岸水面线萌发生长。

4.1.4　分布面积

凤眼莲在福建省城乡的河汊、池塘内广泛分布，如莆田市的南北洋河网，晋江的九十九溪，龙海的九龙江西溪等；在福建省建溪、富屯溪、闽江干流等各级水电站蓄水库区，均有大面积的凤眼莲集中分布。凤眼莲广泛分布于福建省各地河道、库塘等水域，占福建省淡水水面2%以上。

4.2　互花米草

互花米草原产于北美洲大西洋岸边，是潮间带滩涂生长的一种多年生禾本科植物。1979 年，南京大学从美国引种，先是在江苏试种成功，1980 年又引入福建罗源湾。互花米草适应性强、繁殖速度快，具有较强的入侵性，迅速在福建省沿海滩涂滋生、蔓延，以每年 10% 的速度在扩展，对红树林、芦苇和滩涂底栖生物的生长具有较大影响，对近岸环境和水产养殖业造成严重危害。

4.2.1　生　境

(1)气候：闽江口及闽江以北的罗源湾、三都湾等纬度较高的东部沿海，互花米草的长势明显比闽江口以南的兴化湾、泉州湾、九龙江口、漳江口等旺盛。

(2)地形：互花米草的最适生长坡度上限为 1∶25。坡度越缓，生长状况越好。坡度稍陡，因海流冲蚀力加强而难以扎根，且由互花米草滩向光滩过渡时出现陡降。

(3)水文：互花米草主要分布在平均海平面到平均高潮位之间的宽广潮间带，受周期性潮水淹没。互花米草的生长必须满足一定的潮侵率，在高潮带内长势最好，容易形成成片的草带，在中潮带和低潮带的长势依次减弱。

(4)沉积物：互花米草主要生长在泥质滩涂上，在互花米草滩内以细颗粒沉积物为主，细颗粒沉积物有利于互花米草扎根。互花米草群落通过密集的根系使潮水流速急剧减小，潮滩快速沉积又进一步为其根系的扩张提供了有利条件。

(5)盐度：互花米草在盐度为 10‰～20‰时达到最高生长量，在较高盐度(35‰左右)的海水中生长良好。

4.2.2　种间关系

互花米草入侵的初期，以点状或圆形斑块状生长在光滩或海三棱藨草、短叶茳芏、芦苇等本土植物群落中。后期，互花米草斑块互相融合后，形成纯群落。

互花米草在红树林边缘可成片生长，红树植物幼苗在成熟的互花米草群落内生长不良。互花米草对红树林潜在生态位构成竞争关系。一旦红树植物的个体高于互花米草，互花米草的生长则会受到抑制并退化。在郁闭良好的秋茄树、桐花树、白骨壤群落中，互花米草无法侵入，但在林冠透光率较好的无瓣海桑林下，互花米草可正常生长，构成无瓣海桑—互花米草群落下层的优势植物，但密度较林外稀疏。

4.2.3　扩散机制

互花米草在福建省沿海滩涂的扩散方式以人为引入和自然扩散为主。1980 年互花米草在福建省罗源湾引种种植成功。互花米草种子在成熟后脱离母体，随海水漂流，一旦落入合适的生长地点，即可生根发芽，并通过无性繁殖扩大斑块面积，又进入新一轮的结实、播散过程。

4.2.4　分布面积

2010 年，互花米草在福建省的分布总面积达 9149.33 公顷，是 2006 年的 2.2 倍。分布范围北起福鼎市，南达云霄县，覆盖了全部沿海市、县。按设区市统计，以宁德市互花米草分布范围最广，面积最大，达到5080.33公顷，占福建省互花米草分布总面积的55.53%；其次为福州市，面积达1913.00公顷，占福建省互花米草分布总面积的20.91%；泉州市面积达1209.92公顷，占福建省互花米草分布总面积的13.22%；漳州市面积达627.51公顷，占福建省互花米草分布总面积的6.86%；厦门市面积达192.77公顷，占福建省互花米草分布总面积的2.11%；莆田市面积达125.80公顷，占福建省互花米草分布总面积的1.37%(表3-6)。

福建省互花米草绝大多数分布在河口和口小腹大的海湾，因河口有河流带来大量的泥沙，海湾内潮汐动力弱，沉积物颗粒细，容易形成大面积平缓的淤泥质滩涂，适合互花米草的扎根生长。按河口和海湾统计，三都湾互花米草分布范围最广，面积最大，达到4707.39公顷，占福建省互花米草分布总面积的51.45%；其次为泉州湾，面积达932.68公顷，占福建省互花米草分布总面积的10.19%；罗源湾面积达904.83公顷，占福建省互花米草分布总面积的9.89%；闽江河口面积达655.45公顷，占福建省互花米草分布总面积的7.16%；东山湾、敖江口、围头湾、九龙江口、厦门海域、牙城湾、福宁湾、湄洲湾、旧镇港、兴化湾、晴川湾、福清湾、深沪湾、佛昙港、平海湾等互花米草面积共1948.98公顷，占福建省互花米草分布总面积的21.27%(表3-7)。

表3-6 福建各地互花米草分布

设区市	县级行政区	互花米草面积(公顷)	面积比例(%)	斑块数量
福州市	连江县	1067.30	11.66	49
	罗源县	230.36	2.52	30
	福清市	18.07	0.20	8
	长乐市	597.27	6.53	10
	小　计	1913.00	20.91	97
厦门市	同安区	5.47	0.06	5
	翔安区	187.30	2.05	2
	小　计	192.77	2.11	7
莆田市	涵江区	40.38	0.44	11
	荔城区	0.49	0.01	1
	秀屿区	52.81	0.57	9
	仙游县	32.12	0.35	8
	小　计	125.80	1.37	29
泉州市	鲤城区	36.86	0.40	5
	丰泽区	388.56	4.25	40
	泉港区	11.28	0.12	5
	惠安县	129.35	1.41	12
	石狮市	68.02	0.74	7
	晋江市	384.17	4.20	51
	南安市	191.68	2.10	12
	小　计	1209.92	13.22	132

（续）

设区市	县级行政区	互花米草面积(公顷)	面积比例(%)	斑块数量
漳州市	云霄县	207.66	2.27	17
	漳浦县	207.85	2.27	18
	东山县	1.07	0.01	3
	龙海市	210.93	2.31	17
	小　计	627.51	6.86	55
宁德市	蕉城区	1249.98	13.66	253
	霞浦县	3149.01	34.42	91
	福安市	676.03	7.39	282
	福鼎市	5.31	0.06	1
	小　计	5080.33	55.53	627
合　计		9149.33	100	947

表 3-7　福建各河口、海湾互花米草分布

湿地名称	互花米草面积(公顷)	面积比例(%)	斑块数量
晴川湾	5.31	0.06	1
牙城湾	189.53	2.07	3
福宁湾	187.08	2.04	15
三都湾	4707.39	51.45	619
罗源湾	904.83	9.89	24
敖江口	325.67	3.56	11
闽江河口	655.45	7.16	43
福清湾	2.44	0.03	2
兴化湾	56.50	0.62	18
平海湾	0.10	0.00	1
湄州湾	96.11	1.05	21
泉州湾	932.68	10.19	89
深沪湾	2.32	0.03	1
围头湾	263.64	2.88	37
厦门海域	192.77	2.11	7
九龙江口	210.93	2.31	17
佛昙港	0.19	0.00	1
旧镇港	60.72	0.66	14
东山湾	355.67	3.89	23
合　计	9149.33	100	947

第二节 湿地野生动物资源

湿地野生动物是湿地生物多样性的重要组成部分。湿地独特的生态环境，为很多野生动物种类提供了栖息、繁衍的家园。福建丰富的滩涂、河流、库塘等湿地生境是众多野生动物，特别是鱼类、两栖类、爬行类和鸟类的理想栖息繁衍场所。湿地野生动物在福建省野生动物资源中占据很大的比例。

1 湿地野生脊椎动物种类和特点

1.1 湿地野生脊椎动物种类组成

调查表明，福建省湿地脊椎动物有847种，隶属于8纲52目169科。其中，鱼类29目105科466种(包括文昌鱼纲1目1科3种；圆口纲1目1科1种；软骨鱼纲5目11科21种；硬骨鱼纲22目92科441种)；两栖类2目9科46种；爬行类2目11科102种；鸟类12目30科199种；哺乳类7目14科34种。

1.2 湿地野生动物资源特点

1.2.1 野生动物资源丰富

福建省湿地脊椎动物与全省同类物种组成情况见表3-8。福建省湿地脊椎动物目、科、种分别占全省脊椎动物目、科、种总数的71.2%、56.5%和50.4%。其中，湿地鱼类种数占全省鱼类总种数的57.2%；两栖类占100.0%；爬行类占82.9%；鸟类占36.2%；哺乳类占23.1%。由此可见，湿地是福建省内野生脊椎动物分布最为集中的地方之一。保护湿地对于维护全省的生物多样性具有重要意义。

表3-8 福建湿地脊椎动物基本情况

类别	福建省湿地脊椎动物			福建省脊椎动物			福建省湿地脊椎动物占全省同类物种比例(%)		
	目	科	种	目	科	种	目	科	种
鱼类	29	105	466	38	180	815	76.3	58.3	57.2
两栖类	2	9	46	2	9	46	100	100	100
爬行类	2	11	102	2	17	123	100	64.7	82.9
鸟类	12	30	199	21	59	550	57.1	50.8	36.2
哺乳类	7	14	34	10	34	147	70.0	41.2	23.1
合计	52	169	847	73	299	1681	71.2	56.5	50.4

1.2.2 重点保护野生物种多

福建省湿地有国家和地方重点保护野生动物127种。其中，国家重点保护野生动物有66种，其中国家Ⅰ级保护野生动物有10种；国家Ⅱ级保护野生动物有56种；福建省重点保护野生动物有61种(表3-9)。

表3-9　福建省重点保护野生脊椎动物名录

序号	中文名	拉丁名	保护等级
鱼类：Ⅰ级1种；Ⅱ级5种；省重点8种			
1	中华鲟	*Acipenser sinensis*	Ⅰ
2	白氏文昌鱼	*Branchiostoma belcheri*	Ⅱ
3	花鳗鲡	*Anguilla marmorata*	Ⅱ
4	胭脂鱼	*Myxocyprinus asiaticus*	Ⅱ
5	克氏海马鱼	*Hippocampus kellogg*	Ⅱ
6	黄唇鱼	*Bahaba flavolabiata*	Ⅱ
7	香鱼	*Hippocampus plecoglossus*	●
8	鳗尾胡子鲶	*Clarias ater*	●
9	舒氏海龙鱼	*Trachyrhamphus schlegeli*	●
10	尖海龙鱼	*Syngnathus acus*	●
11	低海龙鱼	*Syngnathus djrong*	●
12	日本海马鱼	*Hippocampus japonicus*	●
13	斑海马鱼	*Hippocampus trimaculatus*	●
14	大刺鳅	*Mastacembelus armatus*	●
两栖类：Ⅱ级2种；省重点2种			
15	大鲵	*Andrias davidianus*	Ⅱ
16	虎纹蛙	*Hoplobatrachus rugulosus*	Ⅱ
17	黑斑侧褶蛙(黑斑蛙)	*Pelophylax nigromaculata*(*Rana nigromaculata*)	●
18	崇安髭蟾	*Vibrissaphora liui*	●
爬行类：Ⅰ级2种，Ⅱ级6种；省重点3种			
19	鼋	*Pelochelys bibroni*	Ⅰ
20	蟒蛇	*Python molurus*	Ⅰ
21	棱皮龟	*Dermochelys coriacea*	Ⅱ
22	蠵龟	*Caretta caretta*	Ⅱ
23	绿海龟	*Chelonia mydas*	Ⅱ
24	玳瑁	*Eretmochelys imbricata*	Ⅱ
25	太平洋丽龟	*Lepidochelys olivacea*	Ⅱ
26	三线闭壳龟	*Cuora trifasciata*	Ⅱ
27	滑鼠蛇	*Ptyas mucosus*	●
28	眼镜蛇	*Naja naja*	●
29	眼镜王蛇	*Ophiophagus hannah*	●

（续）

序号	中文名	拉丁名	保护等级
鸟类：Ⅰ级6种；Ⅱ级28种；省重点45种			
30	短尾信天翁	*Diomedea albatrus*	Ⅰ
31	白腹军舰鸟	*Fregata andrewsi*	Ⅰ
32	黑鹳	*Ciconia nigra*	Ⅰ
33	中华秋沙鸭	*Mergus aguamatus*	Ⅰ
34	朱鹮	*Nipponia nippon*	Ⅰ
35	遗鸥	*Larus relictus*	Ⅰ
36	角䴙䴘	*podiceps auritus*	Ⅱ
37	赤颈䴙䴘	*podiceps grisegena*	Ⅱ
38	白鹈鹕	*Pelecanus onocrotalus*	Ⅱ
39	斑嘴鹈鹕	*Pelecanus philippensis*	Ⅱ
40	卷羽鹈鹕	*Pelecanus crispus*	Ⅱ
41	褐鲣鸟	*Sula leucogaster*	Ⅱ
42	红脚鲣鸟	*Sula sula*	Ⅱ
43	海鸬鹚	*Phalacrocorax pelagicus*	Ⅱ
44	黄嘴白鹭	*Egretta eulophotes*	Ⅱ
45	岩鹭	*Egretta sacra*	Ⅱ
46	海南虎斑鳽	*Gorsachius magnificus*	Ⅱ
47	彩鹳	*Ibis ieucocephalus*	Ⅱ
48	黑头白鹮	*hreskiornis melanocephalus*	Ⅱ
49	彩鹮	*Plegadis falcinellus*	Ⅱ
50	白琵鹭	*Platalea leucorodia*	Ⅱ
51	黑脸琵鹭	*Platalea minor*	Ⅱ
52	白额雁	*Anser albifrons*	Ⅱ
53	小天鹅	*Cygnus columbianus*	Ⅱ
54	大天鹅	*Cygnus cygnus*	Ⅱ
55	鸳鸯	*Aix galericulate*	Ⅱ
56	鹗	*Pandion haliatus*	Ⅱ
57	灰鹤	*Grus grus*	Ⅱ
58	白枕鹤	*Grus vipio*	Ⅱ
59	花田鸡	*Coturrnicops noveboracensis*	Ⅱ
60	小杓鹬	*Numenius minutus*	Ⅱ
61	小青脚鹬	*Tringa guttifer*	Ⅱ

（续）

序号	中文名	拉丁名	保护等级
62	黑嘴端凤头燕鸥	*Thalasseus zimmermanni*	Ⅱ
63	黄脚渔鸮	*Ketupa flavipes*	Ⅱ
64	红喉潜鸟	*Gavia stellata*	●
65	黑喉潜鸟	*Gavia arctica*	●
66	白嘴潜鸟	*Gavia adamsii*	●
67	小鸊鷉	*podiceps ruficollis*	●
68	黑颈鸊鷉	*podiceps caspicus*	●
69	凤头鸊鷉	*podiceps cristatus*	●
70	黑脚信天翁	*Diomedea nigripes*	●
71	白额鹱	*Puffinus leucomeeas*	●
72	灰鹱	*Puffinus griseus*	●
73	纯褐鹱	*Puffinus bulwerii*	●
74	黑叉尾海燕	*Oceanodroma monorhis*	●
75	普通鸬鹚	*Phalacrocorax carbo*	●
76	斑头鸬鹚	*Phalacrocorax capillatus*	●
77	小军舰鸟	*Fregata minor*	●
78	白斑军舰鸟	*Fregata ariel*	●
79	苍鹭	*Ardea cinerea*	●
80	草鹭	*Ardea purpurea*	●
81	大白鹭	*Egretta alba*	●
82	白鹭	*Egretta garzetta*	●
83	中白鹭	*Egretta intermedia*	●
84	栗头虎斑鳽	*Gorsachius goisagi*	●
85	紫背苇鳽	*Ixobrychus eurhythmus*	●
86	黄斑苇鳽	*Ixobrychus sinensis*	●
87	黑鳽	*Dupetor feavicollis*	●
88	大麻鳽	*Botaurus stellaris*	●
89	黑雁	*Branta bernicla*	●
90	鸿雁	*Anser cyynoides*	●
91	豆雁	*Anser fabalis*	●
92	小白额雁	*Anser erythropus*	●
93	灰雁	*Anser anser*	●
94	栗树鸭	*Dendrocygna javanica*	●
95	棉凫	*Nettapus coromandelianus*	●

（续）

序号	中文名	拉丁名	保护等级
96	瘤鸭	*Sarkidiornis melanotos*	●
97	黑海番鸭	*Melanitta nigra*	●
98	斑脸海番鸭	*Melanitta fusca*	●
99	斑头秋沙鸭	*Mergus albellus*	●
100	红胸秋沙鸭	*Mergus serrator*	●
101	普通秋沙鸭	*Mergus merganser*	●
102	中杓鹬	*Numenius phaeopus*	●
103	白腰杓鹬	*Munenius arquata*	●
104	红腰杓鹬	*Numenius madagascariensis*	●
105	银鸥	*Larus argentatus*	●
106	黑嘴鸥	*Larus saundersi*	●
107	扁嘴海雀	*Synthliboramphus anlumquus*	●
108	赤翡翠	*Halcyon coromanda*	●
哺乳类：Ⅰ级1种；Ⅱ级15种；省重点3种			
109	中华白海豚	*Sousa chinensis*	Ⅰ
110	青鼬（黄喉貂）	*Martes flavigula*	Ⅱ
111	水獭	*Lutra lutra*	Ⅱ
112	小爪水獭	*Aonyx cinerea*	Ⅱ
113	斑海豹	*Phoca largha*	Ⅱ
114	髯海豹	*Erignathus barbatus*	Ⅱ
115	灰鲸	*Eschrichtius robustus*	Ⅱ
116	大翅鲸	*Megaptera novaeangliae*	Ⅱ
117	小须鲸	*Balaenoptera acutorostrata*	Ⅱ
118	抹香鲸	*Physeter macrocephalus*	Ⅱ
119	瓶鼻海豚	*Tursiops truncates*	Ⅱ
120	印度洋瓶鼻海豚	*Tursiops aduncus*	Ⅱ
121	伪虎鲸	*Pseudorca crassidens*	Ⅱ
122	江豚	*Neophocaena phocaenoides*	Ⅱ
123	獐	*Hydropotes inermis*	Ⅱ
124	水鹿	*Cervus unicolor*	Ⅱ
125	黄鼬	*Mustela sibirica*	●
126	黄腹鼬	*Mustela kathiah*	●
127	食蟹獴	*Herpestes urva*	●

注：Ⅰ为国家Ⅰ级保护野生动物；Ⅱ为国家Ⅱ级保护野生动物；●为福建省重点保护野生动物。

分布在福建南部近海的文昌鱼，为头索动物，是研究动物进化的珍贵材料，也是名贵的水产资源，具有很高的科学和经济价值。中华鲟为近海大型溯河洄游性底层鱼类，平时栖于沿海，春夏季喜生活于河口，性成熟的个体溯河产卵。在河口地区的中华鲟主食底栖的舌鳎属鱼类、磷虾及蚬类等，野外种群数量已经较少，在福建闽江和九龙江放流增殖有上万条。野生胭脂鱼在闽江基本上已经绝迹，相关部门多年来相继在闽江人工放流增殖数万条。

1.2.3　经济种类多

福建湿地野生经济动物资源丰富，湿地中鱼类经济动物种类最多，是经济价值最高的湿地动物。其中青鱼、草鱼、鲢鱼和鳙鱼是著名的四大家鱼；其他重要的经济鱼类还有长吻鮠、鳡鱼、日本鳗鲡、银鱼、翘嘴红鲌、鲤鱼、鲫鱼、鳊鱼、黄颡鱼和黄鳝等。随着人们生活水平提高，对饲料和药物养殖的家养鱼类产品越来越排斥，而更青睐野生的杂鱼，如赤眼鳟和沙塘鳢等皆成为酒席上等菜肴。此外，鳑鲏鱼、马口鱼、宽鳍鱲、棒花鱼、鰕虎鱼、麦穗鱼及斗鱼等小型鱼类，是水鸟的主要食物，对湿地生态系统平衡发挥重要作用。

两栖爬行类中的黑眶蟾蜍、泽陆蛙、沼水蛙、黑斑侧褶蛙和福建侧褶蛙等在农田害虫生物防治方面发挥重要作用，黑眶蟾蜍还是重要的药用动物和实验动物。湿地野生的鳖和乌龟则是具有很高经济价值的滋补食品和名贵菜肴，由于人类对其过度捕杀和破坏生境，野生资源亟待保护。蛇类在维护生态平衡方面起着重要的作用，由于它们的药用价值高，可作为经济开发利用的人工驯养蛇类的种源。

1.3　常见湿地动物种类

福建省鱼类资源丰富，常见的淡水鱼类有青鱼、草鱼、鲢鱼、鳙鱼、鲤鱼、鲫鱼、鳊鱼和鲶鱼等，以及黄颡鱼、长吻鮠、黄鳝、泥鳅、花鱼骨、暗纹东方鲀和鳡鱼等经过人类引种驯化养殖的野生鱼类，翘嘴红鲌等湖泊定居性鱼类；常见的海洋鱼类有小黄鱼、大黄鱼、鳓鱼、黄鲫、绿鳍马面鲀、蓝点马鲛鱼、带鱼、鲳鱼和棘头梅童鱼等具有较高经济价值的鱼类，是海洋捕捞渔业的重要对象。

福建省湿地常见的两栖类有黑眶蟾蜍、泽陆蛙、沼水蛙、黑斑侧褶蛙和饰纹姬蛙等，分布较广，资源较多。

福建省湿地常见的爬行类有鳖、乌龟、赤链蛇、黑眉锦蛇、中国水蛇、铅色水蛇、乌梢蛇、草腹链蛇和虎斑颈槽蛇等，分布较广，资源较多。

水鸟是滩涂湿地野生动物中最具代表性的类群，是湿地生态系统的重要组成部分，福建省湿地常见水鸟有：鸭科的斑嘴鸭、绿翅鸭、绿头鸭和赤颈鸭；秧鸡科的骨顶鸡和黑水鸡；鸻科的环颈鸻；鹬科的黑腹滨鹬、青脚鹬和白腰杓鹬；反嘴鹬科的反嘴鹬；鸥科的红嘴鸥、银鸥、普通燕鸥和大凤头燕鸥；鸬鹚科的普通鸬鹚；鹛鹇科的小鹛鹇和凤头鹛鹇；鹭科的白鹭、大白鹭、苍鹭、夜鹭、池鹭和牛背鹭；翠鸟科的普通翠鸟和白胸翡翠等。

福建省湿地常见的哺乳类有大臭鼩、针毛鼠、褐家鼠、黄毛鼠、东方田鼠和普通伏翼，以及一些近海鲸豚类等，分布较广，资源较多。

1.4 珍稀濒危湿地动物

福建省湿地鱼类中，国家Ⅰ级保护野生动物有中华鲟1种；国家Ⅱ级保护野生动物有白氏文昌鱼、花鳗鲡、胭脂鱼、克氏海马鱼和黄唇鱼等5种。野生胭脂鱼在闽江基本上已经绝迹。福建省重点保护野生动物有香鱼、鳗尾胡子鲶、舒氏海龙鱼、尖海龙鱼、低海龙鱼、日本海马鱼、斑海马鱼和大刺鳅等8种。

福建省湿地两栖类中，国家Ⅱ级保护野生动物有大鲵、虎纹蛙等2种。福建省重点保护野生动物有崇安髭蟾、黑斑侧褶蛙等2种。属于《世界自然保护联盟(IUCN)附录》所列的极危种(CR)有大鲵和小腺蛙2种。属于《中国濒危动物红皮书》所列的极危种(CR)有大鲵和小腺蛙2种，稀有种(R)有棘胸蛙1种。

福建省湿地爬行类中，国家Ⅰ级保护野生动物有鼋和蟒蛇2种；国家Ⅱ级保护野生动物有棱皮龟、蠵龟、绿海龟、玳瑁、太平洋丽龟、三线闭壳龟等6种。福建省重点保护野生动物有滑鼠蛇、眼镜蛇和眼镜王蛇等3种。属于《世界自然保护联盟(IUCN)附录》所列的濒危种(EN)有平胸龟、乌龟、眼斑水龟、黄喉拟水龟、三线闭壳龟、太平洋丽龟、海龟、蠵龟、棱皮龟、鼋、滑鼠蛇等11种，易危种(VU)有鼋和蟒蛇2种。属于《中国濒危动物红皮书》所列的极危种(CR)有三线闭壳龟、太平洋丽龟、玳瑁、海龟、棱皮龟、鼋、蟒蛇、金花蛇、眼镜王蛇、白头蝰蛇等10种，濒危种(EN)有平胸龟、眼斑水龟、四眼斑水龟、黄喉拟水龟、蠵龟 、三索锦蛇、灰鼠蛇、滑鼠蛇、金环蛇和尖吻蝮蛇等10种，易危种(VU)有鳖、王锦蛇、黑眉锦蛇、银环蛇、眼镜蛇等5种。

福建省湿地水鸟中，国家重点保护野生动物有34种。其中，国家Ⅰ级保护野生动物有短尾信天翁、白腹军舰鸟、黑鹳、朱鹮、中华秋沙鸭和遗鸥等6种；国家Ⅱ级保护野生动物有角䴙䴘、赤颈䴙䴘、白鹈鹕、斑嘴鹈鹕、卷羽鹈鹕、褐鲣鸟、红脚鲣鸟、海鸬鹚、黄嘴白鹭、岩鹭、海南虎斑鳽、彩鹳、黑头白鹮、彩鹮、白琵鹭、黑脸琵鹭、白额雁、小天鹅、大天鹅、鸳鸯、鹗、灰鹤、白枕鹤、花田鸡、小杓鹬、小青脚鹬、黑嘴端凤头燕鸥、黄脚渔鸮等28种；福建省重点保护野生动物有红喉潜鸟、小䴙䴘、白额鹱、普通鸬鹚、白鹭、鸿雁、白腰杓鹬、黑嘴鸥、赤翡翠等45种。属于《世界自然保护联盟(IUCN)附录》的有23种，其中极危物种(CR)有白腹军舰鸟和黑嘴端凤头燕鸥2种；濒危物种(EN)有短尾信天翁、海南虎斑鳽、东方白鹳、朱鹮、黑脸琵鹭、棉凫、中华秋沙鸭、小青脚鹬和勺嘴鹬9种；易危种(VU)有黑脚信天翁、黄嘴白鹭、鸿雁、小白额雁、花脸鸭、青头潜鸭、白枕鹤、花田鸡、黑嘴鸥、遗鸥和斑头大翠鸟11种；稀有种(R)有半蹼鹬1种。

福建省湿地哺乳类中，国家Ⅰ级保护野生动物有中华白海豚1种；国家Ⅱ级保护野生动物有青鼬、水獭、小爪水獭、斑海豹、髯海豹、灰鲸、大翅鲸、小须鲸、抹香鲸、瓶鼻海豚、印度洋瓶鼻海豚、伪虎鲸、江豚、水鹿和獐等15种；福建省重点保护野生动物有黄鼬、黄腹鼬、食蟹獴等3种。属于《世界自然保护联盟(IUCN)附录》所列的易危种(VU)有水獭、獐和水鹿等3种。属于《中国濒危动物红皮书》所列的濒危种(EN)有小爪水獭、江豚等2种；易危种(VU)有水獭、獐等2种。

1.5 特有湿地动物

福建省湿地两栖类中，小腺蛙和戴云湍蛙为福建省特有两栖动物。属于中国特有种的有大鲵、中国小鲵、黑斑肥螈、东方蝾螈、挂墩角蟾、福建掌突蟾、崇安髭蟾、中华蟾蜍、中国树蟾、三港树蟾、小腺蛙、戴云湍蛙、华南湍蛙、武夷湍蛙、弹琴水蛙、沼水蛙、阔褶水蛙、小竹叶蛙、花臭蛙、小棘蛙、九龙棘蛙和斑腿树蛙等 22 种。

福建省湿地爬行类中，属于中国特有种的有艾氏拟水龟、海南闪鳞蛇、环纹华游蛇、赤链华游蛇、乌梢蛇、白眶蛇、颈棱蛇、绞花林蛇、锈链腹链蛇、花尾斜鳞蛇、挂墩后棱蛇、山溪后棱蛇、福建后棱蛇和黑斑水蛇等 14 种，福建省湿地爬行动物特有种类多。

福建省湿地鸟类中，属于中国特有种的有海南虎斑鳽、中华秋沙鸭和黑嘴端凤头燕鸥 3 种。

2 湿地无脊椎动物

2.1 湿地无脊椎动物种类

福建有淡水浮游动物 103 种，淡水底栖动物中淡水贝类 18 种、淡水虾蟹类 23 种。

海域已鉴定到的浮游动物共有 305 种。浅海底栖动物共记录有 1221 种，其中多毛类 404 种，软体动物 291 种，甲壳动物 255 种，鱼类 154 种，棘皮动物 85 种和其他动物 32 种。潮间带动物共 871 种，其中多毛类 179 种，软体动物 357 种，甲壳动物 210 种，棘皮动物 48 种和其他动物 77 种。游泳动物的甲壳类有 81 种，其中虾类 40 种，蟹类 41 种。

2010 年调查与收集资料，福建省湿地无脊椎动物贝、虾、蟹类共 757 种，其中贝类 319 种，虾类 109 种，蟹类 329 种。

2.2 湿地无脊椎动物分布

淡水浮游动物主要分布在内陆的各库塘湿地以及河流湿地等，一般是上游和库湾生物量高，坝区和库心区生物量较低。淡水虾蟹类多分布于库塘、养殖池以及湖泊、河流等湿地。

多数海区呈现近岸水域的浮游动物总生物量较高，远岸水域较低的趋势。浮游动物总生物量的季节变化较明显，最高峰出现在夏季，春季次之，冬季最低。浮游动物的主要种类有拟细浅室水母、中华哲水蚤、精致真刺水蚤、中华假磷虾、短尾类蚤状幼体、火腿許水蚤、中华异水蚤以及浮性鱼卵和仔稚鱼等。

福建海区浅海底栖动物种类组成有明显季节变化，变化最明显的是软体动物，其次是多毛类和甲壳动物。福建浅海底栖动物种类分布南部海区比北部海区多，呈现从南向北递减的趋势。夏、春两季的生物量和密度总体均较高，秋、冬两季则较低。夏季种类数较多，春季其次，冬季较少。主要种类有多毛类的双鳃内卷齿蚕；甲壳动物的模糊新短眼蟹；软体动物的棒锥螺和凸壳肌蛤、不倒翁虫；棘皮动物的光滑倍棘蛇尾，还发现有二色桌片参。

潮间带生物南部海域种类多于北部，闽江河口以南沿海的种类多于闽江口以北沿海，外海生物种类多于近岸港湾。生物量的分布特点是近岸或河口海区的生物量一般高于外海区；岛架区数量最高，河口区其次，港湾区最低。春季数量最高；冬季数量最低。

3 湿地鱼类

福建沿海的海岸曲折，港湾岛屿众多，浅海和滩涂面积大。福建湿地主要是近海与海岸湿地、河流湿地和库塘湿地。海洋和淡水鱼类资源十分丰富，根据《福建鱼类志》(朱元鼎，1984 年)记录，福建有鱼类 815 种；隶属于 38 目 180 科 360 属。根据 2010 年调查，福建湿地共有鱼类 466 种，约占全国鱼类总种数的 10.1%，约占福建省鱼类总种数的 57.2%，分别隶属于 4 纲 29 目 105 科 267 属(为了方便，将文昌鱼纲和圆口纲一并归入鱼类中叙述。)(表 3-10)。

3.1 物种组成

3.1.1 文昌鱼纲

文昌鱼纲有 1 目 1 科 2 属 3 种，占福建省湿地鱼类总数的 0.4%。白氏文昌鱼主要分布在厦门刘五店鳄鱼屿海域以及欧厝海域，福建省其他沿海海域亦有发现；日本文昌鱼主要分布在厦门欧厝海域和黄厝海域；东山岛近海发现偏文昌属的短刀偏文昌鱼。

3.1.2 圆口纲

圆口纲鱼类种类少，仅 1 目 1 科 1 属 1 种，占福建省湿地鱼类总数的 0.2%。

3.1.3 软骨鱼纲

福建湿地软骨鱼纲鱼类有一定数量的代表种，共计 5 目 11 科 12 属 21 种，占福建湿地鱼类总数的 4.4%。其中以鲼目种类最多，有 11 种；其余鳐目有 4 种，真鲨目 3 种，电鳐目 2 种，须鲨目 1 种。

3.1.4 硬骨鱼纲

福建湿地硬骨鱼纲种类繁多，是福建湿地鱼类的主要组成部分，具重要的经济价值，计 22 目 92 科 252 属 441 种，占福建湿地鱼类总数的 94.6%。其中鲈形目种类最多，达 165 种，为硬骨鱼纲总数的 37.4%，绝大部分为海洋鱼类，具较高的经济价值；鲤形目次之，有 104 种，占硬骨鱼纲总数的 23.6%，均为淡水鱼类，大多数具一定的经济价值；鲱形目占第三，有 28 种，占硬骨鱼纲总数的 6.3%；其余鳗鲡目、鲽形目、鲶形目、鲀形目、鲉形目、鲻形目等种类也较多；灯笼鱼目、颌针鱼目、刺鱼目、鲑形目也有一定的代表种；海鲢目、鼠鱚目代表种较少，各 2 种；鲟形目、鳉形目、银汉鱼目、鳕形目、金眼鲷目、合鳃目、鮟鱇目的种类最少，均 1 种。

3.2 区系分析

福建湿地的鱼类区系按所栖息的水体盐度可分为海洋鱼类区系和淡水鱼类区系。

3.2.1 海洋鱼类区系特点

福建湿地海洋鱼类共有 261 种，分属 4 纲 37 目 88 科 151 属，占福建省湿地鱼类总数的 56.0%。福建海区常年受到多种水系相互消长的影响，从鱼类的适温性来看，福建海洋鱼类区系主要由暖水性种类组成。暖水性种有 199 种，占福建湿地海洋鱼类总数的 76.2%，包括文昌鱼纲 3 种、圆口纲 1 种、软骨鱼纲 11 种和硬骨鱼纲 184 种。暖温性种有 62 种，占福建湿地海洋鱼类总数的 23.8%，包括 10 种软骨鱼和 52 种硬骨鱼。因此，福建湿地海洋鱼类以暖水性种为主，无冷温性种、冷水性种。

福建海区的西北部冬春季节受闽浙沿岸水影响，表层水温的年差较大，海区东南部终年受黑潮枝梢影响，表层水温的年差较小，因此暖水性种自北而南递增，而暖温性种自北而南递减。有些偏北分布的暖温性种如刀鲚、黑姑鱼、朝鲜马鲛、矛尾复鰕虎鱼、暗纹东方鲀、光魟、中国魟等，仅分布在台湾海峡北部，未见于台湾海峡南部、南海北部以及热带海区，这些暖温性种以东海北部和黄海南部较为常见。有些偏南分布的暖水性种，如鬼鲉等，从热带海分布到台湾海峡南部，未见于台湾海峡以北、东海、黄海以及日本南部沿海。

福建海区鱼类区系与南海北部大陆架和南海诸岛关系密切，与东海关系次之，与黄海、渤海关系较疏远。闽南—台湾浅滩鱼类区系主要属亚热带性质，但在台湾浅滩南部外缘的水下沙丘之间，定居着海鳝科、鯻科、蝴蝶鱼科、隆头鱼科、鳞鲀科等典型的暖水性岩礁鱼类，而且又分布着许多暖水性中、上层鱼类，如金色小沙丁鱼、脂眼鲱、大甲鲹等，使这一水域的鱼类区系兼具热带性质。福建海区大陆架鱼类区系属于印度—西太平洋区的中国—日本亚区。

3.2.2 淡水鱼类区系特点

福建淡水鱼类(含河口鱼类及洄游鱼类)总计205种，分属1纲14目33科116属，占福建省湿地鱼类总数的44.0%。从生态类群来看，福建省淡水鱼类由洄游性鱼类和纯淡水鱼类二大类群组成。纯淡水鱼类146种(5目18科85属)，占总数的71.2%；河口性和溯河洄游性鱼类共有59种，占总数的28.8%。其中溯河洄游性鱼类有中华鲟、鲥鱼、七丝鲚、凤鲚、刀鲚、香鱼、白肌银鱼、尖头银鱼、日本鳗鲡、中华鳗鲡、短头鳗鲡、疏斑鳗鲡、乌耳鳗鲡、花鳗鲡和福州鳗鲡等，河口性的鱼类有花鰶、斑鰶、陈氏银鱼、间下鱵鱼、鲻鱼、前鳞鲻、硬头鲻、棱鲅、鲅鱼、花鲈、黄唇鱼、黄姑鱼、鮸鱼、棘头梅童鱼、短吻鲾、长棘银鲈、香鰤、乌塘鳢、舌虾虎鱼、斑纹舌虾虎鱼、斑尾复虾虎鱼、矛尾复虾虎鱼、髭虾虎鱼、短吻栉虾虎鱼、矛尾虾虎鱼、蜥形副平牙虾虎鱼、中华钝牙虾虎鱼、弹涂鱼、大弹涂鱼、青弹涂鱼、大青弹涂鱼、红狼牙鰕虎鱼、鳗鲡形鰕虎鱼、孔鰕虎鱼、鲬、虫纹东方鲀、弓斑东方鲀、暗纹东方鲀和条纹东方鲀等。

福建淡水鱼类的地方种较多，有短头鳗鲡、乌耳鳗鲡、福州鳗鲡、长汀拟腹吸鳅、圆斑拟腹吸鳅、九龙江拟腹吸鳅、裸腹原缨口鳅、花尾缨口鳅、缨口鳅、闽江扁尾薄鳅等。

从全国淡水鱼类地理分布区系来看，福建淡水鱼类区系属于东洋区(Oriental Region)华南亚区(South China Subregion)的浙闽分区(Chekiang - Fukien Province)。从鱼类群体起源来分，146种纯淡水鱼类除罗非鱼4种外，其余142种鱼类由6个区系复合体所组成：

(1)中国平原鱼类区系复合体：为第三纪由南热带迁入我国长江、黄河平原区，并逐渐演化为许多我国特有的地区性鱼类。包括鲤科的雅罗鱼亚科的大部分、鲴亚科、鲢亚科、鳑鲏亚科、鮈亚科和鳅鮀亚科的一部分，鮨科的鳜属共68种，占142种淡水鱼类总数的47.9%。这些鱼类在我国最常见和分布最广，是我国淡水鱼类区系的主体。典型分布区为我国东部江河大平原。

(2)南方(热带)平原鱼类区系复合体：鲃亚科的大部分属、种(墨头鱼属除外)，雅罗鱼亚科的异鱲属，鳊亚科的细鳊属，鮈亚科的鳈属及棒花鱼属的某些种，胡子鲶科、鮠科、青鳉鱼科、塘鳢科、鰕虎鱼科、攀鲈科、刺鳅科共50种，占福建省淡水鱼类总数的35.2%。这些鱼类原产于南岭以南的热带、亚热带平原区各水系。

(3)中印山区鱼类区系复合体：包括墨头鱼属、平鳍鳅科、鮡科、鮠科的属共13种，占福建省淡水种类的9.2%。主要有花尾缨口鳅、斑纹缨口鳅、犁头鳅、拟腹吸鳅、纵纹原缨口鳅等。

这些鱼类，除耐寒外，更有耐旱与耐盐碱的特性，为南方热带、亚热带山区生活的鱼类。

(4)上第三纪鱼类区系复合体：包括胭脂鱼科、鲤科的鲤亚科、鮈亚科的麦穗鱼属、鳅科的泥鳅属等共9种，占福建省淡水体鱼类总数的6.3%。这些鱼类在水草茂盛的小型湖泊和混浊的大型河流环境中形成。

表3-10　福建鱼类区系组成

目	科	属	种	福建鱼类区系组成						
				海洋鱼类			河口鱼类和洄游性鱼类			淡水鱼类
				暖水性种	暖温性种	冷温性种	暖水性种	暖温性种	冷温性种	
文昌鱼目	1	2	3	2						
盲鳗目	1	1	1	1						
须鲨目	1	1	1	1						
真鲨目	2	3	3	3						
鳐目	3	3	4	1	3					
鲼目	3	3	11	5	6					
电鳐目	2	2	2	1	1					
鲟形目	1	1	1					1		
海鲢目	2	2	2	2						
鼠鱚目	2	2	2	1	1					
鲱形目	2	11	28	20	2		4	2		
鲑形目	2	4	4				2	2		
灯笼鱼目	3	4	8	7	1					
鳗鲡目	7	11	25	15	2			8		
鲤形目	4	58	104							104
鲶形目	6	9	21	3						18
鳉形目	1	1	1							1
银汉鱼目	1	1	1		1					
颌针鱼目	3	6	7	5	1		1			
鳕形目	1	1	1	1						
金眼鲷目	1	1	1	1						
刺鱼目	2	4	7	6	1					
鲻形目	3	5	10	4			6			
合鳃目	1	1	1							1
鲈形目	38	97	165	86	30		12	15		22
鲉形目	4	11	13	10	2		1			
鲽形目	4	12	22	13	8			1		
鲀形目	3	9	16	9	3			4		
鮟鱇目	1	1	1	1						
总　计	105	267	466	199	62		26	33		146

(5)北方山区鱼类区系复合体：仅雅罗鱼亚科鳡属长江鳡 1 种，占福建省淡水种类的 0.7%。为北方山区冷温性种类。

(6)北方平原鱼类区系复合体：仅鳅科的花鳅 1 种，占福建省淡水种类的 0.7%。原为北半球寒带平原地区形成的种类。

综上所述，福建省湿地淡水鱼类主要是由江河平原区系复合体和热带平原复合体所组成(两者占 83.1%)，如将中印山区鱼类区系复合体联系在一起，明显地显示出其热带性质。

4　湿地两栖类

4.1　湿地两栖动物种类

根据 2010 年调查和资料记载(耿宝荣，2004 年)，福建湿地自然分布的两栖类共 46 种，隶属 2 目 9 科 25 属。在这 46 种湿地两栖类中，有尾目有 3 科 5 种，占湿地两栖类的 10.9%；无尾目 6 科 41 种，占湿地两栖类的 89.1%。在 9 个科中，蛙科的种类最多，有 23 种，占湿地两栖类的 50.0%；姬蛙科 5 种；雨蛙科和角蟾科各 4 种；蝾螈科和树蟾科各 3 种；蟾蜍科 2 种，隐鳃鲵科和小鲵科各 1 种。戴云湍蛙和小腺蛙为福建特有种，详见附录 2。另外，引进两栖类牛蛙 1 种。

4.2　湿地两栖动物的分布

在 46 种两栖类中，19 种广泛分布于福建省各地，属省内广布种。其中，全国广布种只有黑斑侧褶蛙 1 种；华中区种类有 7 种；华中、华南区共有种类有 11 种，体现了福建省地跨东洋界的华中区和华南区的特点。3 种自北向南分布的广布种中，大鲵分布于闽北、闽东和闽西；中华蟾蜍分布至闽中；而黑斑侧褶蛙可达闽南的厦门。4 种由南向北分布的东洋界华南区种类中，花狭口蛙仅分布于闽粤交界的诏安；台北纤蛙由诏安向北分布至闽西地区的梅花山；戴云湍蛙分布于闽中的戴云山；尖舌浮蛙越过闽南，北达闽中地区的福清和福州，而在闽东、闽西及闽北地区则未有发现。22 种属于东洋界华中区的种类，在福建省分布的趋向是由北向南逐渐减少。分布于闽北的有 20 种；分布于闽中的有 17 种；分布于闽南的有 9 种。17 种华中、华南的共有种类，在福建省各地区的分布相差不多。特有种小腺蛙和戴云湍蛙仅分布于闽中地区。

牛蛙为福建各地常见养殖品种。但它在野外能够很容易地捕食黑斑侧褶蛙和饰纹姬蛙等小型蛙类，因而能够毫无阻力地入侵小型蛙类物种的分布区。

5　湿地爬行类

5.1　湿地爬行动物种类

福建省爬行类共 123 种(陈友铃，2009 年)，在湿地有分布的 2 目 11 科 102 种，占省内爬行类的 82.9%。其中龟鳖目 4 科 17 种；有鳞目 7 科 85 种。在 11 个科中，以游蛇科的种类最多，共 58 种，占湿地爬行类的 56.9%；其次是眼镜蛇科 15 种，龟科 9 种，蝰科 7 种，海龟科 4 种，鳖科 2 种；其余科各 1 种。

5.2 湿地爬行动物分布

除5种海龟类、9种海蛇类和外来物种红耳龟外，其余87种湿地爬行类中东洋界种类有80种，占总数的92.0%；古北界种类缺乏(因为原系古北界种类的虎斑颈槽蛇、赤链蛇等爬行类向东洋界渗透、扩散，而在东洋界广泛分布，已成为国内广布种)；广布于古北界和东洋界的种类(国内广布种)7种，即乌龟、鳖、红点锦蛇、黑眉锦蛇、虎斑颈槽蛇、赤链蛇和短尾蝮，占总数的8.0%。

华南区种类的有23种，即鼋、三线闭壳龟、花龟、眼斑水龟、四眼斑水龟、蟒蛇、海南闪鳞蛇、红尾筒蛇、白眉腹链蛇、白眶蛇、黑斑水蛇、细白环蛇、紫沙蛇、环纹华游蛇、渔游蛇、金环蛇、眼镜王蛇和白唇竹叶青蛇、绿瘦蛇、金花蛇、菱斑小头蛇、紫棕小头蛇、台湾小头蛇。

华中区的种类有16种：黄缘闭壳龟、艾氏拟水龟、黑脊蛇、锈链腹链蛇、玉斑锦蛇、黑背白环蛇、方花小头蛇、饰纹小头蛇、福建钝头蛇、圆斑蝰、福建后棱蛇、挂墩后棱蛇、崇安斜鳞蛇、花尾斜鳞蛇、白头蝰和尖吻蝮。

华中区和华南区的共有38种，为平胸龟、黄喉拟水龟、棕脊蛇、棕黑腹链蛇、草腹链蛇、绞花林蛇、尖尾两头蛇、钝尾两头蛇、翠青蛇、黄链蛇、王锦蛇、三索锦蛇、灰腹绿锦蛇、紫灰锦蛇、中国水蛇、铅色水蛇、山溪后棱蛇、横纹斜鳞蛇、斜鳞蛇、灰鼠蛇、滑鼠蛇、红脖颈槽蛇、赤链华游蛇、华游蛇、乌梢蛇、银环蛇、眼镜蛇、原矛头蝮、竹叶青蛇、钩盲蛇、繁花林蛇、中国小头蛇、钝头蛇、平鳞钝头蛇、黑头剑蛇、福建丽纹蛇、丽纹蛇、山烙铁头蛇。

华中区、西南区共有的3种，分别为颈棱蛇、白头蝰和双全白环蛇。

这说明福建湿地爬行类的区系组成以东洋界成分为主体，并杂有国内广布种成分，古北界成分缺乏。在东洋界中又以华中、华南区两区共有成分占优势，其次为华南区成分和华中区成分，并且华南区成分多于华中区成分，华中区和西南区共有成分最少。

另外，福建沿海海域分布的5种龟类为绿海龟、玳瑁、蠵龟、太平洋丽龟和棱皮龟，这些海龟类在我国的分布亦可见于广东、广西、海南、台湾、浙江沿海等地。绿海龟和玳瑁的分布可北达山东；蠵龟和棱皮龟的分布可北达辽宁沿海。

福建沿海海域分布的9种海蛇为扁尾海蛇、半环扁尾海蛇、青环海蛇、小头海蛇、环纹海蛇、黑头海蛇、平颏海蛇、长吻海蛇和海蝰。其中青环海蛇在我国沿海均有分布，为我国海蛇中数量最多、分布最广的一种；其次为长吻海蛇，分布也较广，南起大洋洲海域，西至印度洋，北达日本海，在我国东部和南部沿海都可见到；扁尾海蛇和半环扁尾海蛇在我国主要分布于福建和台湾沿海，但半环扁尾海蛇最北分布可达我国辽宁沿海；其余的5种海蛇在我国主要见于浙江以南的沿海海域。

6 湿地鸟类

6.1 湿地鸟类种类

福建省有记录的鸟类共有21目70科550种，其中湿地鸟类共有199种(见附录2)，隶属于12目30科(根据《全国湿地资源调查技术规程(试行)》中所列的中国主要水鸟名录统计的湿地鸟类，以下简称湿地水鸟)，占福建省鸟类总种数的36.2%。湿地水鸟中以鸻形目鸟类种数最多，其次是雁形目与鹳形目的鸟类。各目湿地水鸟种类及其所占比例见表3-11。在199种湿地水鸟中，属于国家重点保护野生动物的有34种，其中国家Ⅰ级保护野生动物6种，国家Ⅱ级保护野生动物28种；属于世界自然保护联盟(IUCN)名单的有23种，其中极危物种(CR)2种，濒危物种(EN)9种，易危种(VU)11种，稀有种(R)1种。国家重点保护和濒危湿地水鸟名录见表3-12。自1990年后在福建未曾有记录到的湿地水鸟有9目17科33种，见表3-13。

表3-11　福建省湿地水鸟种类基本情况表(个)

目　名	科　数	物种数	物种数比例(%)
1. 潜鸟目 GAVIIFORMES	1	3	1.5
2. 䴙䴘目 PODICIPEDIFORMES	1	5	2.5
3. 鹱形目 PROCELLARIIFORMEs	3	7	3.5
4. 鹈形目 PELECANIFORMES	4	11	5.5
5. 鹳形目 CICONNIFORMES	3	27	13.6
6. 雁形目 ANSERIFORMES	1	38	19.1
7. 隼形目 FALCONIFORMES	1	1	0.5
8. 鹤形目 GRUIFORMES	3	16	8.0
9. 鸻形目 CHARADRIIFORMES	8	54	27.1
10. 鸥形目 LARIFORMES	3	28	14.2
11. 鸮形目 STRIGIFORMES	1	1	0.5
12. 佛法僧目 CORACIFORMES	1	8	4.0
合　计	30	199	100

表3-12　国家重点保护和濒危水鸟名录

目	科	中文名	拉丁名	保护等级	IUCN濒危等级
䴙䴘目	䴙䴘科	角䴙䴘	*Podiceps auritus*	国家Ⅱ级	
		赤颈䴙䴘	*Podiceps grisegena*	国家Ⅱ级	
鹱形目	信天翁科	短尾信天翁	*Diomedea albatrus*	国家Ⅰ级	濒危E
		黑脚信天翁	*Diomedea nigripes*		易危V
鹈形目	鹈鹕科	白鹈鹕	*Pelecanus onocrotalus*	国家Ⅱ级	
		斑嘴鹈鹕	*Pelecanus philippensis*	国家Ⅱ级	
		卷羽鹈鹕	*Pelecanus crispus*	国家Ⅱ级	
	鲣鸟科	褐鲣鸟	*Sula leucogaster*	国家Ⅱ级	
		红脚鲣鸟	*Sula sula*	国家Ⅱ级	
	鸬鹚科	海鸬鹚	*Phalacrocorax pelagicus*	国家Ⅱ级	
	军舰鸟科	白腹军舰鸟	*Fregata andrewsi*	国家Ⅰ级	极危CR

（续）

目	科	中文名	拉丁名	保护等级	IUCN 濒危等级
鹳形目	鹭科	黄嘴白鹭	*Egretta eulophotes*	国家Ⅱ级	易危 V
		岩鹭	*Egretta sacra*	国家Ⅱ级	
		海南虎斑鳽	*Gorsachius magnificus*	国家Ⅱ级	濒危 E
	鹳科	彩鹳	*Ibis ieucocephalus*	国家Ⅱ级	
		东方白鹳	*Ciconia boyciana*		濒危 E
		黑鹳	*Ciconia nigra*	国家Ⅰ级	
	鹮科	黑头白鹮	*Threskiornis melanocephalus*	国家Ⅱ级	
		朱鹮	*Nipponia nippon*	国家Ⅰ级	濒危 E
		彩鹮	*Plegadis falcinellus*	国家Ⅱ级	
		白琵鹭	*Platalea leucorodia*	国家Ⅱ级	
		黑脸琵鹭	*Platalea minor*	国家Ⅱ级	濒危 E
雁形目	鸭科	鸿雁	*Anser cyynoides*		易危 V
		白额雁	*Anser albifrons*	国家Ⅱ级	
		小白额雁	*Anser erythropus*		易危 V
		小天鹅	*Cygnus columbianus*	国家Ⅱ级	
		大天鹅	*Cygnus cygnus*	国家Ⅱ级	
		花脸鸭	*Anasformosa*		易危 V
		青头潜鸭	*Aythya ferina*		易危 V
		鸳鸯	*Aix galericulate*	国家Ⅱ级	
		棉凫	*Nettapus coromandelianus*		濒危 E
		中华秋沙鸭	*Mergus aguamatus*	国家Ⅰ级	濒危 E
隼形目	鹰科	鹗	*Pandion haliatus*	国家Ⅱ级	
鹤形目	鹤科	灰鹤	*Grus grus*	国家Ⅱ级	
		白枕鹤	*Grus vipio*	国家Ⅱ级	易危 V
	秧鸡科	花田鸡	*Coturrnicops noveboracensis*	国家Ⅱ级	易危 V
鸻形目	鹬科	小杓鹬	*Numenius minutus*	国家Ⅱ级	
		小青脚鹬	*Tringa guttifer*	国家Ⅱ级	濒危 E
		半蹼鹬	*Limnodromus semipalmatus*		稀有 R
		勺嘴鹬	*Eurynorhynchus pygmeus*		濒危 E
鸥形目	鸥科	黑嘴鸥	*Larus saundersi*		易危 V
		遗鸥	*Larus relictus*	国家Ⅰ级	易危 V
		黑嘴端凤头燕鸥	*Thalasseus zimmermanni*	国家Ⅱ级	极危 CR
鸮形目	鸱鸮科	黄脚渔鸮	*Ketupa flavipes*	国家Ⅱ级	
佛法僧目	翠鸟科	斑头大翠鸟	*Alcedo hercules*		易危 V

表 3-13 自 1990 年以来在福建未曾有记录的湿地水鸟名录

目	科	中文名	拉丁名
潜鸟目	潜鸟科	黑喉潜鸟	*Gavia arctica*
䴙䴘目	䴙䴘科	角䴙䴘	*Podiceps auritus*
		赤颈䴙䴘	*Podiceps grisegena*
鹱形目	信天翁科	短尾信天翁	*Diomedea albatrus*
		黑脚信天翁	*Diomedea nigripes*
	鹱科	白额鹱	*Puffinus leucomeeas*
		灰鹱	*Puffinus griseus*
		纯褐鹱	*Puffinus bulwerii*
	海燕科	黑叉尾海燕	*Oceanodroma monorhis*
鹈形目	鹈鹕科	白鹈鹕	*Pelecanus onocrotalus*
	鸬鹚科	海鸬鹚	*Phalacrocorax pelagicus*
鹳形目	鹭科	栗头虎斑鳽	*Gorsachius goisagi*
		海南虎斑鳽	*Gorsachius magnificus*
	鹳科	彩鹳	*Ibis ieucocephalus*
		黑鹳	*Ciconia nigra*
	鹮科	黑头白鹮	*Threskiornis melanocephalus*
		朱鹮	*Nipponia nippon*
		彩鹮	*Plegadis falcinellus*
雁形目	鸭科	黑雁	*Branta bernicla*
		大天鹅	*Cygnus cygnus*
		树鸭	*Dendrocygna javanica*
		赤嘴潜鸭	*Netta rufina*
		瘤鸭	*Sarkidiornis melanotos*
		黑海番鸭	*Melanitta nigra*
		长尾鸭	*Clangula hyemalis*
		鹊鸭	*Bucephala clangula*
鹤形目	鹤科	白枕鹤	*Grus vipio*
	秧鸡科	斑胁田鸡	*Porzana paykullii*
		花田鸡	*Coturnicops noveboracensis*
鸻形目	鹬科	姬鹬	*Lymnocrypes minimus*
鸥形目	鸥科	灰翅鸥	*Larus glaucescens*
	海雀科	扁嘴海雀	*Synthliboramphus anlumquus*

6.2 湿地鸟类分布

以下为近20年来有记录的鸟类种类及其分布情况概要。

(1)潜鸟目：潜鸟目有1科3种，为海洋性鸟类，其中有记录的红喉潜鸟主要分布于福清湾和三都湾；白嘴潜鸟为罕见种，在福建福安曾有记录，黑喉潜鸟未曾发现。

(2)鸊鷉目：鸊鷉目有鸊鷉科1科，共5种。其中有记录的小鸊鷉在福建为广泛分布的物种，沿海及内陆各水产养殖池中均有发现；凤头鸊鷉主要分布于福建沿海和闽江流域；黑颈鸊鷉分布区狭窄，于闽江河口、三都湾和湄洲湾有记录。国家Ⅱ级保护鸟类角鸊鷉和赤颈鸊鷉未曾发现。

(3)鹱形目：鹱形目有3科7种。都是海洋性鸟类，主要分布于福建沿岸岛屿，沿海湿地水鸟调查中很少发现。国家Ⅱ级保护鸟类短尾信天翁和黑脚信天翁未曾发现。

(4)鹈形目：鹈形目有4科11种。其中鹈鹕科的国家Ⅱ级保护鸟类卷羽鹈鹕主要分布于福宁湾和闽江河口省级自然保护区；白鹈鹕和斑嘴鹈鹕未曾发现。鸬鹚科有2种，普通鸬鹚最为常见，广泛分布于福建省沿海和内陆部分大的库塘；斑头鸬鹚较少见，为沿海偶见种。国家Ⅱ级保护鸟类海鸬鹚未曾发现。鲣鸟科有2种，褐鲣鸟和红脚鲣鸟为海洋性鸟类，较少发现。军舰鸟科有3种，小军舰鸟和白斑军舰鸟较为少见种；于闽江河口附近发现1只国家Ⅱ级保护鸟类白腹军舰鸟。

(5)鹳形目：鹳形目有3科27种。其中鹭科种类最多，有19种，在多次湿地水鸟调查中均有发现。其中苍鹭、池鹭、大白鹭、白鹭、牛背鹭和夜鹭最为常见，几乎各湿地区均有分布。中白鹭、绿鹭和国家Ⅱ级保护鸟类黄嘴白鹭、岩鹭分布相对较少，在福鼎台山列岛、九龙江口、漳江口和三都湾有发现。黄斑苇鳽于闽江河口和部分内陆库塘有发现。草鹭、大麻鳽、紫背苇鳽、栗苇鳽和黑鳽较少发现。国家Ⅱ级保护鸟类海南虎斑鳽未曾发现。鹳科有3种，其中东方白鹳于闽江河口区域有分布，国家Ⅰ级保护鸟类黑鹳和国家Ⅱ级保护鸟类彩鹳未曾发现。鹮科有5种，其中国家Ⅱ级保护鸟类白琵鹭、黑脸琵鹭自2001年以来每年均有发现，主要分布于闽江河口、福清湾和兴化湾，数量呈随年增多趋势。福宁湾、三沙湾、泉州湾、东山湾也有分布，数量较少。其他国家重点保护鸟类未曾发现。

(6)雁形目：雁形目有1科33种。其中国家Ⅱ级保护鸟类小天鹅主要分布于闽江河口和部分内陆库塘；国家Ⅱ级保护鸟类大天鹅未曾发现。鸿雁主要分布于闽江河口。针尾鸭、绿翅鸭、绿头鸭、斑嘴鸭、赤颈鸭、琵嘴鸭、红头潜鸭、凤头潜鸭和斑背潜鸭分布较广，福建沿海滩涂、养殖池塘和内陆面积较大的库塘均有分布，数量也相对较多。罗纹鸭、白眉鸭、赤膀鸭和翘鼻麻鸭于部分沿海滩涂和库塘有发现。红胸秋沙鸭、普通秋沙鸭和国家Ⅰ级保护鸟类中华秋沙鸭较少发现，偶见于福清湾和内陆部分库塘。国家Ⅱ级保护鸟类鸳鸯主要分布于内陆面积较大的库塘，曾发现于清流九龙溪、泰宁大金湖、建宁鸳鸯湖和屏南鸳鸯溪等地。豆雁、小白额雁、灰雁、赤麻鸭、花脸鸭、青头潜鸭、白眼潜鸭、棉凫、斑脸海番鸭、斑头秋沙鸭和国家Ⅱ级保护鸟类白额雁较少发现。

(7)隼形目：隼形目有1科1种。国家Ⅱ级保护鸟类鹗在沿海滩涂养殖区均有发现，零星分布，规律性不强。

(8)鹤形目：鹤形目3科16种。其中三趾鹑科有黄脚三趾鹑和棕三趾鹑，较少发现，偶见于池塘、溪流边的草丛中。鹤科有国家Ⅱ级保护鸟类灰鹤，较少发现；白枕鹤未曾发现；秧鸡科有普通秧鸡、蓝胸秧鸡、白喉斑秧鸡、小田鸡、红胸田鸡、董鸡、白胸苦恶鸟和红脚苦恶鸟分布较广，但数量不多，多于养殖池塘、溪流和沟渠附近出现；黑水鸡和骨顶鸡数量较多，主要集中于沿海各大库塘。国家Ⅱ级保护鸟类花田鸡未曾发现。

(9)鸻形目：鸻形目有8科54种，其中雉鸻科只有水雉1种，近10年来较少发现；彩鹬科有彩鹬1种，较少发现；蛎鹬科有蛎鹬1种，主要分布于福清湾、兴化湾和泉州湾湿地。鸻科的环颈鸻和灰斑鸻于冬季广泛分布于福建沿海滩涂和各养殖池塘中；凤头麦鸡、灰头麦鸡、金斑鸻、剑鸻、金眶鸻、红胸鸻和东方鸻数量较少；蒙古沙鸻和铁嘴沙鸻数量相对较多，主要分布于闽江河口、兴化湾和泉州湾区域。鹬科的黑腹滨鹬、白腰杓鹬、斑尾塍鹬、青脚鹬数量较大，广泛分布于福建沿海各大海湾滩涂及养殖池塘。反嘴鹬科的黑翅长脚鹬和反嘴鹬于福宁湾、兴化湾和泉州湾有分布，以兴化湾数量最大。国家Ⅱ级保护鸟类小杓鹬和小青脚鹬数量和记录次数均相对较少，于三都湾、闽江河口和兴化湾有记录。

(10)鸥形目：鸥形目3科28种，其中鸥科的红嘴鸥、黑尾鸥、银鸥分布相对较广，数量较多的区域主要在福鼎台山列岛、闽江河口、兴化湾、诏安湾、东山湾和漳江口等地；黑嘴鸥主要分布于兴化湾至厦门海域一带；红嘴巨鸥于福清湾至漳江口一带均有分布；大凤头燕鸥、普通燕鸥、粉红燕鸥和国家Ⅱ级保护鸟类黑嘴端凤头燕鸥、遗鸥主要分布于闽江河口区域，数量和调查次数均较少；须浮鸥、黑枕燕鸥、褐翅燕鸥、乌燕鸥和白额燕鸥主要分布于福鼎台山列岛区域。贼鸥科的短尾贼鸥较少发现。海雀科的斑海雀较少发现。

(11)鹗形目：鹗形目仅有鸱鹗科的国家Ⅱ级保护鸟类黄脚渔鸮1种，记录于古田水库。

(12)佛法僧目：佛法僧目有1科8种。其中翠鸟科的普通翠鸟、白胸翡翠、斑鱼狗和冠鱼狗分布广泛，沿海主要于闽江河口记录较多，内陆许多库塘亦有记录；部分库塘亦有蓝翡翠、赤翡翠、白领翡翠和斑头大翠鸟的记录。

6.3　数量状况

6.3.1　国家重点保护鸟类的数量状况

福建省有记录的湿地水鸟共有6种属于国家Ⅰ级保护野生动物，分别为遗鸥、短尾信天翁、白腹军舰鸟、黑鹳、中华秋沙鸭和朱鹮。近年调查记录到遗鸥3只，白腹军舰鸟1只，中华秋沙鸭1只。

福建省有记录的湿地水鸟共有28种属于国家Ⅱ级保护野生动物，近年调查记录(含2010年调查，下同)到的有10种，分别为卷羽鹈鹕35只、黄嘴白鹭280只、岩鹭15只、黑脸琵鹭167只、白琵鹭6只、小天鹅134只、鸳鸯200只、黑嘴端凤头燕鸥16只、黄脚渔鸮3只和鹗15只，其他国家Ⅱ级保护野生动物数量较少，2010年调查也未发现。

6.3.2　非国家重点保护湿地水鸟数量状况

福建省非国家重点保护湿地水鸟分布数量，以冬候鸟数量占绝对优势。近年有记录的冬候鸟总数量为116239只。其中千只以上的冬候鸟为黑腹滨鹬35678只、红嘴鸥29659只、环颈鸻9126只、普通鸬鹚7936只、银鸥5849只、斑嘴鸭4223只、苍鹭3304只、黑嘴鸥2907只、黑尾鸥2705只、绿翅鸭2667只、骨顶鸡2122只、赤颈鸭1879只、灰斑鸻1660只、反嘴鹬2500只。留鸟中数量较大的为夜鹭，有2028只。旅鸟中以白腰杓鹬和三趾鹬数量较大，分别为4107只和594只。夏候鸟总数量为24918只，其中白鹭21073只、池鹭1556只、大白鹭1131只，牛背鹭645只、粉红燕鸥80只。主要分布于兴化湾的黑嘴鸥(2907只)和反嘴鹬(2500只)分别超过了国际重要湿地1%的标准(210只和2100只)。

6.4 栖息地及其保护状况

福建省多处湿地是候鸟迁徙的重要驿站，湿地鸟类资源丰富，国家重点保护珍稀濒危鸟类种类和数量较多。为了更好地保护湿地及野生动植物资源，福建省已经建立了多处自然保护区。

福建省列入国际重要湿地1处，列入国家重要湿地6处，建立21处湿地类型自然保护区(其中国家级4处，省级6处，市县级11处)，建立国家湿地公园4处，除了1个市级自然保护区和6个县级自然保护区为内陆湿地自然保护区外，其余湿地自然保护区均分布在沿海。国际重要湿地、国家重要湿地、国家湿地公园和自然保护区的建立，有效地保护了近海与海岸湿地，从而保护了鸟类的生物多样性。但有些重点调查湿地区和越冬鸟类的分布地，因湿地的保护与利用问题未得到切实的解决，使水鸟的栖息地未能得到有效保护，如兴化湾湿地。

目前在鸟类保护上存在以下问题：①因滩涂、湖泊围垦、围网养殖等因素，湿地水鸟栖息地面积减少。在近海与海岸湿地区域，由于近年来不断围垦滩涂，沿海迁徙候鸟适宜的自然栖息地急剧减少。②环境污染严重造成栖息地质量下降。随着湿地周边地区工农业的不合理布局与发展，有害气体、污水及噪音逐年增加，鸟类栖息地生态质量下降，同时由于污染造成的湿地水鸟食物的减少也势必造成湿地水鸟种类和数量的波动。近年来由于农药造成的鸟类死亡案例日益增多。③偷捕偷猎现象客观存在，威胁鸟类生存。虽然打击力度不断加大，但是偷捕偷猎鸟类行为仍很严重。特别是在沿海候鸟迁徙带和大型湖泊周边，一些偷猎者以各种手段捕杀鸟类，并通过地下隐蔽途径进行市场销售。④食野生动物观念作祟，影响恶劣。部分群众以食野味为鲜，客观形成了市场需求，刺激了偷猎和贩卖行为。

7 湿地哺乳类

7.1 湿地哺乳动物种类

根据外业调查和查阅相关资料，福建省有湿地哺乳类动物共34种，隶属于7目14科。其中鲸目有5科9种；啮齿目3科7种；食肉目2科9种；翼手目1科3种；鳍脚目、偶蹄目、食虫目各1科2种。

鲸目海豚科有4种，分别是印度洋瓶鼻海豚、瓶鼻海豚、伪虎鲸、中华白海豚；灰鲸科有灰鲸1种；抹香鲸科有抹香鲸1种；鼠豚科有江豚1种；须鲸科有2种，分别是大翅鲸和小须鲸。隶属于国家Ⅰ级保护野生动物的有中华白海豚；其他8种均为国家Ⅱ级保护野生动物。

7.2 湿地哺乳动物分布

中华白海豚在福建省沿海各港湾都有分布记录，其中厦门海域和漳州九龙江口是中华白海豚的主要栖息地。

瓶鼻海豚常在靠近陆地的浅海地带活动，较少游向远海，一般随着水温和食物分布的变化可作向岸或离岸的洄游，在福建福清湾、兴化湾、厦门沿海、泉州湾、闽江河口等均有瓶鼻海豚栖息记录。

伪虎鲸分布于除北冰洋外的世界各大海洋，在中国见于渤海、黄海、东海、南海和台湾海域。福建省兴化湾和长乐海滩曾有伪虎鲸搁浅或死亡记录。

灰鲸主要分布于北太平洋海域，有长距离迁徙的习性，从北部海域南迁至中国黄海、南海一带或加利福尼亚、墨西哥一带越冬。灰鲸在大陆架的浅海水域和离岸较远的海中捕食，主要以浮游性小甲壳类、鲱鱼的卵，以及其他群游鱼类为食。福建省平潭综合实验区浅水域内曾发生渔民误捕灰鲸事件。

抹香鲸分布于西太平洋、印度洋、日本海和我国沿海等热带至暖温带水域，在我国见于渤海、黄海、东海、南海和长江等水域。在长江，甚至能偶然上溯到宜昌和洞庭湖一带。福建省长乐、厦门、漳浦、石狮等地浅海水域均有其栖息或搁浅死亡记录。

江豚通常栖于咸淡水交界的海域，也能在大小河川的下游地带等淡水中生活，在福建闽江河口、泉州湾、厦门沿海、九龙江口、漳江口等河口水域均有分布。

东方田鼠喜低洼多水、草茂盛、土松软的环境，主要栖息于稻田、湿草甸、沙滩边林地；游泳能力强，可在水中潜行。东方田鼠在福建属广布种，全省各地稻田均可见其分布。它们主要以植物的绿色部分为食，有时也会取食种子，啃树皮，吃谷、瓜、薯、菜等作物，尤其含水多、质地软的如各种瓜、红薯及荸荠的球茎之类，也吃树皮和昆虫。

水鹿喜水，全年均喜欢在泥水中跋涉，甚至在冬天地面上出现寒霜时，也常见到水鹿卧在浅水中。

斑海豹、髯海豹是在温带、寒温带的沿海和海岸生活的海洋性哺乳类动物，分布区主要在北太平洋的海域及其沿岸和岛屿，如楚科奇海、白令海、鄂霍茨克海、日本海和朝鲜海等。在福建沿海浅海水域及岛屿偶见。

水獭傍水而居，往往在一个水系内从主流到支流，或从下游到上游巡回觅食，亦能翻山越岭到另一条溪河，洪水淹洞或水中缺食时也常上陆觅食。滨海区的水獭尚有集群下海捕食的习惯。小爪水獭通常集成小群栖息于山溪河湖中，水中有较多的大石头，水深而流速缓慢，栖息环境与水獭相似，但有时可以分布到海拔较高的山溪中。它们大多穴居，善于游泳，性情凶猛，主要以鱼类为食，也吃软体动物、甲壳动物、蛙类和水禽等。福建省内各水系均有水獭和小爪水獭栖息分布。

第四章
湿地资源利用

第一节 湿地资源利用方式及其利用现状

1 湿地资源现状

湿地生态系统内任何能被人类改造利用的部分，均可称为湿地资源，因此湿地资源包括土地资源、水资源、生物资源、景观资源、其他资源(矿产、能源等)。

1.1 水资源

福建湿地水资源主要包括河流、湖泊和库塘(水库)的淡水资源、河口海岸区的咸淡水资源和浅海区的咸水资源。

1.1.1 淡水资源

福建多年平均地表水资源量 1179.32 亿立方米，是我国淡水资源蕴藏量最丰富的省份之一。淡水资源主要集中于河流、湖泊和水库等湿地中。福建集水面积在 200 平方公里以上的河流有 663 条，长度达 13569 公里。水库有 3000 多座，可蓄水 100 多亿立方米；其中大型水库 18 座，中型水库 86 座，小型水库 2791 座。

福建省淡水资源总量相对丰富，但存在时空分布十分不均、水质下降等问题。从时间分布看，水资源量年际变化不大，但年内分配不均。每年 4 ~9 月份为福建汛期，降水量可达全年的 75% 以上；每年的 10 月到翌年 3 月降水较少，其间降水量小于全年的 25% 。福建省河流年内的丰枯变化相对较为显著，造成福建省洪涝干旱灾害较多发生。淡水资源空间分布呈现出西北多，东南少的地区性明显差异。山区淡水资源丰富，沿海相对较少。闽西北地区水资源丰富，人均水资源量 7224 立方米，亩均水资源量 7281 立方米。东南沿海地区水资源贫乏，人均水资源量仅 1566 立方米，亩均水资源量仅 4042 立方米。特别是沿海半岛(突出部)与海岛，人均水资源量少至 500 立方米，亩均水资源量少至 1000 立方米，属绝对贫水区。

但福建湿地提供淡水资源的质和量正在发生转变，一方面由于水库、河流的淤积等因素造成湿地蓄积水的功能逐步减弱，提供的淡水资源量不断减少；另一方面随着人口数量的不断增加，福建省江河湖库局部水体污染越来越严重。

1.1.2 咸水资源

福建地处沿海，海岸线曲折，入海河流河口海岸区的咸淡水资源以及浅海区的咸水资源丰富。咸水资源主要用于沿海水产养殖场、晒盐池及其他工业生产。

2009 年，福建省近海海域环境状况继续保持良好态势，水质维持在清洁、较清洁水平。近岸海域受污染面积 9664 平方公里，清洁、较清洁、轻度污染、中度污染和严重污染海域面积分别为 7276 平方公里、5060 平方公里、2644 平方公里、3791 平方公里和 3229 平方公里。中度污染和严重污染海域主要分布在宁德沿海近岸、罗源湾、闽江口、泉州湾和厦门沿海近岸局部海域。主要污染物为无机氮、活性磷酸盐和石油类。无机氮和活性磷酸盐污染较重区域主要分布于宁德沿海近岸、罗源湾、闽江口、泉州湾以及厦门沿海近岸局部海域；石油类污染区域主要分布于沙埕港和兴化湾局部海域。

1.2 土地资源

由于福建陆地面积小，人口密度大，历来土地资源紧缺。根据《福建省第二次全国土地调查主要数据成果的公报》(2014 年)，福建省人均耕地面积 0.55 亩，仅占全国人均耕地的 36%。福建沿海港湾众多，海岸线长，滩涂广阔，土地资源开发利用潜力大，据适宜性评价，可围垦滩涂资源约有 4.27 万公顷。围垦主要集中在各港湾内进行，大规模围垦集中在沙埕港、三都湾、罗源湾、闽江河口、福清湾、兴化湾、湄洲湾、泉州湾、九龙江河口与厦门沿海、旧镇港、东山湾和诏安湾等 12 个主要海湾和河口内。

1.3 生物资源

湿地是生产力最高的生态系统之一，人类开发利用湿地生物资源由来已久。生物资源是湿地自然资源的重要组成，包括湿地植物、动物及其他生物群落，有着现实而重大的价值。

1.3.1 湿地植物资源

此次调查发现福建有湿地维管束植物 1351 种(含变种、变型)，隶属 170 科 628 属，其中有野大豆等国家重点保护野生植物 21 种。在湿地植物中具经济价值的种类丰富。一些湿地植物长期以来被人类利用，如公众所喜食的水生蔬菜茭儿菜、菱、藕、茭白、荸荠等；常用作观赏的湿地植物有水烛、菖蒲、水葱、荷花、睡莲、芦竹、美人蕉、慈姑、泽泻、大薸、芦苇、红蓼、野芋、水鳖、菰、苦草、金鱼藻、狐尾藻、黑藻、眼子菜、菹草等。野大豆是开展农业新品种研究的优质种质资源。

1.3.2 湿地动物资源

调查表明，福建省湿地脊椎动物有 847 种。其中，鱼类 466 种，两栖类 46 种，爬行类 102 种，鸟类 199 种，哺乳类 34 种。福建省海岸线长，近海水域辽阔，为各种海洋鱼类的栖息、觅食和产卵提供了不同的生态环境和良好场所，养殖生产条件优越，具有较好的生产力水平。福建有海洋经济鱼类 40 多种，重要经济鱼类 10 多种。以海洋鱼类资源为主体的海洋捕捞在福建省捕捞业中占有重要地位。主要有带鱼、大黄鱼、鳀鳂鱼、绒纹线鳞鲀、鳓鱼、马鲛、绿鳍马面鲀以及鲻鱼、真鲷、黑鲷、黄鳍鲷、石斑鱼类、斑鰶、褐篮子鱼、花鲈、弹涂鱼等。福建淡水鱼类有捕捞价值和养殖种类近80种。经济价值较高或产量较大的捕捞种类，有鲥鱼、香鱼、鳗鲡、鳡鱼、红鳍鲌、黑脊倒刺鲃、马口鱼、大眼华鳊、似鮈、南方拟鳘、厚唇鱼、蛇鮈、纹唇鱼、铲颌鱼类、鳜、胡子鲶、黄颡鱼、鮠类、斑鳢、月鳢等。可供养殖和驯化养殖的种类，如青鱼、草鱼、鲢鱼、鲤鱼、鲫鱼、鲮鱼、鳜、赤眼鳟、黄鳝、泥鳅、胡子鲶、斑鳢、月鳢、香鱼等。这些鱼类既是池塘、水库、河沟、湖泊的养殖对象，又是江河捕捞的重要经济鱼类。

1.4 景观资源

福建湿地类型多，分布广，湿地景观资源丰富。调查共记录湿地型有21型，占全国湿地型的62%。福建沿海有沙石海滩、潮间泥质滩涂、红树林、岩石海岸、河口水域等湿地类型；内陆有湖泊、水库、河流和人工水渠等湿地类型。多样的湿地类型造就了丰富的湿地景观。如沿海有典型的潮间带滩涂湿地风光、沙石海滩、岩石海岸、岛屿、河口等自然景观和红树林、黑脸琵鹭、中华白海豚等生物景观；内陆有湖泊、江河、水库自然景观和河湖沿岸丰厚的人文景观。近年来，湿地游逐渐成为生态旅游的热点。以此为契机，依托各地特色的湿地景观资源，福建省已经建立国家级湿地公园3处，大中型海水浴场多处。此外，如福建泰宁世界地质公园、武夷山九曲溪等景区都整合利用了湿地景观。湿地是这些景区的重要组成部分。

1.5 人文资源

福建湿地开发利用历史悠久。福建的历史，是人与水共存共荣的历史。长期以来，湿地与周边居民相生相息，彼此影响，湿地的人文历史悠久且源远流长，反过来也赋予湿地更深邃的内涵和吸引力。如闽台文化、海上丝绸之路起点、郑和下西洋起点等海洋文化、渔家文化，沿海地区盐田文化、船政文化等等。

1.6 能源资源

福建湿地能源资源主要有风能和水能(含河流水能、潮汐水能、波浪能)资源等。

1.6.1 水能(河流水能)

福建水能目前开发仅有河流水能。福建省河流众多，径流丰沛，落差巨大，蕴藏着丰富的水能资源。据2007年省水电部门资料，福建省水能(河流水能)理论蕴藏量为1168万千瓦，可开发水电装机容量1075.29万千瓦，年可发电量916亿千瓦时。其中可开发的，装机容量在500千瓦以上水力地点1000处，总容量705万千瓦，年可发电量320亿千瓦时，居华东首位。同时，各水系河谷形态上普遍具有峡谷与宽谷相间排列的特点，建坝、建库的条件也特别优越。

1.6.2 风　能

福建沿海总体上受季风气候影响，其年平均风速较大，秋冬季以东北风为主，风向稳定，是风能资源比较丰富的地区。从闽江口到厦门的广大海域，包括海坛海峡、兴化湾、湄洲湾、泉州湾等海湾海峡及区域内的半岛和岛屿是风资源最丰富的地区之一。该区域受台湾海峡“狭管效应”的影响，年平均风速大，风向稳定。根据中国有效风能密度图，福建沿海有效风能密度属于丰富区，为风电发展提供了良好的风能资源条件。

1.6.3 潮汐能

福建省海岸线曲折，港湾多，潮差大，可用于潮汐开发的海域面积达3000多平方公里，蕴藏的潮汐能达1000万千瓦以上，居全国首位。福建省潮汐能资源主要集中于三都澳、福清湾、兴化湾和湄洲湾。这4处可能开发的潮汐能装机容量均超过100万千瓦，合计装机容量604.51万千瓦，占福建省潮汐能装机容量的58.5%。按潮汐能电站规模分类，可开发的装机容量小于0.5万千瓦的有17处，0.5万~5万千瓦的有25处，5万~100万千瓦的有18处，大于100万千瓦的有4处。

1.7 矿产资源

1.7.1 盐

福建于宋元时期就成为我国六大海盐产区之一，沿海湿地区一直是中国重要的海盐生产基地。大型的盐场有漳浦县竹屿盐场、平潭盐场、泉港区山腰盐场、莆田盐场、东山县向阳盐场等。

1.7.2 砂

(1)河砂：福建省河砂资源丰富，质量上乘。包括天然砂、毛角石、碎石、卵石以及加工砂中的标准砂、自来水过滤砂等。其中闽江河砂以其含硅量高，质地纯洁，粗、中、细各种规格齐全等特点是全国唯一定点产销的用于检测水泥强度的标准砂。

(2)滨海砂矿：福建省滨海砂矿主要分布于闽江口以南，有铁砂、钛铁矿、金红石、锆石、独居石、磷钇矿、型砂、标准砂、玻璃砂等，共有矿床21处、矿点77处，总计98处。其中经详查、勘探17处，普查22处，踏勘59处。其中铁砂矿有矿点49处，主要分布于福清湾、海坛岛、兴化湾、湄洲湾、围头湾、东山湾等地；钛铁矿和金红石有4处，其中小型矿床2处，均已普查或勘探；硅砂矿集中分布于海坛岛及深沪湾、东山湾内，包括型砂矿6处，标准砂1处，玻璃用石英砂矿10处；贝壳砂有共6处，多分布于闽江口以北岸段潮间带上(连江坑园和霞浦洪田等)；各类稀有、稀土金属砂矿20余处。

2 湿地资源利用方式及其利用现状

2.1 水资源

福建省水资源利用方式主要包括工业、农业等生产和生活用水，水力发电用水等方面。福建省多年平均社会用水总量达200亿立方米，人均用水量达540立方米，单位地区生产总值用水量140立方米，单位工业增加值用水量127立方米，绝大部分来源于地表水，即河流和库塘等湿地。

目前福建省已建立饮用水源保护区633个，保护面积22.88万公顷，其中湿地面积1.67万公顷。

2.2 土地资源

福建湿地土地资源利用方式主要包括沿海滩涂或浅海水域等围垦为农田、水产养殖场、盐田等，或填海造地为工业生产设施用地、城市建设用地。新中国成立以来，为了缓解福建土地资源紧缺状况，福建沿海近海与海岸湿地被大量围垦。1988 年至 2000 年，福建省沿海滩涂围垦共计有 1.82 万公顷；从 2001 年起围垦速度加快，2001 ~2004 年围垦面积近 2 万公顷；2005 ~2010 年围垦面积 1.55 万公顷。大规模围垦集中在沙埕港、三都湾、罗源湾、闽江河口、福清湾、兴化湾、湄洲湾、泉州湾、九龙江河口与厦门沿海、旧镇港、东山湾和诏安湾等 12 个主要海湾和河口内。

2.3 生物资源

湿地是地球上生产力最高的生态系统，其总体生产力是一般农田的 2 ~4 倍，为人类提供了丰富的食物和生产生活原材料。湖泊、库塘、河流和沿海湿地是鱼类的生存场所，而鱼类是人类蛋白质的重要来源。福建省是全国水产养殖的重要省份之一，水产养殖规模与产值一直位于全国前列。2009 年全省水产品养殖面积达 22.4 万公顷，其中海水养殖面积 13.4 万公顷，淡水养殖面积 9 万公顷。2010 年湿地调查结果显示，福建省湿地 8 公顷以上水产养殖场总面积 8.21 万公顷，包括海水养殖场面积 6.50 万公顷和淡水养殖场面积 1.71 万公顷。在沿海广阔的淤泥质滩涂、浅海水域、河口水域及内陆库塘等湿地可同时捕获或养殖鱼、虾、蟹、贝类等生物资源。此外库塘及河流两岸的坡地，都是牛、马、羊等牲畜的天然牧场，库塘和河流则是鸭、鹅等家畜的天然放养场。

2009 年，仅建宁县莲藕种植面积超过 0.26 万公顷，产量达 2622 吨。2008 年，福建省以稻谷为主的湿地相关植物产量为 652.21 万吨，产值超过 600 亿元。

2.4 景观资源

福建湿地景观资源开发利用正处于快速发展阶段。目前福建 9 个国家重点风景名胜区中有 5 个以湿地景观为主要旅游资源，包括武夷山、厦门鼓浪屿—万石岩、泰宁大金湖、平潭海坛、屏南鸳鸯溪。福建省适合开辟为海滨浴场的沙滩长约 300 千米，已开辟东山马銮湾、厦门港仔后、石狮永宁、晋江衙口、平潭龙王头、长乐下沙等 10 余处，总长 20 多千米为优质海沙滩。福建省已建立国家水利风景区 10 处，包括福清市石竹湖水利风景区、仙游县九鲤湖水利风景区、南平市延平湖水利风景区、永安市桃源洞水利风景区、永泰县天门山水利风景区、德化县岱仙湖水利风景区、尤溪县闽湖水利风景区、龙岩市梅花湖水利风景区、华安县九龙江水利风景区和永定县龙湖水利风景区等。

2.5 能源资源

改革开放以来，福建水能资源开发利用迅猛，全省绝大多数大中型水能资源点已开发结束或正在开发。2010 年全省水电装机 10822 兆瓦，已开发量达 92%。但福建境内多山，微小径流非常多，微水力资源十分丰富，有着发展微水电的自然优势，农村小微水电开发潜力大。

福建沿海风能资源丰富，居全国前列，初步估计沿海风能资源含量为陆地上的 3 ~4 倍。2000 年，随着平潭长江澳风电场和东山澳仔山风电场先后顺利并网投产，福建迈开了风电产业第一步。到 2010 年福建省风电并网装机容量可达 73 万千瓦，绝大部分风电场都建设于沿海湿地及周边地区。“十二五”期间，福建省将开发海上风能研究，于近海建设海上风电场，计划总装机规模达到250万千瓦。

潮汐能是潜在的能源，福建省潮汐能资源虽丰富，但因受人力、物力及技术等因素制约，目前潮汐电站尚未开发利用。

2.6 矿产资源

利用沿海优势，福建海水晒盐业一度发达，大型的盐场有漳浦县竹屿盐场、平潭盐场、泉港区山腰盐场、莆田盐场、东山县向阳盐场等。但近年受经济效益影响，许多盐田被改造为水产养殖场，盐田面积不断缩小。福建省盐田面积仅剩约0.92万公顷，2010年福建省原盐产量约30万吨。

闽江河砂因其质量优异，主要出口日本和我国台湾等地，曾一度采挖过度。2009年，福州市开展闽江下游河道采砂专项整治工作，严控闽江河砂出福州港口，严禁闽江两岸吹砂填地，要求闽江河砂优先供应省、市重点工程使用。2010年，福州市闽江流域闽清、闽侯河段的采砂量将不超过400万立方米(含水口库区清淤100万立方米)，南港疏浚开采400万立方米。

第二节 湿地资源可持续利用前景分析

1 湿地资源可持续利用潜力

福建省沿海港湾众多，浅海水域、淤泥质海滩、河口水域和水产养殖场湿地广阔；内陆河流密布，水系独立完整，库塘多，储藏了丰富的湿地资源。但福建省湿地资源利用技术落后、管理粗放、布局混乱，存在沿海网箱和滩涂养殖规模盲目扩大，致使近岸海水污染严重，影响了水产养殖业的长远发展；海滨浴场、滩涂景观、岛屿景观以及红树林景观等旅游资源开发混乱，旅游产业没有形成统一发展布局，效益低下；各种优质矿砂资源过量开采或非法开采严重；流域内生产生活对河流的污染加剧，优质水资源供给能力减小；小微水电发展混乱，生态受影响严重；沿海风电发展迅猛，潮汐能开发滞后等不利状况。因此，加强福建省湿地资源的保护与可持续利用，首先要开展湿地资源利用与保护方面的研究，特别在新技术的应用、整体性的规划、多层次的开发、经济手段的调节等方向的研究，指导湿地资源开发利用朝着规划布局统一、经营管理集约、技术措施先进的方向发展，最终实现湿地资源可持续利用。

2 湿地资源可持续利用优势

生态文明建设是社会可持续发展的必然要求，也是社会可持续发展的过程和结果。湿地资源可持续利用是建设生态文明的重要组成部分。党的十八届三中全会指出，面对资源约束趋紧、环境污染严重、生态系统退化的严峻形势，必须树立尊重自然、顺应自然、保护自然的生态文明理念，把生态文明建设放在突出地位。要健全自然资源资产产权制度和用途管理制度，划定生态保护红线，实行资源有偿使用制度和生态补偿制度，改革生态环境保护管理体制，努力建设美丽中国，实现中华民族永续发展。近年国家大幅增加了生态建设的投入，推进了一大批生态建设重点工程的建设，带动了我国生态建设快速的发展。生态文明建设要求转变湿地资源利用方式，发展生态产业，合理永续开发利用湿地资源。生态文明建设战略部署是推进湿地资源可持续利用的有利形势，而各项湿地保护工程建设是湿地可持续利用的第一步。全国“十二五”湿地保护规划就湿地保护体系建设、重要生态功能区湿地恢复与综合治理、湿地可持续利用示范、湿地保护管理能力建设等做出了重要部署。福建省“十二五”林业专项发展规划提出强化天然湿地保护与恢复，维护天然湿地主要生态功能，建立湿地自然保护区、保护小区、湿地公园、划定湿地多功能用途区等保护对策，目标是到 2015 年全省自然湿地保护率达到 25% 以上。

3 保障措施

3.1 建立湿地保护与可持续利用的管理协调机制

目前我国的湿地管理主体较多，涉及农业、林业、水利、海洋、国土和环保等多个政府部门，而且湿地管理工作中缺乏相应的政策，再加上各管理机构的管理权限冲突、协调能力差，湿地管理的难度非常大。因此要加强湿地资源的管理工作，建立高效的湿地保护与管理协调机制是关键。为此，有必要在政府部门设置一个能够促进各管理部门协调发展的机制，以便于对湿地资源进行有效的保护和管理。

3.2 建立并完善湿地保护与利用的政策和法制体系

我国的湿地管理工作起步较晚，湿地保护与开发利用相关的法律法规不健全，而相应政策体系也不完善。加快湿地保护的立法进度、制定完善的法制体系是有效保护湿地和实现湿地资源可持续利用的关键。特别是湿地自然保护区和国家级湿地公园等重点湿地生态区，要尽可能实现“一区一法”，有针对性地保护湿地资源可持续利用。而引入湿地生态补偿机制，建立有效的湿地管理经济政策，鼓励并引导人们保护与合理利用湿地、限制破坏湿地，对于湿地资源的保护和合理利用有着重要意义。

3.3 加强湿地资源的综合保护，开展退化湿地的恢复与重建

鉴于福建省湿地资源的现状及存在的问题，需采取多方面有效措施，加强湿地资源的综合保护，开展退化湿地的恢复和重建。要将湿地保护与合理利用纳入水利、海洋等管理规划中，通过实行环境影响评价制度评估湿地资源利用与保护中存在的问题，并以此来寻求解决方案。要制定与水资源保护相关的水资源管理战略，加强水资源开发对湿地生态环境影响的预测和监测，并通过建立最优河流水量分配方式来维持流域重要湿地的自然状态及生态功能。要严格控制湿地周围的污染源、污染物数量和排污途径，而对于已受污染的海域、库塘和河流等，要有计划地进行治理并恢复其生态功能。此外，在不同地区要有重点的选择一些有代表性的退化湿地，开展退化湿地的恢复和重建示范工作，带动全省湿地保护与可持续利用发展。

3.4　加强湿地保护区的建设和管理，保护生物多样性

天然湿地锐减和生物多样性降低是中国湿地所面临的主要威胁之一，而通过建立湿地保护区可使湿地生物及其生境得到有效保护。通过分析评价省内重要湿地生态区生物多样性和生态质量，要进一步推进湿地自然保护区建设布局，建立起布局合理、类型齐全、重点突出、面积适宜的湿地保护区网络体系；并建立完善的湿地保护区管理机制，完善保护和管理设施，提高现有保护区的保护功能，进而使生物多样性得到有效保护。

3.5　加强湿地科学研究，积极开展国际交流与合作

加强湿地科学研究，是认识和了解湿地的主要途径，也是促进湿地保护与可持续利用的重要保证。通过基础研究和应用研究，可对湿地的类型、特征、功能、价值和威胁等有更为全面和深入的了解，从而为湿地保护奠定科学基础。当前，湿地保护已成为国际社会关注的热点，而福建湿地与台湾和港澳地区湿地有着很多共性，与俄罗斯远东地区、日本、韩国、朝鲜、澳大利亚、新西兰等国家有相同的鸟类迁徙种群。因此，要积极开展湿地研究的国际交流与合作，通过引进国外先进的技术和管理经验，积极开展湿地资源监测与评价，预测其发展趋势，从而为湿地资源的有效管理与合理利用提供科学依据。

第五章
湿地资源评价

第一节
湿地生态状况

1　水环境状况

1.1　江河水质状况

福建主要江河水系水质状况总体良好。根据《2010年福建省水资源公报》，依《地表水环境质量标准》(GB3838—2002)对全省7个主要水系102个断面进行评价：在3535公里河长中，Ⅰ类至Ⅲ类水质河段为3027公里，所占比例为85.6%；污染(Ⅳ类、Ⅴ类及劣Ⅴ类)河段为508公里，比例为14.4%，较2009年减少7%。水体超标项目为氨氮、溶解氧、总磷、五日生化需氧量及高锰酸盐指数等。

闽江符合和优于Ⅲ类水质河段为1560公里，占评价河长的92.7%。污染主要分布在支流大樟溪凤洋河段、古田溪莲桥河段、闽江下游魁岐马尾河段，主要污染物为氨氮。

九龙江符合和优于Ⅲ类水质河段为421公里，占评价河长的71%。污染主要分布在龙岩东兴—漳平河段、西溪龙山河段、西溪桥闸河段及干流石码河段，主要超标项目为氨氮、总磷、溶解氧。

汀江符合和优于Ⅲ类水质河段为367公里，占评价河长的78.9%。污染主要分布在支流黄潭河石铭及中山河武平城关河段，主要超标项目为氨氮、总磷、高锰酸盐指数。

晋江符合和优于Ⅲ类水质河段为227公里，占评价河长的84.4%。污染主要分布在上游永春河段，主要超标项目为氨氮。

交溪符合和优于Ⅲ类水质河段为99公里，占评价河长的90%。污染主要分布在周宁城关河段，主要超标项目为氨氮。

木兰溪符合和优于Ⅲ类水质河段为86公里，占评价河长的61%。污染主要分布在仙游鲤城、莆田新度、莆田涵江及支流延寿溪东圳河段，其中涵江段污染严重，主要超标项目为氨氮、总磷、溶解氧、高锰酸盐指数及五日生化需氧量。

闽东诸河 158 公里监测河段全部符合和优于Ⅲ类水质。

闽南诸河符合和优于Ⅲ类水质河段为 109 公里，占评价河长的 91.6%。污染主要分布在同安西溪新西桥河段，主要超标项目为氨氮、总磷、溶解氧。

1.2 水库及水源地水质状况

福建省 20 座大型水库中，2010 年全年期评价水质符合Ⅰ至Ⅱ类水质的有 12 座，符合Ⅲ类水质的有 7 座；东圳水库轻度污染，水质为 Ⅳ 类。此外，惠女水库、沙溪口水库、古田一级水库在枯水期或丰水期的部分时段出现 Ⅳ 类轻度污染。营养状况评价结果显示全年评价期内惠女水库、南一水库、峰头水库处于轻度富营养化状态，丰水期内山仔水库、东圳水库、东张水库处于轻度富营养化状态，其余水库均为中营养状态。

目前福建省已建立饮用水源保护区 633 个，保护面积 22.88 万公顷，其中湿地面积 1.67 万公顷。全省 14 个主要集中式生活饮用水水源地中，2010 年全年 100% 达到Ⅲ类水质标准的有龙岩北门水厂和宁德金涵水库，水质较差的是福州闽江北港鳌峰洲、南平闽江西溪新建桥、建溪安丰 3 处水源地，主要超标项目为大肠菌群、氨氮、溶解氧、铁和锰。

1.3 近海及海岸湿地水质状况

2009 年，福建省近海清洁、较清洁、轻度污染、中度污染和严重污染海域面积分别为 7276 平方公里、5060 平方公里、2644 平方公里、3791 平方公里和 3229 平方公里。受污染海域面积共 9664 平方公里，占近海海域总面积的 43.9%。其中，中度污染和严重污染海域主要分布在宁德沿海近岸、罗源湾、闽江口、泉州湾和厦门沿海近岸局部海域，主要污染物为无机氮、活性磷酸盐和石油类。石油类污染区域主要分布于沙埕港和兴化湾局部海域。

2009 年，福建省 13 个主要海湾中有 9 个处于富营养化状态，其中 7 个海湾为严重富营养状态。除沙埕港、兴化湾局部海域经常出现石油类超标现象外，其他海湾仅在个别月份呈现超标现象。与 2008 年相比，闽江口、兴化湾、湄洲湾和厦门湾水环境质量有所改善，但沙埕港、三沙湾、罗源湾和福清湾水环境质量有所下降。

1.4 福建水资源的脆弱性

福建省淡水资源虽质量较好，但脆弱性较高。水资源存在时空分布十分不均，呈现出地区性明显差异。如山区淡水资源丰富，沿海相对较少，闽西北地区淡水资源丰富，人均淡水资源量 7224 立方米，亩均淡水资源量 7281 立方米；东南沿海地区淡水资源贫乏，人均淡水资源量仅 1566 立方米，亩均淡水资源量仅 4042 立方米。特别是沿海半岛（突出部）与海岛，人均淡水资源量少至 500 立方米，亩均淡水资源量少至 1000 立方米，属绝对贫水区。闽东南沿海由于人口密集、经济较为发达，淡水资源供需平衡矛盾十分突出。从时间分布看，水资源量年际变化大，最大值与最小值之比一般为 2 ~4 倍。年内分配集中于汛期，汛期 4 ~9 月占全年水量的 75% ~80%，枯水期 10 月至翌年 3 月水量只占 20% ~25%。水资源汛枯相差悬殊，而且汛期来水又往往集中在几场洪水过程中。由于径流年际和年内变化大，造成福建省洪涝、干旱灾害频繁发生。近年来，随着城市化进程的加快，生产、生活用水量不断增加，与湿地生态需水的矛盾日益突出。加之不断增加的污染物排放量对水质的持续威胁，福建省水资源问题面临的严峻挑战不容忽视。

2　各重点调查湿地的生态状况

参照《全国湿地资源调查技术规程（试行）》及《福建省湿地资源调查实施细则》，结合福建湿地特点，确定福建省重点调查湿地共48处，其中：国际重要湿地1处、国家重要湿地6处、湿地类型自然保护区21处（含国际重要湿地和国家重要湿地各1处，其中国家级3处、省级7处、市县级11处）、国家级湿地公园3处和其他具有特殊保护意义的湿地19处。福建省重点调查湿地总面积为45.67万公顷，占福建省湿地面积52.43%。自然湿地面积36.59万公顷，占重点调查湿地面积的80.13%，其中近海与海岸湿地面积36.46万公顷，占重点调查湿地总面积的79.83%；河流湿地面积0.13万公顷，占重点调查湿地总面积的0.29%；人工湿地面积9.08万公顷，占重点调查湿地总面积的19.87%。重点调查湿地类型及面积，见表5-1。

表5-1　福建省重点调查湿地面积统计

湿地类	湿地型	面积（公顷）	比例（%）
近海与海岸湿地	浅海水域	159681.24	34.96
	珊瑚礁	363.45	0.08
	岩石海岸	9659.73	2.12
	沙石海滩	25409.62	5.56
	淤泥质海滩	56271.65	12.32
	潮间盐水沼泽	10455.63	2.29
	红树林	1184.02	0.26
	河口水域	57426.23	12.57
	三角洲/沙洲/沙岛	44018.86	9.64
	海岸性淡水湖	120.58	0.03
	小　计	364591.01	79.83
河流湿地	永久性河流	1339.98	0.29
	小　计	1339.98	0.29
人工湿地	库　塘	31212.19	6.83
	水产养殖场	51743	11.33
	盐　田	7802.76	1.71
	小　计	90757.95	19.87
总　计		456688.94	100

福建省重点调查湿地涉及闽南诸河、闽江、闽东诸河和韩江及粤东诸河等4个二级流域，主要分布在滨海区域。滨海湿地区重点调查湿地面积占重点调查湿地总面积的93.23%，占福建省湿地总面积的48.88%。重点调查湿地分别属于东山湾湿地区、三都湾湿地区、福清湾湿地区、深沪湾湿地区、九龙江河口湿地区、厦门海域湿地区、闽江河口湿地区、泉州湾湿地区、东山珊瑚礁湿地区、大黄鱼繁育增殖保护湿地区、海蚌资源增殖保护湿地区、沙埕港湿地区、罗源湾湿

地区、兴化湾湿地区、平海湾湿地区、湄洲湾湿地区、围头湾湿地区、旧镇港湿地区、诏安湾湿地区、洪口水库湿地区、水口水库湿地区、山仔水库湿地区、街面水库湿地区和棉花滩水库湿地区等24个单独湿地区，以及平潭县、福清市、城厢区、清流县、泰宁县、永安市、南安市、云霄县、漳浦县、武夷山市、新罗区、霞浦县、古田县、寿宁县和福鼎市等15个零星湿地区。

3　各重点调查湿地生态状况综合评价

3.1　湿地生态状况综合评价方法

湿地生态状况直接反映湿地生态系统的健康水平，也是评价湿地生态功能是否正常发挥和满足人类需要的重要依据。依据福建省湿地资源调查成果数据，综合利用反映湿地生态状况的自然湿地面积、生物多样性、水环境，及湿地利用和受威胁状况等方面指标，采用层次分析方法(AHP)和德尔菲法，对评价指标进行分级、赋值并确定权重，建立湿地生态状况综合评价体系(表5-2、表5-3)。

表5-2　湿地生态状况评价指标体系

一　级	二　级	三　级	
自然指标	景观指标	自然湿地率	自然湿地面积/湿地总面积
		湿地密度	平均斑块面积/湿地总面积
		湿地斑块密度	湿地斑块数/湿地总面积
	生物多样性指标	单位面积物种多度	物种数量/湿地面积
		植被覆盖度	植被面积/湿地面积
		外来入侵种	有、无
	水环境指标	污染物 D 有、无	
		富营养	贫、中、富3级
		水质级别	Ⅰ、Ⅱ、Ⅲ、Ⅳ、Ⅴ5级
人为干扰指标	社会指标	人口密度	人口数量/重点调查面积
		利用情况	工、农、水、未4级
	威胁指标	威胁因子数量	数量
		威胁程度	安全、轻、重3级

各指标计算方法如下：

(1)自然湿地率、湿地密度、湿地斑块密度、单位面积物种多度、植被覆盖度、人口密度6个指标根据大小分为五级，分别赋值1、3、5、7、9，指标值越高表示的生态状况越好。

(2)外来物种入侵、污染物输入两个指标分两个等级，“有”赋值2；“无”赋值8。

(3)营养状况分三级，贫营养赋值8，中营养赋值5，富营养赋值2。

(4)水质级别分五级，分别赋值9、7、5、3、1。

(5)利用情况分四级，工业(城市建设)赋值3；农业(种植、牧业、林业)及旅游业赋值5；水源地赋值7；未利用赋值9。

(6)威胁因子数量，分为十级，采用“10－数量”进行赋值。

(7)威胁程度分为三级，安全赋值8，轻度赋值5，重度赋值2。

根据统计学累计求和公式，计算每处重点调查湿地生态状况综合得分：

$$综合得分 = \sum 指标因子赋值 \times 指标权重$$

根据综合得分，对重点调查湿地的生态状况进行综合评定，再利用统计学的自然断点法对重点调查湿地的生态状况综合得分进行划分，分为好、中、差3个等级。

表5-3 湿地生态状况评价因子及权重

一 级	权 重	二 级	权 重	因 子	权 重
自然指标	0.6	景观指标	0.10	自然湿地率	0.030
				湿地密度	0.012
				湿地斑块密度	0.018
		生物多样性指标	0.45	单位面积鸟类多度	0.108
				植物覆盖度	0.108
				外来物种入侵情况	0.054
		水环境指标	0.45	污染物输入情况	0.094
				水质级别	0.176
人为干扰指标	0.4	社会指标	0.40	人口密度	0.064
				湿地利用情况	0.096
		威胁指标	0.60	湿地威胁因子数量	0.084
				湿地受威胁程度	0.156

3.2 各重点调查湿地生态状况评价结果

根据湿地生态状况综合评价方法，福建省各重点调查湿地的综合评价得分计算列于表5-4中。根据自然断点法，判定得分5.02分以上的湿地生态状况为好；得分4.00～5.02分的湿地生态状况为中；得分4.00分以下的湿地生态状况为差。

福建省总计48处重点调查湿地中，生态状况为好的有14处，生态状况为中的有21处，生态状况为差的有13处。其中平潭三十六脚湖等18处淡水湿地中，生态状况为好的有12处，生态状况为中的有6处；而三都湾等30处近海海岸湿地中，生态状况好的仅有2处，生态状况中的15处，生态状况差的13处。福建省的淡水湿地以人工库塘为主，多建于人口密度低的内陆山区，作为水源地或水力发电使用，受人类活动干扰及工业城市污染较小，因此普遍未受大的破坏；而近海海岸湿地多靠近城市人口密集地带，成为人类土地、食物、景观需求的重要来源及污染物排放场所，普遍遭到侵占、分割、污染和过度利用，不同程度地丧失了原有的生态价值。但是福建省近海海岸湿地面积占湿地总面积的大多数，生物多样性丰富，珍稀濒危物种多，是候鸟主要的

表 5-4　福建省各重点调查湿地生态状况得分与评价

重点调查湿地名称	自然湿地率	湿地密度	湿地斑块密度	单位面积物种多度	植被覆盖度	人口密度	外来物种入侵	污染物输入	水质级别	利用状况	威胁因子数量	威胁状况	综合得分	评价
国际/国家重要湿地														
福建漳江口红树林国家级自然保护区	5	5	3	7	5	5	2	2	1	5	8	5	4.284	中
三都湾国家重要湿地	7	1	5	1	5	7	2	2	2	3	4	2	2.992	差
福清湾国家重要湿地	5	3	7	1	1	3	2	2	3	3	5	5	3.032	差
泉州湾国家重要湿地	9	3	5	3	3	3	2	2	1	3	4	2	2.644	差
深沪湾国家重要湿地	9	7	7	3	1	1	2	2	5	5	8	5	4.084	中
九龙江河口国家重要湿地	5	3	5	1	5	5	2	2	1	5	7	2	3.096	差
东山湾国家重要湿地	9	3	7	1	3	5	2	2	3	3	5	2	3.028	差
自然保护区湿地														
福建厦门海洋珍稀物种国家级自然保护区	9	3	7	1	3	1	8	2	2	3	7	2	3.088	差
福建闽江河口湿地省级自然保护区	9	5	5	7	7	3	2	2	1	5	7	5	4.444	中
福建泉州湾河口湿地省级自然保护区	9	3	5	3	7	1	2	2	1	3	6	5	3.584	差
福建龙海九龙江口红树林省级自然保护区	9	7	1	9	9	3	2	2	1	5	6	5	4.744	中

（续）

重点调查湿地名称	自然湿地率	湿地密度	湿地斑块密度	单位面积物种多度	植被覆盖度	人口密度	外来物种入侵	污染物输入	水质级别	利用状况	威胁因子数量	威胁状况	综合得分	评价
福建东山珊瑚礁省级自然保护区	9	5	3	1	1	1	2	8	6	5	9	5	4.596	中
福建平潭三十六脚湖省级自然保护区	9	9	3	9	3	5	8	2	6	7	9	5	5.932	好
福建宁德官井洋大黄鱼繁育增殖保护区	9	5	3	3	3	7	2	2	3	5	7	5	4.152	中
福建长乐海蚌资源增殖保护区	9	7	9	1	1	3	8	8	6	5	7	5	5.012	中
福建福鼎台山列岛市级自然保护区	9	7	1	9	3	3	8	8	7	5	8	5	6.208	好
福建环三都澳湿地水禽红树林市级自然保护区	9	5	3	7	5	7	2	2	2	5	8	5	4.708	中
福建古田人工湖市级自然保护区	1	9	9	5	1	7	8	2	5	3	9	5	4.72	中
福建霞浦福宁湾水禽县级保自然护区	9	5	9	1	3	7	2	8	4	3	8	5	4.676	中
福建福清兴化湾鸟类县级自然保护区	5	7	5	7	5	1	2	2	5	3	7	5	4.516	中
福建寿宁小托水库县级自然保护区	1	9	1	9	3	3	8	2	5	7	9	5	5.352	好

（续）

重点调查湿地名称	自然湿地率	湿地密度	湿地斑块密度	单位面积物种多度	植被覆盖度	人口密度	外来物种入侵	污染物输入	水质级别	利用状况	威胁因子数量	威胁状况	综合得分	评价
福建泰宁金湖县级自然保护区	3	7	7	3	1	9	8	2	5	3	7	5	4.464	中
福建清流九龙溪县级自然保护区	9	9	7	7	1	9	8	8	5	7	7	5	6.048	好
福建永安安砂湿地县级自然保护区	1	9	7	5	1	9	8	8	5	3	8	5	5.292	好
福建福清东张水库鸟类县级自然保护区	1	9	7	7	1	7	8	2	5	7	9	5	5.284	好
福建漳浦眉力鸟类县级自然保护区	1	9	5	7	7	7	8	8	5	7	9	8	6.928	好
湿地公园														
福建宁德东湖国家湿地公园	5	7	3	9	5	3	2	2	3	5	8	5	4.748	中
福建长乐闽江河口国家湿地公园	5	7	1	9	7	1	2	8	1	5	8	5	5.012	中
福建龙海九龙江口国家湿地公园	9	7	3	9	7	1	2	2	1	5	7	8	4.988	中
其他重点调查湿地														
沙埕港湿地	7	3	3	3	3	5	2	2	1	5	7	5	3.588	差
罗源湾湿地	5	3	7	1	3	5	2	2	2	3	5	5	3.2	差
闽江河口湿地	9	1	7	1	3	1	2	2	1	3	6	5	2.948	差
兴化湾湿地	7	1	7	1	1	3	2	2	3	3	5	2	2.6	差
平海湾湿地	7	5	7	1	1	1	8	8	6	5	8	8	5.316	好

（续）

重点调查湿地名称	自然湿地率	湿地密度	湿地斑块密度	单位面积物种多度	植被覆盖度	人口密度	外来物种入侵	污染物输入	水质级别	利用状况	威胁因子数量	威胁状况	综合得分	评价
湄洲湾湿地	7	3	7	1	1	1	2	2	6	3	6	2	3.108	差
围头湾湿地	7	5	7	1	3	1	2	2	7	3	7	2	3.608	差
旧镇港湿地	5	5	7	1	3	3	8	2	4	5	6	5	4.048	中
诏安湾湿地	7	3	7	1	1	5	8	2	5	5	5	5	4.088	中
水口水库湿地	1	7	9	3	3	9	2	2	5	5	7	5	4.524	中
东溪水库湿地	1	9	7	9	3	9	8	2	5	5	9	5	5.652	好
洪口水库湿地	1	9	7	7	1	9	8	2	6	5	9	5	5.396	好
山仔水库湿地	1	7	5	9	3	9	8	2	5	5	9	5	5.592	好
街面水库湿地	1	7	7	3	1	7	8	8	7	5	8	8	5.936	好
东圳水库湿地	1	9	9	5	1	7	8	2	5	5	8	5	4.828	中
山美水库湿地	1	9	9	5	1	7	8	2	5	7	8	5	5.02	中
万安水库湿地	1	9	7	7	3	9	8	2	5	5	8	5	5.352	好
棉花滩水库湿地	1	7	9	3	3	7	8	2	5	5	8	5	4.804	中
峰头水库湿地	1	9	7	7	5	7	2	8	5	7	8	5	5.872	好

集中越冬、迁徙和繁殖地，生态价值远较内陆淡水湿地为大。因此，福建湿地的整体生态状况不容乐观。

7 处国际或国家级重要湿地中，除已建立国家级自然保护区的漳江口红树林国际重要湿地生态状况尚可外，其余 6 处湿地中有 5 处生态状况为差。进一步表明了福建省湿地价值与人类需求间存在着显著的矛盾，生态价值越高的湿地越是受到人类活动的干扰和破坏。

23 处湿地自然保护区及湿地公园中，除了厦门海洋珍稀物种国家级自然保护区和泉州湾河口湿地省级自然保护区两处生态状况较差外，其余湿地生态状况均为好或者中，表明自然保护区的设立对湿地生态的保护起到了显著的作用。因此，尽早规划建立自然保护区，对于改善其他生态现状不佳的重要湿地的生态状况，使其不再进一步恶化具有重要意义。

第二节 湿地受威胁状况

1　湿地面临的主要威胁

人类活动对湿地资源的威胁常见的有 12 类，即基建和城市化、围垦、泥沙淤积、污染、过度捕捞和采集、非法狩猎、水利工程和引排水的负面影响、盐碱化、外来物种入侵、过牧、森林过度采伐、沙化。由于长期以来人们对湿地生态价值认识不足，加上保护管理能力薄弱，福建省存在湿地面积逐步减少、生态质量逐步降低、生态功能逐步退化的不良趋势。目前福建省湿地面临的主要威胁叙述如下。

1.1　基建与城市化导致近海与海岸湿地减少

福建沿海地区经济发达、人口密度大，为了缓解用地矛盾，不得不大量围垦近海及海岸湿地作为城市及工业建设用地，这是当前福建省近海与海岸湿地面临的最大威胁。1950～2000 年福建省围垦湿地 979 块，面积 8.69 万公顷，年平均围垦 0.17 万公顷。从 2001 年起围垦速度加快，2001～2004 年围垦面积近 2 万公顷；2005～2010 年围垦面积 1.55 万公顷。近 10 年年平均围垦约 0.36 万公顷。大规模围垦集中在沙埕港、三都湾、罗源湾、闽江河口、福清湾、兴化湾、湄洲湾、泉州湾、九龙江河口与厦门沿海、旧镇港、东山湾和诏安湾等 12 个主要海湾和河口内。围垦造成近海与海岸自然湿地面积缩小、海湾水动力改变，导致湿地珍稀鸟类和水生动物的栖息地减少，以及水文、底质条件发生变化，许多生态地位重要的湿地和有重要价值的水产种苗场和繁育地遭到破坏，湿地生态系统功能减弱，自我调节能力降低，对湿地生态系统造成了严重影响。

1.2　湿地污染较为严重

污染是福建湿地特别是水库湖泊湿地的主要威胁。畜禽养殖业和城市生活污水为主要污染源，造成城市过境河段、局部流域、湖库和近岸海域的氮、磷污染物超标；海洋养殖密度过大，加剧了海水氮、磷超标程度；港口建设和石油化工的兴起，加大了海湾的石油污染和潜在溢油事故风险。

福建省通过各流域水环境综合整治，全省 12 条主要水系水质有所好转，但部分流域小支流水质污染问题仍较突出，城市内河水质污染问题未从根本上解决。

福建省湖泊、水库湿地的水质大部分为中营养状态，个别为贫营养状态和轻度富营养状态。2001 年以前大部分湖库水质为Ⅳ类至劣Ⅴ类；2008 年全省 11 个主要湖泊水库水域功能达标率为 59.5%，2009 年达标率为 56.5%，2010 年为 56.1%，近年水质呈下降趋势。湖泊水库水质污染问题依旧存在。

福建省近海与海岸湿地水质污染仍较严重。2010 年上半年，全省 13 个主要海湾达到清洁海域水质标准的比例为 10.9%，较清洁海域比例为 13.5%，轻度污染海域比例为 12.5%，中度污染海域比例为27.9%，严重污染海域比例为35.2%。主要污染物为无机氮、活性磷酸盐和粪大肠菌群。2010年上半年，福建海域共发现赤潮14起，累计面积2637平方公里。

1.3 过度捕捞与采集造成湿地生物资源枯竭

随着人口密度的增加，除了沿海滩涂围垦和水质污染造成生物资源总量下降外，湿地生物资源过度开发利用又加剧了生物资源量下降的趋势。特别是近年来捕鱼网具和技术日益高效，捕鱼船只增多、捕捞强度加大，天然鱼类资源日趋衰减，渔获量不断减少，种类日趋单一，种群结构幼龄化、小型化，湿地生物多样性受到严重威胁。

1.4 外来有害生物入侵范围扩大

有害生物入侵对福建湿地生态造成较大危害，包括改变水生生态系统、威胁生物多样性和本土物种生存、影响淤泥质海滩水产养殖等。目前，有害生物入侵呈加重态势，以互花米草和凤眼莲造成的危害最大。2010年，互花米草分布总面积达0.92万公顷，是2006年的2.2倍，主要分布在沿海的三都湾、泉州湾河口、罗源湾、闽江河口、东山湾、敖江河口、围头湾、九龙江河口和厦门沿海等区域，对湿地生态系统及生物多样性构成威胁；凤眼莲主要分布在内陆的水口水库、沙溪和同安双溪等区域，不同程度阻塞河道，阻碍了发电、泄洪和水产养殖，并导致湿地生态系统破坏。

1.5 水利工程建设对河流湿地造成负面影响

福建省现有大中型水库823座。水利工程修建完成后，在存储汛期洪水的同时也截留了非汛期的水流，导致下游河道水流大幅度下降，甚至导致断流引发其周围地下水位下降、河流入海口水位下降、河口淤积或海水倒灌及河流自净能力下降等。水利工程的修建也会改变河流的自然形态，导致局部河流水深、含沙量等的变化，进而将会导致下游的水文泥沙发生变化，对河流湿地的原始生态造成干扰。例如水口水库的建设使闽江口岸线发生了变化，造成流速减小，冲刷力减弱，对闽江河口的河床改变能力降低，泥沙淤积加剧，同时也造成水库下游生物多样性的改变。

2 重点调查湿地受威胁状况

2.1 福建省国际重要湿地受威胁状况

福建省目前已获批的国际重要湿地有福建漳江口红树林国家级自然保护区1处。该自然保护区湿地在20世纪70～80年代受围垦、泥沙淤积、过度捕捞等影响严重，但自然保护区建立以来，湿地已经得到有力保护，目前主要威胁为水质污染和互花米草等外来物种入侵。综合受威胁等级为轻度。

2.2 福建省国家重要湿地受威胁状况

福建省纳入《中国湿地保护行动计划》的国家重要湿地有三都湾、福清湾、泉州湾、深沪湾、九龙江河口和东山湾湿地6处。这6处重要湿地均为近海及海岸湿地，面临的共同威胁因子是基建和城市建设、外来物种入侵、污染、围垦、过度捕捞和采集等。其中三都湾湿地、泉州湾湿地、九龙江河口湿地、东山湾湿地受威胁程度为重度；福清湾湿地、深沪湾湿地受威胁程度为轻度。三都湾、泉州湾、东山湾湿地受基建围垦影响大；而随着近年来交通航运业的发达，许多高速快艇对九龙江两岸造成严重冲刷，是九龙江河口湿地面临的另一大威胁。

2.3 其他自然保护区湿地受威胁状况

除上述重要湿地外，福建省还设有各级湿地类型自然保护区 19 处。其中福建厦门海洋珍稀物种国家级自然保护区受威胁程度为重度。厦门过往船只对中华白海豚等珍稀海洋生物影响很大；白氏文昌鱼数量受水利工程(海堤)建设和过度捕捞的影响大为下降，资源几近枯竭；兴建码头、围垦等建设项目，造成水鸟栖息地和食物的减少，严重地威胁着厦门海域的鸟类栖息和越冬。

其余市县级自然保护区除福建漳浦眉力鸟类县级自然保护区处于安全状态外，威胁程度均为轻度。各保护区面临的主要威胁因子列举如下：

福建闽江河口湿地省级自然保护区，主要威胁因子包括泥沙淤积、水污染、外来物种入侵等。

福建泉州湾河口湿地省级自然保护区，主要威胁因子包括基建与城市建设、污染、泥沙淤积和外来物种入侵等。

福建龙海九龙江口红树林省级自然保护区，主要威胁因子为外来物种入侵、水质污染、泥沙淤积和航运引发的波浪冲刷等。

福建东山珊瑚礁省级自然保护区，主要威胁因子为过度捕捞和采集(珊瑚采集)。

福建平潭三十六脚湖省级自然保护区，主要威胁因子为污染。

福建宁德官井洋大黄鱼繁育增殖保护区，主要威胁因子包括外来物种(互花米草)入侵、污染、过度捕捞。

福建长乐海蚌资源增殖保护区，主要威胁因子包括泥沙淤积和海蚌资源过度捕捞。

福建福鼎台山列岛市级自然保护区，主要威胁因子包括基建、过度捕捞和采集。

福建环三都澳湿地水禽红树林市级自然保护区，主要威胁因子是水质污染、互花米草入侵。

福建古田人工湖市级自然保护区，主要威胁因子为污染。

福建霞浦福宁湾水禽县级自然保护区，主要威胁因子是围垦、外来物种入侵等。

福建福清兴化湾鸟类县级自然保护区，保护区湿地主要威胁因子包括围垦、污染、外来物种入侵。

福建寿宁小托水库县级自然保护区，主要威胁因子为污染。

福建泰宁金湖县级自然保护区，主要威胁因子包括泥沙淤积、污染及旅游业干扰。

福建清流九龙溪县级自然保护区，主要威胁因子为过度捕捞及放牧。

福建永安安砂湿地县级自然保护区，主要威胁因子为过度捕捞及养殖污染。

福建福清东张水库鸟类县级自然保护区，主要威胁因子为污染。

2.4 湿地公园受威胁状况

福建省共建立宁德东湖国家湿地公园、长乐闽江河口国家湿地公园、九龙江河口湿地公园3个国家级湿地公园。三处湿地公园均为河口海岸湿地。宁德东湖国家湿地公园主要威胁因子是水质污染和外来物种互花米草入侵，长乐闽江河口国家湿地公园主要威胁因子包括泥沙淤积和外来物种入侵，二者的受威胁程度轻度；九龙江河口湿地公园没有大的外来威胁，处于安全状态。

2.5 其他重点调查湿地受威胁状况

根据重点调查湿地标准，福建省还有其他具有特殊保护意义的湿地19处。

其中受威胁程度为重度的湿地共3处，包括：

兴化湾湿地，属于近海与海岸湿地，主要威胁因子包括围垦、基建与城市建设、水质污染以及不正确的海水养殖等，其中莆田市三江口工业园区建设计划围垦湿地31平方公里。

湄洲湾湿地，属于近海与海岸湿地，主要威胁因子包括围垦、水质污染、外来物种入侵以及围网养殖、滩涂养殖为主的其他威胁因子，特别是外走马埭围垦面积达3693公顷。

围头湾湿地，属于近海与海岸湿地，主要威胁因子包括围垦、污染和外来物种入侵。晋江拟在此建设围头湾生态城，围垦4100公顷湿地。

受威胁程度为轻度的湿地共14处，包括：

沙埕港湿地，属于近海与海岸湿地，主要威胁因子包括围垦、污染、外来物种入侵。

罗源湾湿地，属于近海与海岸湿地，主要威胁因子包括围垦、基建与城市建设、泥沙淤积、水质污染和外来物种入侵。

闽江河口湿地，属于近海与海岸湿地，主要威胁因子包括基建与城市建设、水质污染、泥沙淤积和外来物种入侵。

旧镇港湿地，属于近海与海岸湿地，主要威胁因子包括围垦、污染、外来物种入侵和以围网养殖为主的其他威胁因子。

诏安湾湿地，属于近海与海岸湿地，主要威胁因子包括围垦、污染、外来物种入侵、过度捕捞和采集、泥沙淤积和以围网养殖为主的其他因子。

水口水库湿地，属于人工（水库）湿地，主要威胁因子包括泥沙淤积、污染、外来物种入侵等。

洪口水库湿地，属于人工（水库）湿地，主要威胁因子为污染。

东溪水库湿地，属于人工（水库）湿地，主要威胁因子为污染。

山仔水库湿地，属于人工（水库）湿地，主要威胁因子为污染。

东圳水库湿地，属于人工（水库）湿地，主要威胁因子为污染及水土流失。

山美水库湿地，属于人工（水库）湿地，主要威胁因子为污染及泥沙淤积。

万安水库湿地，属于人工（水库）湿地，主要威胁因子为污染及泥沙淤积。

棉花滩水库湿地，属于人工（水库）湿地，主要威胁因子为污染及泥沙淤积。

峰头水库湿地，属于人工（水库）湿地，主要威胁因子为泥沙淤积。

处于安全状态的湿地共2处，包括：

平海湾湿地，属于近海与海岸湿地，稍受围垦、养殖影响。

街面水库湿地，属于人工(水库)湿地，稍受泥沙淤积、水产养殖影响。

第三节 湿地资源变化及其原因分析

1　福建湿地资源变化情况

1.1　第一、二次全省湿地资源调查结果

1.1.1　1996～2000 年第一次全省湿地资源调查结果

全省共有湿地 44.30 万公顷，其中自然湿地 42.12 万公顷，占湿地总面积 95.08%；人工湿地 2.18 万公顷，占湿地总面积 4.92%。自然湿地中，湖泊湿地 1.95 万公顷，河流湿地 3.11 万公顷，近海与海岸湿地 37.06 万公顷；人工湿地中，库塘湿地 2.18 万公顷。

1.1.2　2010 年第二次全省湿地资源调查结果

全省共有湿地 87.10 万公顷，其中自然湿地 71.12 万公顷，占湿地总面积 81.65%；人工湿地 15.98 万公顷，占湿地总面积 18.35%。自然湿地中，近海与海岸湿地 57.56 万公顷，河流湿地 13.51 万公顷，湖泊湿地 0.03 万公顷，沼泽湿地 0.02 万公顷；人工湿地中，库塘湿地 6.58 万公顷，人工河流湿地(运河/输水河)0.27 万公顷，水产养殖场 8.21 万公顷，盐田 0.92 万公顷。

两次湿地资源调查结果比较见表 5-5。

表 5-5　两次湿地资源调查结果比较表

湿地类型		1996～2000 年		2010 年	
		面积(万公顷)	比例(%)	面积(万公顷)	比例(%)
自然湿地	近海与海岸湿地	37.06	83.66	57.56	66.09
	河流湿地	3.11	7.02	13.51	15.51
	湖泊湿地	1.95	4.40	0.03	0.03
	沼泽湿地			0.02	0.02
	小　计	42.12	95.08	71.12	81.65
人工湿地	库塘	2.18	19.00	6.58	7.56
	运河/输水河			0.27	0.30
	水产养殖场			8.21	9.43
	盐田			0.92	1.06
	小　计	2.18	4.92	15.98	18.35
总　　计		44.30	100	87.10	100

1.2　100 公顷以上湿地资源变化情况

第一次湿地资源调查范围是面积在 100 公顷以上湿地，为科学比较两次湿地资源调查成果，对第二次湿地资源调查成果只统计 100 公顷以上湿地面积，则全省湿地面积为 67.42 万公顷，占全省第二次湿地资源调查湿地面积总数的 82.87%。在 100 公顷以上湿地中，自然湿地面积 55.88 万公顷，其中近海与海岸湿地 49.68 万公顷、河流湿地 6.18 万公顷、湖泊湿地 0.02 万公顷；人工湿地面积 11.55 万公顷，其中库塘湿地 7.21 万公顷、运河/输水河 0.01 万公顷、水产养殖场 8.69 万公顷、盐田 1.22 万公顷。

如果只统计面积 100 公顷以上的湿地，与第一次湿地调查结果相比，第二次湿地调查湿地面积有一定增加，各湿地类型面积有较大变化(表 5-6)。

表 5-6　100 公顷以上湿地资源调查结果比较表

湿地类型		1996～2000 年		2010 年	
		面积(万公顷)	比例(%)	面积(万公顷)	比例(%)
自然湿地	近海与海岸湿地	37.06	83.66	49.68	73.69
	河流湿地	3.11	7.02	6.18	9.17
	湖泊湿地	1.95	4.40	0.02	0.03
	沼泽湿地				
	小　计	42.12	95.08	55.88	82.87
人工湿地	库塘	2.18	19.00	4.86	7.21
	运河/输水河			0.01	0.01
	水产养殖场			5.86	8.69
	盐田			0.82	1.22
	小　计	2.18	4.92	11.55	17.13
总　　计		44.30	100	67.42	100

2　福建湿地资源变化原因分析

2.1　两次湿地资源调查成果比较分析

2.1.1　湿地总面积比较及原因分析

第二次湿地调查湿地总面积比第一次增加了 42.80 万公顷。

原因分析：一是第二次湿地调查中湖泊、沼泽、近海和海岸湿地调查范围扩大了。第一次全国湿地调查的湖泊、沼泽、近海和海岸湿地调查范围是面积在 100 公顷以上湿地；第二次调查的则是面积在 8 公顷以上的湿地。二是第一次湿地调查对近海与海岸湿地的面积仅统计潮间带及潮间带以上湿地面积，即采用水深不超过 5 米等深线数据，第二次湿地调查对近海与海岸湿地界定为水深不超过6米，特别是浅海水域面积进行了相对较准确的调查，使近海与海岸湿地总面积大大增加，从而使湿地总面积增加。三是第一次湿地调查没有水产养殖场、盐田湿地调查数据，本次湿地调查采用遥感卫片与地形图结合判读的方式，对福建省的水产养殖场、盐田湿地进行了准确调查，使得水产养殖场、盐田湿地面积大量增加。

2.1.2　自然湿地面积面积比较及原因分析

第二次湿地调查自然湿地总面积比第一次增加了29万公顷。

原因分析：第一次湿地调查中对近海与海岸湿地调查时水深界定为不超过5米，且仅统计到潮间带及潮间带以上湿地面积，浅海水域面积统计不完全；本次湿地调查对近海与海岸湿地界定为水深不超过6米。另外河流湿地，特别是浅海水域面积进行了相对较准确的调查，使近海与海岸湿地、河流湿地总面积大大增加。在自然湿地中，除近海与海岸湿地、河流湿地面积增加外，湖泊湿地由于人类活动的影响，面积大量减少，但由于近海与海岸湿地、河流湿地面积增加较大，自然湿地面积总体仍然增加了29万公顷。

(1)近海与海岸湿地比较及原因分析：第二次湿地调查湿地总面积比第一次增加了20.50万公顷；非浅海水域近海与海岸湿地面积增加了15.55万公顷。

原因分析：第一次湿地资源调查对近海与海岸湿地调查时水深界定为不超过5米，且仅统计到潮间带及潮间带以上湿地面积，浅海水域面积统计不完全；第二次湿地调查对浅海水域面积进行了相对较准确的调查，浅海水域湿地面积就达29.99万公顷。另外，近海与海岸湿地界定为水深不超过6米，因而排除浅海水域面积的近海与海岸湿地面积为27.57万公顷，比第一次调查的近海与海岸湿地面积增加了15.55万公顷。

(2)河流湿地比较及原因分析：河流湿地面积大幅增加，比第一次增加了10.40万公顷。

原因分析：两次调查的河流湿地范围相同，由于调查精度不一致，使得相当数量的河流在第一次未进入统计。另外，第二次调查将运河/输水河列为人工湿地，而没有纳入河流湿地。如将第二次调查的自然河流与运河、输水河的面积合并，河流湿地总面积则为13.78万公顷，则更大于第一次调查的面积3.11万公顷。

(3)湖泊湿地比较及原因分析：湖泊湿地面积明显下降。

原因分析：虽然第二次调查湖泊湿地调查范围比前次调查扩大到8公顷以上，但湖泊湿地面积却下降了1.93万公顷。这主要是由于第一次调查将一些河流中的库塘归类到湖泊湿地中，而第二次对河流中的库塘纳入到人工湿地的库塘中；同时福建一些大中型湖泊很多水域被大量围垦用于水产养殖，而在此次调查中将该部分全部归类到人工湿地中的水产养殖场。如果将此次调查中水产养殖场8.21万公顷或库塘湿地中的一部分归并到此次调查的湖泊湿地，第二次调查中湖泊湿地面积则比第一次调查的湖泊湿地面积(1.95万公顷)有较大增加。

(4)沼泽湿地比较及原因分析：沼泽湿地面积略增0.02万公顷。

原因分析：由于第一次调查起调面积为100公顷，而全省沼泽湿地面积均较小，未能计入。第二次调查沼泽湿地调查范围比前次调查扩大到8公顷以上，将小块的沼泽湿地统计计入，故调查结果如是。

2.1.3　人工湿地面积比较及原因分析

第二次湿地调查人工湿地面积比第一次增加了13.80万公顷。

原因分析：一是第一次湿地调查起调面积为 100 公顷，第二次湿地调查起调面积为 8 公顷；二是十年来由于人为活动的影响，大量自然湿地转化成为人工湿地，特别是转化成库塘和人工养殖场；三是第一次湿地资源调查没有统计盐田的面积，本次湿地调查将盐田的湿地面积进行了统计；四是第一次湿地调查将人工河流纳入了自然河流中，第二次湿地调查将运河/输水河作为人工湿地里面一个单独的湿地型进行调查，且采用遥感卫片与地形图结合判读的方式，对运河/输水河进行了准确调查，使得运河/输水河面积大量增加。

(1)库塘湿地比较及原因分析：库塘湿地面积增加了 4.40 万公顷。

原因分析：第二次调查库塘湿地调查范围比前次调查扩大到 8 公顷以上，同时由于福建近十年来大力发展水电站，建设大中型水库、调节水库等，使得库塘面积显著增加。

(2)人工养殖场湿地比较及原因分析：第二次湿地调查面积增加了 8.21 万公顷。

原因分析：一是第一次湿地调查起调面积为 100 公顷，第二次湿地调查起调面积为 8 公顷；二是十年来由于人为活动的影响，大量自然湿地转化成为人工养殖场湿地，使人工养殖场湿地面积大量增加。

2.2 100 公顷以上湿地资源调查成果比较分析

2.2.1 湿地总面积比较及原因分析

第二次湿地调查湿地总面积比第一次增加了 23.12 万公顷。

原因分析：一是第一次湿地调查对近海与海岸湿地的面积仅统计潮间带及潮间带以上湿地面积，并采用水深 5 米等深线数据；第二次湿地调查对近海与海岸湿地采用水深 6 米等深线数据，且对浅海水域面积进行了相对较准确的调查，使近海与海岸湿地总面积大大增加，从而使湿地总面积增加。二是第一次湿地调查没有水产养殖场、盐田湿地调查数据，本次湿地调查采用遥感卫片与地形图结合判读的方式，对福建省的水产养殖场、盐田湿地进行了准确调查，使得对水产养殖场、盐田湿地面积大量增加。

2.2.2 自然湿地面积比较及原因分析

第二次湿地调查自然湿地总面积比第一次增加了 13.76 万公顷。

原因分析：第一次湿地调查中对浅海水域面积统计不完全，本次湿地调查对浅海水域面积进行了相对较准确的调查，使近海与海岸湿地总面积大大增加。在自然湿地中，除近海与海岸湿地、河流湿地面积增加外，湖泊湿地由于人类活动的影响，面积大量减少，但由于近海与海岸湿地、河流湿地面积增加较大，自然湿地面积总体仍然增加了 13.76 万公顷。

(1)近海与海岸湿地比较及原因分析：第二次湿地调查湿地总面积比第一次增加了 12.62 万公顷。

原因分析：第一次湿地资源调查对水深采取了 5 米等深浅数据，且浅海水域面积统计不完全，第二次湿地调查对浅海水域面积进行了相对较准确的调查，浅海水域湿地面积就达 24.68 万公顷，使近海与海岸湿地总面积大大增加。排除浅海水域面积的近海域海岸湿地面积为 22.26 万公顷，比第一次调查的近海域海岸湿地面积增加了 10.24 万公顷。

(2)河流湿地比较及原因分析：河流湿地面积大幅增加，比第一次增加了 3.07 万公顷。

原因分析：两次调查的河流湿地范围相同，由于调查精度不一致，使得相当数量的河流在第一次未进行统计。另外，第二次调查将运河/输水河列为人工湿地，而没有纳入河流湿地。如将第二次调查的自然河流与运河/输水河的面积合并，河流湿地总面积则为6.19万公顷，则更大于第一次调查的面积3.11万公顷。

(3)湖泊湿地比较及原因分析：湖泊湿地面积明显下降。

原因分析：虽然第二次调查湖泊湿地调查范围比前次调查扩大到8公顷以上，但湖泊湿地面积却下降了1.93万公顷。这主要是由于第一次调查将一些河流中的库塘归类到湖泊湿地中，而第二次对河流中的库塘纳入到人工湿地的库塘中；同时福建一些大中型湖泊很多水域被大量围垦用于水产养殖，而在此次调查中将该部分全部归类到人工湿地中的水产养殖场。如果将此次调查中水产养殖场5.86万公顷或库塘湿地中的一部分归并到此次调查的湖泊湿地，第二次调查中湖泊湿地面积则比第一次调查的湖泊湿地面积(1.95万公顷)有较大增加。另外由于人为活动的影响，部分斑块破碎化，斑块面积小于100公顷的，没有进行统计。

(4)沼泽湿地比较及原因分析：沼泽湿地面积没有变化。

原因分析：由于福建省沼泽湿地本身面积不大，均小于100公顷，故两次调查结果基本吻合。

2.2.3　人工湿地面积面积比较及原因分析

结果比较：第二次湿地调查人工湿地面积比第一次增加了9.37万公顷。

原因分析：一是十年来由于人为活动的影响，大量自然湿地转化成为人工湿地，特别是转化成库塘和人工养殖场；二是第一次湿地资源调查没有统计盐田的面积，本次湿地调查将盐田的湿地面积进行了统计；三是第一次湿地调查将人工河流纳入了自然河流中，第二次湿地调查将运河/输水河作为人工湿地里面一个单独的湿地型进行调查，且采用遥感卫片与地形图结合判读的方式，对运河/输水河进行了准确调查，使得运河/输水河面积大量增加。

(1)库塘湿地比较及原因分析：库塘湿地面积增加了2.68万公顷。

原因分析：第二次调查库塘湿地调查范围比前次调查扩大到8公顷以上，同时由于福建近十年来大力发展水电站，建设大中型水库、调节水库等，使得库塘面积显著增加。

(2)人工养殖场湿地比较及原因分析：第二次湿地调查面积增加了5.86万公顷。

原因分析：十年来由于人为活动的影响，大量自然湿地转化成为人工养殖场湿地，使人工养殖场湿地面积增加。

第六章 湿地保护与管理

第一节 湿地保护管理现状

福建湿地资源丰富，浅海滩涂广阔，内陆境内水系发达。根据福建省第二次湿地资源调查结果，福建省湿地类型有 5 类 21 型，湿地总面积 87.10 万公顷，占福建省陆域总面积的 7.02%。其中，自然湿地(包括近海与海岸湿地、湖泊湿地、河流湿地、沼泽湿地)71.12 万公顷，占湿地总面积 81.65%；人工湿地 15.98 万公顷，占湿地总面积 18.35%。此外，根据福建省农业部门 2009 年统计数据，福建省有水稻田湿地面积 52.70 万公顷。

福建省高度重视湿地保护工作，通过建立自然保护区、保护小区、湿地公园等方式，实施湿地保护与恢复工程，加强湿地的保护和管理，自然湿地保护初见成效。截至 2014 年 7 月，全省已经建立福建漳江口红树林、福建闽江河口、福建厦门珍稀海洋物种、福建晋江深沪湾海底古森林遗迹等各级湿地自然保护区 30 处(含保护小区)，国家湿地公园 4 处，此外，还建有各种类型的海洋特别保护区、饮用水源地保护区和水产种质资源保护区，保护湿地面积 14.59 万公顷，保护湿地面积占全省湿地面积的 16.76%；此外，三都湾湿地、福清湾湿地、泉州湾湿地、深沪湾湿地、九龙江河口湿地、东山湾湿地等 6 块湿地列入《中国湿地保护行动计划》国家重要湿地名录。福建漳江口红树林国家级自然保护区于 2008 年 2 月被湿地公约秘书处列入国际重要湿地名录(湿地编号：1736)。2014 年，福建闽江河口湿地成功入选中国十大魅力湿地。

1 湿地保护与管理工作开展情况

1.1 湿地保护越来越得到政府的重视

福建省委、省政府对湿地保护高度重视。2004 年《中共福建省委福建省人民政府关于加快林业发展建设绿色海峡西岸的决定》将“生物多样性保护工程(含湿地保护)”列入绿色海峡西岸“三五”工程之一予以推进。2005 年 4 月福建省人民政府办公厅下发《关于加强湿地保护管理的通知》(闽政办〔2005〕56 号)，对全省湿地今后的保护管理工作做出了明确的具体规定，为保护和合理利用湿地资源提供了政策依据。省政府要求建立由省发展与改革委员会、省财政厅、省林业厅、省国土资源厅、省建设厅、省交通厅、省水利厅、省农业厅、省环保厅、省海洋与渔业厅、省旅游局等11个部门组成的福建省湿地保护与管理工作联席会议制度，统筹研究和解决湿地保护工作中的重大问题，协调抓好湿地保护管理工作。为保护好流域生态用水安全，将流域综合整治工作纳入为民办实事项目，启动实施了“六江两溪”流域水环境综合整治工作。《福建省人民政府关于加强重点流域水环境综合整治的意见》(闽政〔2009〕16号)中提出，“当地政府应加强河流湿地保护，将具有保护价值的湿地划为保护区。对已列为保护区的湿地，禁止建设影响湿地功能发挥的项目”。2011年省委提出要“继续推进生态省建设，加强重点区位生态保护和湿地保护”。各级政府也积极推动湿地保护工作，2003年福州市环保局、林业局、国土资源局、水利局和海洋与渔业局联合下发了《关于加强湿地保护与合理利用的意见》，福州市政府还批复了《闽江河口概念性保护规划》。2005年9月，厦门市政府办公厅发出《关于加强湿地保护管理的通知》。

1.2　湿地保护正逐渐受到越来越多的关注

一方面，各级湿地保护管理部门通过开展2月2日“世界湿地日”专项宣传，组织社会公众开展湿地观鸟，举办“湿地与水鸟”图片展、湿地摄影展、“湿地论坛”和讲座，开辟媒体宣传专栏等活动，使公众对湿地的认识不断提高，对湿地保护的关注日益增多，湿地的功能和作用逐步得到公众越来越多的认可。另一方面，随着社会经济的发展和生活水平的提高，公众对湿地的主动关注和参与意识明显提高。近年来，省人大代表、政协委员相继提出“我国湿地的保护与可持续利用亟待立法的建议”“关于将保护我省湿地资源及早列入立法计划的议案”“关于保护福州(长乐)闽江河口湿地及其水禽的议案”“紧急呼吁保护滨海湿地，维护福建生态安全”“关于在我省沿海滩涂大力种植红树林的建议”“关于进一步加强湿地保护与管理工作的建议”“关于加强湿地保护与管理的建议”“关于加强福建省城市湿地生态保护的建议”“闽江湿地保护刻不容缓”“关于在城乡建设中制定实施保护湿地政策的建议”“加强闽江、乌龙江两岸湿地和防洪堤保护的建议”“关于制定《福建省湿地保护条例》的议案”等议案、提案，要求重视湿地保护管理。2005年7月份和2007年8月份省人大组织前往内蒙古、青海、四川、西藏等省(区)学习考察了湿地保护和立法工作，积极修改完善《福建省湿地保护条例》，目前已上报省政府法制办。省人大将湿地保护立法列入了立法计划。福建省野生动植物保护协会观鸟分会、厦门观鸟会、绿家园环境友好中心、厦门大学绿野协会等环保社会团体积极组织会员参加“走进湿地体验生态文明”等与湿地保护有关的活动，在社会上引起极大反响，极大地提高了社会各界对湿地的关注程度和保护力度。

1.3　湿地保护基础逐步得到夯实

1996～2000年，国家林业局组织开展了第一次全国湿地资源调查，福建省组织开展全省第一次湿地资源调查，初步摸清了福建省湿地资源基本状况。2001年根据国家林业局部署，组织开展了红树林资源专项调查，进一步摸清了福建省红树林资源及其分布状况。同一阶段，同步开展了福建省陆生野生动物资源调查和国家重点植物资源调查。2002～2009年，福建省与世界自然(香港)基金会合作，对福建沿海鸟类进行了长期监测调查，进一步摸清了福建省沿海湿地水鸟种类及分布情况，新增记录白脸鹭、红脚鲣鸟、蓝脸鲣鸟、黄脚银鸥、织女银鸥、白腰燕鸥、遗鸥、白腹军舰鸟、白领翡翠、黑冠鳽等鸟类，并发现黑脸琵鹭、黑嘴端凤头燕鸥、卷羽鹈鹕、勺嘴鹬、黄嘴白鹭等珍稀鸟类新分布区。2006 年，在世界自然基金会香港分会资助下，邀请澳大利亚籍鸟类专家、中国科技大学客座教授 Mark Barter 先生和曹磊博士来闽共同开展的沿海越冬水鸟资源调查，调查报告在中国林业出版社出版，为湿地保护提供了重要科学决策依据。此外，为加强闽江河口、晋江河口、洛阳江河口、九龙江口湿地保护，组织编制了《闽江河口湿地保护与恢复工程规划》《泉州湾洛阳江河口湿地保护与恢复规划》《泉州湾晋江河口湿地保护与恢复规划》《龙海九龙江口红树林湿地保护与恢复规划》等；为加强沿海生态安全保障，根据国家林业局部署，组织编制了《福建省沿海湿地保护发展规划》和《福建省红树林保护发展规划》，为下一阶段湿地保护提供指导。2010 年，经省林业厅批准，在泉州湾批建了惠安红树林湿地生态系统定位研究站。2010 年，聘请中国工程院院士、中国科学院东北地理与农业生态研究所研究员刘兴土院士为福建闽江河口湿地自然保护区学术顾问，并于 2010 年 6 月 21 日在自然保护区成立了院士工作站，对闽江河口湿地生态服务功能价值进行了研究。在宁德蕉城三都澳、罗源湾、长乐闽江河口、泉州湾、漳江口等地陆续开展了互花米草治理研究，为保护湿地防止外来物种互花米草入侵提供了技术保障。2007 年在全国率先出台了《滨海湿地旅游资源分类、调查与评价》《滨海湿地公园等级评价》和《滨海湿地公园总体规划技术规程》3 个地方标准，制订出台了《福州市闽江河口湿地自然保护区管理办法》《泉州湾河口湿地省级自然保护区管理规定》，这些都进一步夯实了湿地保护管理的基础。

1.4 机构队伍建设逐步得到加强

《福建省人民政府办公厅关于加强湿地保护管理的通知》(闽政办〔2005〕56 号)规定，“各级林业主管部门要切实履行起组织协调的工作职能，认真抓好湿地资源调查、科研、监测、登记建档、规划实施和保护管理的组织协调及湿地管理人才培养工作；各有关部门要按照职责分工，发挥各自的优势，团结协作，共同做好湿地保护管理工作”。省政府三定方案，明确省林业厅负责全省湿地保护管理的牵头和组织协调工作。目前，省林业厅成立了省野生动植物保护管理中心，具体负责全省湿地保护管理工作。在全省已建立了 1 个福建省野生动植物与湿地资源监测中心(即福建省林业调查规划院)和 1 个湿地研究中心(即福建省林业科学研究院)，分别配备了 10 余名专业技术人员。在厦门大学及有关院校也成立了相关的研究机构，同时在全省 4 个设区市、38 个县(市、区)建立了相应的管理机构，配备了管理人员和仪器设备。

对于湿地自然保护区，福建 4 处国家级自然保护区和 6 处省级自然保护区均有专门的管理机构。国家级自然保护区设管理局，级别为相当副处级事业单位；省级自然保护区设管理处，为科级事业单位。其中福建漳江口红树林国家级自然保护区为参照公务员管理的事业单位，福建省闽江河口湿地国家级自然保护区为副处级事业单位，九龙江口红树林省级自然保护区为股级事业单位。福建深沪湾海底古森林遗迹国家级自然保护区和福建东山珊瑚礁省级自然保护区、福建长乐海蚌资源增殖保护区、福建宁德官井洋大黄鱼繁育增殖保护区隶属于海洋与渔业管理部门，福建平潭三十六脚湖省级自然保护区隶属于水利部门，福建厦门珍稀海洋物种国家级自然保护区隶属于海洋与渔业、环保部门。市、县级湿地自然保护区均没有专门的机构和管理人员，由所在地林业管理部门兼管。自然保护区管理机构涉及地方政府、林业、海洋与渔业、环保、水利、国土等部门。目前已批建的 4 个国家湿地公园均由专门的管理机构和管理人员负责湿地公园的建设和日常管理，湿地公园的业务主管部门均为相应的林业部门。

1.5　湿地保护投入逐年增加

为加强湿地保护，根据《福建省人民政府办公厅关于加强湿地保护管理的通知》(闽政办〔2005〕56号)精神，近年来省级财政每年拨出100万元用于湿地保护与建设工作。相继实施了由《全国湿地保护工程实施规划》支持的福建闽江河口、泉州湾洛阳江河口、泉州湾晋江河口湿地等湿地保护与恢复项目，省财政与地方财政均予以配套支持。同时积极争取中央财政的支持，在宁德东湖、永安龙头等国家湿地公园和福建闽江河口湿地、泉州湾河口湿地自然保护区开展了湿地保护补助项目，累计争取中央投资2000万元。此外，积极争取国内外资金，福建漳江口红树林国家级自然保护区争取世界自然(香港)基金会支持，获得300多万元的投入，同时获得沃尔玛的赞助。福建闽江河口湿地自然保护区争取世界自然(香港)基金会支持，获得400万元的投入。

2　存在的问题

2.1　湿地管理涉及部门众多，协调难度大

湿地是多资源组成的资源复合体，湿地保护管理涉及的部门众多。福建省涉及湿地管理的有林业、环保、水利、发改、农业、海洋与渔业、国土、建设、交通、旅游等多个部门。各个部门分别管理湿地生态系统内部的一个资源主体，并均有相应的法规作为行政管理的依据。如海洋与渔业部门负责近海与海域、渔业资源的保护和管理；水利部门负责水资源的调配和水利防洪等等。要素式、部门分割式管理模式体制与湿地生态系统本身的特性不相适应，割裂了管理的系统性，造成湿地保护与围垦、海洋开发利用、城市化进程、旅游开发、水利防洪设施建设、水资源调配等诸多冲突。林业部门牵头与组织协调的职责难于落实，很难协调各相关部门基于部门利益对湿地的各种管理需求。责任和义务分离，管理权利分割，很大程度上制约了湿地保护工作的有效开展。虽然根据2005年4月福建省人民政府办公厅下发的《关于加强湿地保护管理的通知》(闽政办〔2005〕56号)，福建省建立了由省发展与改革委员会、省财政厅、省林业厅、省国土资源厅、省建设厅、省交通厅、省水利厅、省农业厅、省环保厅、省海洋与渔业厅和省旅游局等11个部门组成的省湿地保护与管理工作联席会议制度，统筹研究和解决湿地保护工作中的重大问题，协调抓好湿地保护管理工作，但在具体的湿地保护管理中，林业部门履行职责难度很大，缺乏足够的法律依据。

2.2　湿地保护法规体系不健全

我国关于湿地保护的专业性法律、法规还未出台，湿地保护和管理目前只能根据相关法规和国务院办公厅、省政府办公厅文件来开展，而且现有的相关法规之间存在一些冲突地方，对湿地保护管理有些方面缺乏规范，增加了依法管理的难度。福建省自2003年启动了湿地保护立法工作，省人大代表、政协委员也一直在积极呼吁加快福建省湿地保护立法进程。但到目前为止，福建省湿地保护条例仍未出台，还处在人大立法调研阶段，不利于全省湿地保护工作的开展。

2.3 湿地自然保护区体系不完善

福建省虽然已经相继建立了一批湿地自然保护区，但由于缺乏规划，湿地自然保护区的布局不合理。一些重要湿地区域仍未建立自然保护区，覆盖全省重要湿地的自然保护区体系仍未形成；一些重要的湿地面临多种威胁，急需通过建立自然保护区来加强保护；一些已经建立的湿地自然保护区，由于投入不足，缺乏专业人才，监测设施落后，甚至有的是批而不建，没有专门的机构和人员。

2.4 湿地公园建设与管理亟待规范

湿地公园是湿地保护体系的重要组成部分，建立湿地公园是落实国家湿地分级分类保护管理策略的一项具体措施，也是当前形势下维护和扩大湿地面积的有效途径。目前福建已建立湿地公园3处，对推动全省湿地保护发挥了积极的作用。然而，湿地公园建设刚刚起步，缺乏行业规范指导和湿地专业人才技术支持，投入不足，湿地公园的管理和建设现状不容乐观。

2.5 公众湿地保护意识有待提高

湿地虽然与人们的生活密切相关，但湿地这一概念是1992年我国加入《湿地公约》后才引入的。虽然近年来对湿地的各种报道宣传逐渐增多，但公众对湿地概念、价值和功能，及其在经济社会可持续发展中的重要性仍缺乏足够的认识。而且客观上由于人口持续增长的压力和土地资源缺乏，湿地往往被作为一种后备土地资源而不合理开垦或转为它用。基于直接经济利益的驱动，湿地作为一种独特生态系统的价值和功能被忽视或弱化。

2.6 湿地科研监测技术落后

我国湿地利用历史由来已久，湿地管理和科研却起步较晚，对湿地的系统研究相对滞后和薄弱。现有湿地研究多局限于湿地功能、现状评估、湿地基本生态过程等，对湿地的监测主要局限于对水质污染、水文、关键动植物物种等个别指标的监测，监测设备和手段较落后。

第二节 湿地保护与管理建议

党和国家高度重视湿地保护工作，党的十八大将生态文明建设提高到“五位一体”的高度，要求树立尊重自然、顺应自然、保护自然的生态文明理念，加强生物多样性保护。十八届三中全会提出必须建立系统完整的生态文明制度体系，完善自然资源监管体制，统一行使所有国土空间用途管制职责，建立国家公园体制和生态补偿制度等，要求“加大自然生态系统和环境保护力度，实施重大生态修复工程，增强生态产品生产能力，扩大森林、湖泊、湿地面积，保护生物多样性。”湿地保护事业发展面临新的机遇和更高的要求。

根据福建省湿地保护实际情况，为更好地保护福建省湿地资源，加快推进福建生态文明先行示范区建设，实现福建"百姓富、生态美"的目标，需采取多种措施加强湿地保护管理。

1 加强湿地保护法规建设

福建省湿地保护条例已经连续多年列入省人大、省政府立法计划，特别是于2014年列入省政府立法工作重点。为此，林业部门将积极协调，加快推动湿地立法进程，争取尽快出台和实施《福建省湿地保护条例》，通过立法建立合理的湿地管理体制，为湿地保护提供法律依据，使湿地保护管理有法可依。国家级、省级湿地自然保护区和湿地公园按照"一区一法"要求建章立制，市、县(区)级湿地自然保护区根据保护管理需要制定。划定我省湿地保护红线，列为约束性指标；将湿地保护纳入经济社会发展评价体系，纳入对地方政府政绩考核内容。

2 加强湿地保护规划

湿地与人类的生活密切相关，对湿地既不能毫无节制地开发利用，也不能绝对地保护。对于湿地保护与利用，应做到在保护中利用，在利用中保护，促进湿地保护的可持续发展。为加强湿地保护力度，并建立可持续发展机制。结合湿地资源调查成果，近期完成《福建省湿地保护规划》，对全省湿地自然保护区和湿地公园等湿地保护进行全面科学规划。全面实施对重要湿地生态功能区抢救性保护，建立一批红树林、珍稀物种栖息地和湿地生态地位重要的自然保护区和湿地公园等湿地保护体系，加快推进生物多样性保护建设。强化重要湿地区和重要海湾等重要湿地生态功能区的强制性保护，确定现有国家重要湿地界线，划定国家重要湿地和福建省重要湿地区域。对湿地资源进行分级保护，形成比较完善的生物多样性和湿地生态保护体系。争取将其纳入福建省国民经济发展总体规划，予以稳定的投入支持。

3 加强宣传教育，提高全社会湿地保护意识

针对目前公众对湿地普遍缺乏认识这一现状，应加大对湿地等生态环境保护的宣传力度，形成政府重视、媒体关注、公众参与的多形式、多渠道宣传方式，增加全社会环境法制观念和湿地保护参与意识，促进湿地保护管理主流化，使公众能自动自觉将湿地保护纳入日常生活考虑，使政府能将湿地保护管理纳入常规决策考虑，不断提高各级领导和干部、群众对保护湿地的认识，使大家认识到保护湿地资源和合理利用资源是关系到人类生存与发展的大事。结合湿地自然保护区或湿地公园建设、湿地保护与恢复项目的实施，充分展示湿地的功能和价值，增加公众对湿地的认识。结合湿地保护体系、湿地监测体系的合理布局，建立湿地科普宣教中心，加强湿地科普教育。

4 建立健全各级湿地保护管理机构

任何一项事业的发展必须有专门的机构和专业的人员队伍。一方面要建立省、市、县各级湿地保护管理专门的机构并明确职责；另一方面要配备懂专业的管理人才，加强对各级保护管理人员的能力培训，不断提高队伍思想素质和业务素质。对于湿地自然保护区和湿地公园要建立专门的管理机构，其建设和管理要强化科技支撑，并加强专业化管理。此外，要充分发挥有关科研院校专家学者、民间保护组织的作用，建立合作机制，共同参与湿地保护与管理。

5 强化湿地保护管理科技支撑

根据湿地分布规律，结合湿地自然保护区、湿地公园建设，建立基本覆盖福建省重要湿地的监测网络，开展湿地生态动态监测，为湿地科学保护管理提供实时的数据信息支持。

加大对湿地科研监测的投入。组织厦门大学、福建师范大学、省林业科学研究院、省野生动植物与湿地资源监测中心等单位对湿地地理和地质环境、湿地生态过程、湿地价值和功能，合理利用模式、示范区建设等方面的科学研究，特别是在湿地领域的前瞻性研究。

成立湿地保护管理专家委员会，为湿地保护与恢复、湿地自然保护区和湿地公园建设提供科技支撑，提高建设质量和管理水平；为制定湿地保护与管理的方针、政策、法规等提供技术支持。

6 建立湿地保护管理跨流域和行政区域协作机制

行政区域是人为的地理区域划分，而生态系统内或之间物质、能量流动和信息交流没有行政区域的限制。湿地生态系统之间常通过水系等生态廊道或生物信息交流而彼此影响，特别是闽江、九龙江、汀江、沿海潮间带滩涂等是跨区域的大型湿地生态系统，局部保护和合理利用不足以保护整个湿地生态系统。湿地生物多样性保护除了着力缓解或消除行政区域内围垦、污染、过度利用等对湿地的威胁因素，加强各相对独立的湿地生态系统的保护与恢复外，必须综合评估闽江流域、沿海滩涂湿地资源，突破行政区划概念，加强行政区域之间的合作和交流，统一环境保护政策，建立协调沟通机制，统筹规划闽江流域、沿海滩涂湿地资源保护，消除或缓解威胁因素。

附录1　福建湿地调查区域植物名录

序号	科	属	种	
			中文名	拉丁名
(一)蕨类植物				
1	石松科	藤石松属	球杆石松	Lycopodiastrum carolinianum
2	石松科	石松属	垂穗石松	Lycopodium cernuum
3	石杉科	石杉属	蛇足石杉	Huperzia serrata
4	卷柏科	卷柏属	垫状卷柏	Selaginella pulvinata
5	卷柏科	卷柏属	伏地卷柏	Selaginella nipponica
6	卷柏科	卷柏属	细叶卷柏	Selaginella labordei
7	卷柏科	卷柏属	异穗卷柏	Selaginella heterostachys
8	卷柏科	卷柏属	翠云草	Selaginella uncinata
9	卷柏科	卷柏属	耳基卷柏	Selaginella limbata
10	卷柏科	卷柏属	蔓生卷柏	Selaginella davidii
11	卷柏科	卷柏属	深绿卷柏	Selaginella doederleinii
12	卷柏科	卷柏属	薄叶卷柏	Selaginella delicatula
13	卷柏科	卷柏属	江南卷柏	Selaginella moellendorffii
14	水韭科	水韭属	东方水韭	Isoetes orientalis
15	木贼科	木贼属	笔管草	Equisetum debile
16	瓶尔小草科	瓶尔小草属	瓶尔小草	Ophioglossum vulgatum
17	莲座蕨科	观音座莲属	福建莲座蕨	Angiopteris fokiensis
18	莲座蕨科	观音座莲属	假脉莲座蕨	Angiopteris lingii
19	紫萁科	紫萁属	粗齿紫萁	Osmunda banksiifolia
20	紫萁科	紫萁属	华南紫萁	Osmunda vachellii
21	紫萁科	紫萁属	紫萁	Osmunda japonica
22	海金沙科	海金沙属	小叶海金沙	Lygodium scandens
23	海金沙科	海金沙属	狭叶海金沙	Lygodium microstachyum
24	里白科	里白属	里白	Hicriopteris glauca
25	碗蕨科	碗蕨属	溪洞碗蕨	Dennstaedtia wilfordii
26	碗蕨科	鳞盖蕨属	波缘鳞盖蕨	Microlepia hookeriana
27	碗蕨科	鳞盖蕨属	光叶鳞盖蕨	Microlepia calvescens
28	碗蕨科	鳞盖蕨属	华南鳞盖蕨	Microlepia hancei
29	姬蕨科	姬蕨属	姬蕨	Hypolepis punctata
30	蚌壳蕨科	金狗毛蕨属	金毛狗	Cibotium barometz
31	鳞始蕨科	双唇蕨	双唇蕨	Schizoloma ensifolium
32	鳞始蕨科	双唇蕨	异叶双唇蕨	Schizoloma heterophyllum
33	肾蕨科	肾蕨属	肾蕨	Nephrolepis auriculata

（续）

序号	科	属	种	
			中文名	拉丁名
34	蕨科	蕨属	蕨	*Pteridium aquilinum* var. *latiusculum*
35	凤尾蕨科	凤尾蕨属	凤尾蕨	*Pteris nervosa*
36			中华凤尾蕨	*Pteris excelsa* var. *inaequalis*
37			斜羽凤尾蕨	*Pteris oshimensis*
38			平羽凤尾蕨	*Pteris kiuschinensis*
39			两广凤尾蕨	*Pteris maclurei*
40	中国蕨科	金粉蕨属	野雉尾	*Onychium japonicum*
41		隐囊蕨属	隐囊蕨	*Notholaena hirsuta*
42		碎米蕨属	薄叶碎米蕨	*Cheilosoria tenuifolia*
43			碎米蕨	*Cheilosoria mysuriensis*
44	裸子蕨科	凤丫蕨属	美丽凤丫蕨	*Coniogramme intermedia* var. *pulchra*
45			凤丫蕨	*Coniogramme japonica*
46			南岳凤丫蕨	*Coniogramme centrochinensis*
47	水蕨科	水蕨属	水蕨	*Ceratopteris thalictroides*
48	蹄盖蕨科	亮毛蕨属	亮毛蕨	*Acystopteris japonica*
49		毛子蕨属	毛子蕨	*Monomelangium pullingeri*
50		假蹄盖蕨属	假蹄盖蕨	*Athyriopsis japonica*
51			毛轴假蹄盖蕨	*Athyriopsis peterseni*
52		菜蕨属	菜蕨	*Callipteris esculenta*
53		短肠蕨属	膨大短肠蕨	*Allantodia dilatata*
54			阔片短肠蕨	*Allantodia mathewi*
55			薄盖短肠蕨	*Allantodia hachijoensis*
56		介蕨属	华中介蕨	*Dryoathyrium okuboanum*
57		蹄盖蕨属	福建蹄盖蕨	*Athyrium fujianense*
58			溪边蹄盖蕨	*Athyrium giganteum*
59			长江蹄盖蕨	*Athyrium iseanum*
60		安蕨属	华东安蕨	*Anisocampium sheareri*
61	铁角蕨科	铁角蕨属	倒挂铁角蕨	*Asplenium normale*
62			齿果铁角蕨	*Asplenium cheilosorum*
63			狭翅铁角蕨	*Asplenium wrightii*
64			长叶铁角蕨	*Asplenium prolongatum*
65			华中铁角蕨	*Asplenium sarelii*
66			大盖铁角蕨	*Asplenium bullatum*
67	金星蕨科	针毛蕨属	普通针毛蕨	*Macrothelypteris toressiana*
68			翠绿针毛蕨	*Macrothelypteris viridifroes*

（续）

序号	科	属	种	
			中文名	拉丁名
69	金星蕨科	针毛蕨属	雅致针毛蕨	*Macrothelypteris oligophlebia*
70		紫柄蕨属	紫柄蕨	*Pseudophegopteris pyrrhorachis*
71			耳状紫柄蕨	*Pseudophegopteris aurita*
72		钩毛蕨属	狭基钩毛蕨	*Cyclogramma leveillei*
73		卵果蕨属	延羽卵果蕨 -	*Phegopteris decursivepinnata*
74		金星蕨属	钝角金星蕨	*Parathelypteris angulariloba*
75		假毛蕨属	镰片假毛蕨	*Pseudocyclosorus falcilobus*
76			西南假毛蕨	*Pseudocyclosorus esquirolii*
77			景烈假毛蕨	*Pseudocyclosorus tsoi*
78			普通假毛蕨	*Pseudocyclosorus subochthodes*
79		毛蕨属	短尖毛蕨	*Cyclosorus subacutus*
80			小叶毛蕨	*Cyclosorus parvifolius*
81			高大毛蕨	*Cyclosorus excelsior*
82			华南毛蕨	*Cyclosorus parasiticus*
83			毛蕨	*Cyclosorus gongylodes*
84			渐尖毛蕨	*Cyclosorus acuminatus*
85			齿牙毛蕨	*Cyclosorus dentatus*
86			宽羽毛蕨	*Cyclosorus latipinna*
87			福建毛蕨	*Cyclosorus fukienensis*
88			截头毛蕨	*Cyclosorus truncatus*
89			干旱毛蕨	*Cyclosorus aridus*
90			闽台毛蕨	*Cyclosorus jaculosus*
91			德化毛蕨	*Cyclosorus dehuaensis*
92		圣蕨属	羽裂圣蕨	*Dictyocline wilfordii*
93		星毛蕨属	星毛蕨	*Ampelopteris prolifera*
94		新月蕨属	单叶新月蕨	*Pronephrium simplex*
95			三羽新月蕨	*Pronephrium triphylla*
96			红色新月蕨	*Pronephrium lakhimpurensis*
97	乌毛蕨科	狗脊蕨属	狗脊蕨	*Woodwardia japonica*
98			东方狗脊蕨	*Woodwardia orientalis*
99			台湾胎生狗脊蕨	*Woodwardia prolifera*
100	桫椤科	桫椤属	桫椤	*Alsophila spinulosa*
101			黑桫椤	*Alsophila podophylla*
102			小黑桫椤	*Alsophila metteniana*
103			粗齿桫椤	*Alsophila denticulata*
104			福建桫椤	*Alsophila lamprocaulis*
105		白桫椤属	笔筒树	*Sphaeropteris lepifera*
106	鳞毛蕨科	鞭叶蕨属	鞭叶蕨	*Cyrtomidictyum lepidocaulon*

（续）

序号	科	属	种	
			中文名	拉丁名
107	鳞毛蕨科	复叶耳蕨属	美丽复叶耳蕨	*Arachniodes amoena*
108			中华复叶耳蕨	*Arachniodes chinensis*
109			刺头复叶耳蕨	*Arachniodes exilis*
110			阔片复叶耳蕨	*Arachniodes cavalerii*
111	水龙骨科	线蕨属	胄叶线蕨	*Colysis hemitoma*
112			线蕨	*Colysis elliptica*
113			宽羽线蕨	*Colysis pothifolia*
114		修蕨属	金鸡脚	*Selliguea hastata*
115		星蕨属	有翅星蕨	*Microsorium pteropus*
116	苹科	苹属	苹	*Marsilea quadrifolia*
117	槐叶苹科	槐叶苹属	槐叶苹	*Salvinia natans*
118	满江红科	满江红属	满江红	*Azolla imbricate*
（二）裸子植物				
1	松科	松属	黑松	*Pinus thunbergii*
2			湿地松	*Pinus elliottii*
3	杉科	水松属	水松	*Glyptostrobus pensilis*
4		落羽杉属	落羽杉	*Taxodium distichum*
5			池杉	*Taxodium ascendens*
6		水杉属	水杉	*Metasequoia glyptostroboides*
7	罗汉松科	罗汉松属	竹柏	*Podocarpus nagi*
8	三尖杉科	三尖杉属	三尖杉	*Cephalotaxus fortunei*
（三）被子植物				
1	木麻黄科	木麻黄属	木麻黄	*Casuarina equisetifolia*
2			细枝木麻黄	*Casuarina cunninghamiana*
3			粗枝木麻黄	*Casuarina glauca*
4	三白草科	三白草属	三白草	*Saururus chinensis*
5		蕺菜属	蕺菜	*Houttuynia cordata*
6	胡椒科	胡椒属	假蒟	*Piper sarmentosum*
7	金粟兰科	金粟兰属	丝穗金粟兰	*Chloranthus fortunei*
8			台湾金粟兰	*Chloranthus oldhami*
9			及已	*Chloranthus serratus*
10			宽叶金粟兰	*Chloranthus henryi*
11	杨柳科	杨属	钻天杨	*Populus nigra* var. *italica*
12		柳属	银叶柳	*Salix chienii*
13			垂柳	*Salix babylonica*
14			旱柳	*Salix matsudana*
15			长梗柳	*Salix dunnii*
16			粤柳	*Salix mesnyi*

（续）

序号	科	属	种	
			中文名	拉丁名
17	胡桃科	枫杨属	枫杨	*Pterocarya stenoptera*
18	桦木科	桤木属	江南桤木	*Alnus trabeculosa*
19			日本桤木	*Alnus japonica*
20	壳斗科	青冈属	青冈	*Cyclobalanopsis glauca*
21	榆科	榆属	榔榆	*Ulmus parvifolia*
22		榉属	榉	*Zelkova schneideriana*
23		山黄麻属	山黄麻	*Trema orientalis*
24			山油麻	*Trema dielsiana*
25	桑科	葎草属	葎草	*Humulus scandens*
26		桑属	华桑	*Morus cathayana*
27			桑	*Morus alba*
28		构树属	小构树	*Broussonetia kazinoki*
29			葡蟠	*Broussonetia kaempferi*
30		榕属	水同木	*Ficus fistulasa*
31			榕树	*Ficus microcarpa*
32			小叶榕	*Ficus concinna*
33			山榕	*Ficus virens*
34			变叶榕	*Ficus variolosa*
35			竹叶榕	*Ficus stenophylla*
36			全缘榕	*Ficus pandurata* var. *holophylla*
37			天仙果	*Ficus erecta* var. *beecheyana*
38			狭叶天仙果	*Ficus erecta* var. *beecheyana* f. *kosshunensis*
39	荨麻科	花点草属	花点草	*Nanocnide japonica*
40			裂叶花点草	*Nanocnide lobata*
41		艾麻属	红小麻	*Fleurya interupta*
42		冷水花属	小叶冷水花	*Pilea microphylla*
43			矮冷水花	*Pilea peploides*
44			三角叶冷水花	*Pilea swinglei*
45			透茎冷水花	*Pilea mongolica*
46			山谷冷水花	*Pilea aquarum*
47			冷水花	*Pilea notate*
48		赤车属	赤车	*Pellionia radicans*
49			长茎赤车	*Pellionia radicans*
50			毛赤车	*Pellionia scabra*
51			小叶赤车	*Pellionia brevifolia*
52			福建赤车	*Pellionia grijisii*
53		藤麻属	藤麻	*Procris laevigata*
54		楼梯草属	青叶楼梯草	*Elatostema macintyrei*

（续）

序号	科	属	种	
			中文名	拉丁名
55	荨麻科	楼梯草属	多齿楼梯草	*Elatostema lineolatum* var. *majus*
56			庐山楼梯草	*Elatostema stewardii*
57			台湾楼梯草	*Elatostema herbaceifolium*
58		假楼梯草属	假楼梯草	*Lecanthus peduncularis*
59		苎麻属	序叶苎麻	*Boehmeria diffusa*
60			苎麻	*Boehmeria nivea*
61			密球苎麻	*Boehmeria densiglomerata*
62		糯米团属	糯米团	*Gonostegia hirta*
63		紫麻属	紫麻	*Oreocnide frutescens*
64		水麻属	鳞片水麻	*Debregeasia squamata*
65	川苔草科	川藻属	川藻	*Terniopsis sessilis*
66		飞瀑草属	飞瀑草	*Cladopus fukienensis*
67				*Cladopus chinensis*
68	蓼科	蓼属	萹蓄	*Polygonum heterophyllum*
69			荭草	*Polygonum orientale*
70			香蓼	*Polygonum viscosum*
71			毛蓼	*Polygonum barbatum*
72			愉悦蓼	*Polygonum jucundum*
73			暗子蓼	*Polygonum opacum*
74			春蓼	*Polygonum periscaria*
75			丛枝蓼	*Polygonum posumbu*
76			长鬃蓼	*Polygonum longisetum*
77			光蓼	*Polygonum glabrum*
78			酸模叶蓼	*Polygonum lapathifolium*
79			绵毛酸模叶蓼	*Polygonum lapathifolium* var. *salicifolium*
80			小蓼	*Polygonum minus*
81			长花蓼	*Polygonum macranthum*
82			蚕茧蓼	*Polygonum japonicum*
83			水蓼	*Polygonum hydropiper*
84			软叶水蓼	*Polygonum hydropiper* var. *flaccidum*
85			毛水蓼	*Polygonum hydropiper* var. *hispidum*
86			蓼子草	*Polygonum criopolitanum*
87			头状蓼	*Polygonum alatum*
88			火炭母	*Polygonum chinense*
89			掌叶蓼	*Polygonum pseudopalmatum*
90			虎杖	*Polygonum cuspidatum*
91			何首乌	*Polygonum multiflorum*
92			二岐蓼	*Polygonum dichotomum*

（续）

序号	科	属	种	
			中文名	拉丁名
93	蓼科	蓼属	小花蓼	*Polygonum muricatum*
94			戟叶箭蓼	*Polygonum hastato-sagittatum*
95			杠板归	*Polygonum perfoliatum*
96			廊茵	*Polygonum senticosum*
97			疏忽蓼	*Polygonum praetermissum*
98			箭叶蓼	*Polygonum sieboldii*
99			戟叶蓼	*Polygonum thunbergii*
100			中华蓼	*Polygonum sinicum*
101			糙毛蓼	*Polygonum strigosum*
102		荞麦属	金荞麦	*Fagopyrum cymosum*
103		金线草属	金线草	*Antenoron filiforme*
104			短毛金线草	*Antenoron neofillforme*
105		酸模属	酸模	*Rumex acetosa*
106			羊蹄	*Rumex japonicus*
107			齿果酸模	*Rumex dentatus*
108			长刺酸模	*Rumex maritimus*
109	藜科	碱蓬属	南方碱蓬	*Suaeda australis*
110		藜属	土荆芥	*Chenopodium ambrosioides*
111			狭叶尖头叶藜	*Chenopodium acuminatum*
112			小藜	*Chenopodium serotinum*
113		滨藜属	海滨藜	*Atriplex maximowicziana*
114	苋科	苋属	刺苋	*Amaranthus spinosus*
115			凹头苋	*Amaranthus lividus*
116			绿穗苋	*Amaranthus hybridus*
117		牛膝属	土牛膝	*Achyranthes aspera*
118			牛膝	*Achyranthes bidentata*
119		莲子草属	莲子草	*Alternanthera sessilis*
120			狭叶莲子草	*Alternanthera nodiflora*
121			空心莲子草	*Alternanthera philoxeroides*
122			刺花莲子草	*Alternanthera pungens*
123	番杏科	番杏属	番杏	*Tetragonia tetragonoides*
124		海马齿属	海马齿	*Sesuvium portulacastrum*
125	马齿苋科	马齿苋属	马齿苋	*Portulaca oleracea*
126			多毛马齿苋	*Portulaca pilasa*
127	石竹科	荷莲豆草属	荷莲豆	*Drymaria cordata*
128		白鼓钉属	白鼓钉	*Polycarpaea corymbosa*
129		拟漆姑属	拟漆姑	*Spergularia marina*
130		鹅肠菜属	牛繁缕	*Myosoton aquaticum*

（续）

序号	科	属	种	
			中文名	拉丁名
131	石竹科	繁缕属	繁缕	*Stellaria media*
132			雀舌草	*Stellaria alsine*
133		无心菜属	蚤缀	*Arenaria serpyllifolia*
134		漆姑草属	漆姑草	*Sagina japonic*
135		蝇子草属	匙叶麦瓶草	*Silene gallica*
136	睡莲科	莲属	莲	*Nelumbo nucifera*
137		萍蓬草属	萍蓬草	*Nuphar pumilum*
138		芡属	芡实	*Euryale ferox*
139		睡莲属	睡莲	*Nymphaea tetragona*
140			白睡莲	*Nymphaea alba*
141			柔毛齿叶睡莲	*Nymphaea lotus* var. *pubescens*
142		莼菜属	莼菜	*Brasenia schreberi*
143	金鱼藻科	金鱼藻属	金鱼藻	*Ceratophyllum demersum*
144			细金鱼藻	*Ceratophyllum submersum*
145	毛茛科	乌头属	赣皖乌头	*Aconitum finetianum*
146		翠雀属	还亮草	*Delphinium anthriscifolium*
147		人字果属	蕨叶人字果	*Dichocarpum dalzielii*
148			小花人字果	*Dichocarpum franchetii*
149		天葵属	天葵	*Semiaquilegia adoxoides*
150		黄连属	短萼黄连	*Coptis chinensis* var. *brevisepala*
151		唐松草属	大叶唐松草	*Thalictrum faberi*
152			爪哇唐松草	*Thalictrum javanicum*
153			华东唐松草	*Thalictrum fortunei*
154		毛茛属	猫爪草	*Ranunculus ternatus*
155			石龙芮	*Ranunculus sceleratus*
156			毛茛	*Ranunculus japonicus*
157			扬子毛茛	*Ranunculus sieboldii*
158			禺毛茛	*Ranunculus cantoniensis*
159	小檗科	八角莲属	八角莲	*Dysosma versipellis*
160			六角莲	*Dysosma pleiantha*
161	防己科	千斤藤属	金线吊乌龟	*Stephania ceparantha*
162			江南地不容	*Stephania excentrica*
163			千金藤	*Stephania japonica*
164			粪箕笃	*Stephania longa*
165		轮环藤属	轮环藤	*Cyclea racemosa*
166		风龙属	汉防己	*Sinomenium acutum*
167	木兰科	含笑属	野含笑	*Michelia skinneriana*
168	樟科	樟属	樟	*Cinnamomum camphora*

（续）

序号	科	属	种	
			中文名	拉丁名
169	樟科	润楠属	柳叶润楠	*Machilus salicina*
170		木姜子属	山鸡椒	*Litsea cubeba*
171		山胡椒属	黑壳楠	*Lindera megaphylla*
172			毛黑壳楠	*Lindera megaphylla*
173			乌药	*Lindera aggregata*
174	罂粟科	血水草属	血水草	*Eomecon chionantha*
175		紫堇属	小花黄堇	*Corydalis racemosa*
176			台湾黄堇	*Corydalis balansae*
177			黄堇	*Corydalis pallida*
178			紫堇	*Corydalis edulis*
179			尖距紫堇	*Corydalis sheareri*
180			刻叶紫堇	*Corydalis incisa*
181	山柑科	山柑属	广州山柑	*Capparis cantoniensis*
182		白花菜属	无毛黄花菜	*Cleome viscosa* var. *deglabrata*
183	十字花科	大蒜芥属	福建大蒜芥	*Sisymbrium fujianensis*
184		蔊菜属	印度蔊菜	*Rorippa indica*
185			广东蔊菜	*Rorippa cantoniensis*
186			球果蔊菜	*Rorippa globosa*
187		碎米荠属	水田碎米荠	*Cardamine lyrata*
188			光头山碎米荠	*Cardamine engleriana*
189			弹裂碎米荠	*Cardamine impatiens*
190			弯曲碎米荠	*Cardamine flexuosa*
191			碎米荠	*Cardamine hirsuta*
192		荠属	荠	*Capsella bursa – pastoris*
193		独行菜属	北美独行菜	*Lepidium virginicum*
194	茅膏菜科	茅膏菜属	长叶茅膏菜	*Drosera indica*
195			茅膏菜	*Drosera peltata*
196			锦地罗	*Drosera burmannii*
197			匙叶茅膏菜	*Drosera spathulata*
198			圆叶茅膏菜	*Drosera rotundifolia*
199	虎耳草科	扯根菜属	扯根菜	*Penthorum chinense*
200		黄水枝属	黄水枝	*Tiarella polyphylla*
201		金腰属	建宁金腰	*Chrysosplenium jianingense*
202			大叶金腰	*Chrysosplenium macrophyllum*
203		涧边草属	涧边草	*Peltoboykinia tellimoides*
204		落新妇属	大落新妇	*Astilbe grandis*
205			大果落新妇	*Astilbe macrocarpa*
206		梅花草属	鸡眼梅花草	*Parnassia wightiana*

（续）

序号	科	属	种	
			中文名	拉丁名
207	虎耳草科	梅花草属	梅花草	*Parnassia palustris*
208			白耳菜	*Parnassia foliosa*
209		草绣球属	人心药	*Cardiandra moellendorffii*
210		绣球属	中国绣球	*Hydrangea chinensis*
211			圆锥绣球	*Hydrangea paniculata*
212			冠盖绣球	*Hydrangea anomala*
213		冠盖藤属	星毛冠盖藤	*Pileostegia tomentella*
214		常山属	常山	*Dichroa febriguga*
215		溲疏属	宁波溲疏	*Deutzia ningpoensis*
216	金缕梅科	枫香树属	枫香	*Liquidambar formosana*
217		蕈树属	细柄蕈树	*Altingia gracilipes*
218		檵木属	檵木	*Loropetalum chinense*
219		蚊母树属	杨梅叶蚊母树	*Distylium myricoides*
220	蔷薇科	李属	桃	*Prunus persica*
221		蔷薇属	金樱子	*Rosa laevigata*
222		悬钩子属	蓬蘽	*Rubus hirsutus*
223			茅莓	*Rubus parvifolius*
224			高粱泡	*Rubus jambertianus*
225		委陵菜属	三叶朝天委陵菜	*Potentilla supina* var. *ternata*
226		蛇莓属	蛇莓	*Duchesnea indica*
227	蒺藜科	蒺藜属	蒺藜	*Tribulus terrestris*
228	芸香科	石椒草属	臭节草	*Boenninghausenia albiflora*
229	橄榄科	橄榄属	橄榄	*Canarium album*
230	楝科	香椿属	香椿	*Toona sinensis*
231			红花香椿	*Toona rubriflora*
232		楝属	楝	*Melia azedarach*
233	豆科	猴耳环属	猴耳环	*Pithecellobium clypearia*
234		羊蹄甲属	龙须藤	*Bauhinia championii*
235			首冠藤	*Bauhinia corymbosa*
236			粉叶羊蹄甲	*Bauhinia glauca*
237		合欢属	刺藤	*Albizia corniculata*
238		金合欢属	台湾相思树	*Acacia confusa*
239			金合欢	*Acacia farnesiana*
240			藤金合欢	*Acacia sinuata*
241			蛇藤合欢	*Acacia pennata*
242		含羞草属	光荚含羞草	*Mimosa sepiaria*
243		银合欢属	银合欢	*Leucaena leucocephala*
244		紫荆属	陈氏紫荆	*Cercis chuniana*

（续）

序号	科	属	种	
			中文名	拉丁名
245	豆科	决明属	决明	*Cassia tora*
246			含羞草决明	*Cassia mimosoides*
247		云实属	云实	*Caesalpinia decapetala*
248			华南云实	*Caesalpinia crista*
249		猪屎豆属	多疣野百合	*Crotalaria verrucosa*
250			大托叶猪屎豆	*Crotalaria spectabilis*
251			响铃豆	*Crotalaria albida*
252			野百合	*Crotalaria sessiliflora*
253		草木樨属	印度草木樨	*Melilotus indicus*
254			草木樨	*Melilotus suaveolens*
255		大豆属	野大豆	*Glycine soja*
256		两型豆属	三籽两型豆	*Amphicarpaea trisperma*
257		刺桐属	刺桐	*Erythrina variegata* var. *orientalis*
258		油麻藤属	白花黎豆	*Mucuna birdwoodiana*
259		土圞儿属	肉色土圞儿	*Apios carnea*
260		葛属	越南葛藤	*Pueraria montana*
261			葛	*Pueraria lobata*
262		刀豆属	海刀豆	*Canavalia lineata*
263		木蓝属	九叶槐兰	*Indigofera enneaphylla*
264		田菁属	田菁	*Sesbania cannabina*
265		黄芪属	紫云英	*Astragalus sinicus*
266		黄檀属	藤黄檀	*Dalbergia hancei*
267			南岭黄檀	*Dalbergia balansae*
268		水黄皮属	水黄皮	*Pongamia pinnata*
269		鱼藤属	鱼藤	*Derris trifoliata*
270		合萌属	合萌	*Aeschynomene indica*
271		坡油甘属	坡油甘	*Smithia sensitiva*
272		密子豆属	密子豆	*Pycnospora lutescens*
273		狸尾豆属	长苞猫尾豆	*Uraria longibracteata*
274		胡枝子属	截叶铁扫帚	*Lespedeza cuneata*
275			美丽胡枝子	*Lespedeza formosa*
276	远志科	远志属	黄花倒水莲	*Polygala fallax*
277	大戟科	叶下珠属	落萼叶下珠	*Phyllanthus flexuosus*
278		守宫木属	艾堇	*Synostemon bacciformis*
279		算盘子属	算盘子	*Glochidion puberum*
280			香港算盘子	*Glochidion hongkongense*
281		油桐属	木油树	*Vernicia montana*
282		蓖麻属	蓖麻	*Ricinus communis*

（续）

序号	科	属	种	
			中文名	拉丁名
283	大戟科	野桐属	白背叶	*Mallotus apelta*
284		海漆属	海漆	*Excoecaria agallocha*
285		大戟属	通奶草	*Euphorbia indica*
286			飞扬草	*Euphorbia hirta*
287			泽漆	*Euphorbia helioscopia*
288		乌桕属	乌桕	*Sapium sebiferum*
289	水马齿科	水马齿属	沼生水马齿	*Callitriche palustris*
290	黄杨科	黄杨属	狭叶黄杨	*Buxus stenophylla*
291			匙叶黄杨	*Buxus bodinieri*
292			雀舌黄杨	*Buxus harlandii*
293			尖叶黄杨	*Buxus sinica*
294	漆树科	杧果属	芒果	*Mangifera indica*
295		黄连木属	黄连木	*Pistacia chinensis*
296		盐肤木属	盐肤木	*Rhus chinensis*
297	冬青科	冬青属	三花冬青	*Ilex triflora*
298			大叶冬青	*Ilex latifolia*
299	无患子科	龙眼属	龙眼	*Dimocarpus longan*
300		荔枝属	荔枝	*Litchi chinensis*
301	清风藤科	清风藤属	毛萼清风藤	*Sabia limoniacea* var. *ardisioides*
302	凤仙花科	凤仙花属	凤仙花	*Impatiens balsamina*
303			华凤仙花	*Impatiens chinensis*
304			黄金凤	*Impatiens siculifer*
305			类鸭跖草凤仙花	*Impatiens commelinoides*
306			牯岭凤仙花	*Impatiens davidii*
307	鼠李科	雀梅藤属	雀梅藤	*Sageretia thea*
308		马甲子属	马甲子	*Paliurus ramosissimus*
309			硬毛马甲子	*Paliurus hirsutus*
310		枳椇属	枳椇	*Hovenia acerba*
311		咀签属	毛咀签	*Gouania javanica*
312	葡萄科	葡萄属	刺葡萄	*Vitis davidii*
313			锈毛刺葡萄	*Vitis davidii* var. *ferruginea*
314			闽赣葡萄	*Vitis chungii*
315			毛葡萄	*Vitis quinquangularis*
316		白粉藤属	白粉藤	*Cissus repens*
317			苦郎藤	*Cissus assamica*
318		地锦属	绿爬山虎	*Parthenocissus lactivirens*
319		蛇葡萄属	显齿蛇葡萄	*Ampelopsis grossedentata*
320		崖爬藤属	无毛崖爬藤	*Tetrastigma obtectum* var. *glabrum*

（续）

序号	科	属	种	
			中文名	拉丁名
321	杜英科	猴欢喜属	猴欢喜	*Sloanea sinensis*
322	椴树科	田麻属	田麻	*Corchoropsis tomentosa*
323		扁担杆属	细叶扁担杆	*Grewia piscatorum*
324	锦葵科	赛葵属	赛葵	*Malvastrum coromandelianum*
325		黄花稔属	黄花稔	*Sida acuta*
326			心叶黄花稔	*Sida cordifolia*
327			白背黄花稔	*Sida rhombifloia*
328		梵天花属	肖梵天花	*Urena lobata*
329			梵天花	*Urena procumbens*
330		秋葵属	黄蜀葵	*Abelmoschus manihot*
331		木槿属	黄槿	*Hibiscus tiliaceus*
332			海滨木槿	*Hibiscus hamabo*
333	猕猴桃科	水东哥属	水东哥	*Saurauia tristyla*
334	山茶科	山茶属	茶	*Camellia sinensis*
335			柳叶毛蕊茶	*Camellia salicifolia*
336		杨桐属	黄瑞木	*Adinandra millettii*
337		柃属	单耳柃	*Eurya weissiae*
338	藤黄科	三腺金丝桃属	三腺金丝桃	*Triadenum breviflorum*
339		金丝桃属	地耳草	*Hypericum japonicum*
340	钩繁缕科	沟繁缕属	三蕊沟繁缕	*Elatine triandra*
341	堇菜科	堇菜属	江西堇菜	*Viola kiangsiensis*
342			深圆齿堇菜	*Viola davidii*
343			庐山堇菜	*Viola stewardiana*
344			紫花堇菜	*Viola grypoceras*
345			三角叶堇菜	*Viola triangulifolia*
346			堇菜	*Viola verecunda*
347			萱	*Viola vaginata*
348			毛堇菜	*Viola confusa*
349			戟叶堇菜	*Viola betonicifolia*
350			尼泊尔堇菜	*Viola betonicifolia*
351			紫花地丁	*Viola yedoensis*
352			长萼堇菜	*Viola inconspicua*
353	大风子科	脚骨脆属	嘉赐树	*Casearia glomerata*
354	西番莲科	西番莲属	广东西番莲	*Passiflora kwangtungensis*
355	秋海棠科	秋海棠属	粗喙秋海棠	*Begonia crassirostris*
356			中华秋海棠	*Begonia sinensis*
357			秋海棠	*Begonia evansiana*
358			周裂秋海棠	*Begonia circumlobata*

（续）

序号	科	属	种	
			中文名	拉丁名
359	秋海棠科	秋海棠属	裂叶秋海棠	*Begonia laciniata*
360	千屈菜科	水苋菜属	水苋菜	*Ammannia baccifera*
361			耳基水苋	*Ammannia arenaria*
362		节节菜属	节节菜	*Rotala indica*
363			圆叶节节菜	*Rotala rotundifolia*
364	海桑科	海桑属	无瓣海桑	*Sonneratia apetala*
365	红树科	木榄属	木榄	*Bruguiera gymnorrhiza*
366			海莲	*Bruguiera sexangula*
367			尖瓣海莲	*Bruguiera sexangula* var. *rhynochopetala*
368		红树属	红海榄	*Rhizophora stylosa*
369		角果木属	秋茄树	*Kandelia obovata*
370	蓝果树科	喜树属	喜树	*Camptotheca acuminata*
371	使君子科	拉贡木属	拉贡木	*Laguncularia racemosa*
372		使君子属	使君子	*Quisqualis indica*
373	桃金娘科	桉属	巨尾桉	*Eucalyptus grandis* × *E. urophylla*
374		蒲桃属	轮叶蒲桃	*Syzygium grijsii*
375		番石榴属	番石榴	*Psidium guajava*
376	野牡丹科	蜂斗草属	蜂斗草	*Sonerila cantonensis*
377			溪边桑勒草	*Sonerila rivularis*
378		异药花属	肥肉草	*Fordiophyton fordii*
379		锦香草属	叶底红	*Phyllagathis fordii*
380			锦香草	*Phyllagathis cavaleriei*
381			短毛熊巴掌	*Phyllagathis cavaleriei* var. *tankahkeei*
382		肉穗草属	楮头红	*Sarcopyramis nepalensis*
383			东方肉穗草	*Sarcopyramis bodinieri* var. *delicata*
384		柏拉木属	柏拉木	*Blastus cochinchinensis*
385	菱科	菱属	细果野菱	*Trapa maximowiczii*
386			野菱	*Trapa incisa* var. *quadricaudata*
387			菱	*Trapa bispinosa*
388			乌菱	*Trapa bicornis*
389	柳叶菜科	露珠草属	牛泷草	*Circaea cordata*
390			谷蓼	*Circaea erabescens*
391		月见草属	海边月见草	*Oenothera littaralis*
392		丁香蓼属	细花丁香蓼	*Ludwigia caryophylla*
393			丁香蓼	*Ludwigia prostrata*
394			卵叶丁香蓼	*Ludwigia ovalis*
395			水龙	*Jussiaea repens*
396			毛草龙	*Jussiaea suffruticosa*

（续）

序号	科	属	种	
			中文名	拉丁名
397	柳叶菜科	丁香蓼属	草龙	*Jussiaea linifolia*
398	小二仙草科	小二仙草属	小二仙草	*Haloragis Micrantha*
399		狐尾藻属	狐尾藻	*Myriophyllum verticillatum*
400			泥茜	*Myriophyllum spicatum*
401	五加科	鹅掌柴属	鹅掌柴	*Schefflera octophylla*
402		楤木属	楤木	*Aralia chinensis*
403	伞形科	天胡荽属	红马蹄草	*Hydrocotyle nepalensis*
404			天胡荽	*Hydrocotyle sibthorpioides*
405			破铜钱	*Hydrocotyle sibthorpioides* var. *batrachium*
406			肾叶天胡荽	*Hydrocotyle wilfordii*
407		积雪草属	积雪草	*Centella asiatica*
408		变豆菜属	变豆菜	*Sanicula chinensis*
409			薄片变豆菜	*Sanicula lamelligera*
410			直刺变豆菜	*Sanicula orthacantha*
411		窃衣属	小窃衣	*Torilis japonica*
412			窃衣	*Torilis scabra*
413		白苞芹属	白苞芹	*Nothosmymium japonicum*
414		水芹属	卵叶水芹	*Oenanthe rosthornii*
415			短幅水芹	*Oenanthe benghalensis*
416			水芹	*Oenanthe javanica*
417			中华水芹	*Oenanthe sinensis*
418			西南水芹	*Oenanthe dielsii*
419		鸭儿芹属	鸭儿芹	*Cryptotaenia japonica*
420		囊瓣芹属	东亚囊瓣芹	*Pternopetalum tanakae*
421		珊瑚菜属	珊瑚菜	*Glehnia littoralis*
422	山茱萸科	青荚叶属	青荚叶	*Helwingia japonica*
423		山茱萸属	秀丽四照花	*Dendrobenthamia elegans*
424			尖叶四照花	*Dendrobenthamia angustata*
425		桃叶珊瑚属	桃叶珊瑚	*Aucuba chinensis*
426	鹿蹄草科	鹿蹄草属	鹿蹄草	*Pyrola calliantha*
427			长叶鹿蹄草	*Pyrola elegantula*
428			江西长叶鹿蹄草	*Pyrola elegantula* var. *jiangxiensis*
429	杜鹃花科	杜鹃属	溪畔杜鹃	*Rhododendron rivulare*
430			杜鹃	*Rhododendron simsii*
431		越橘属	乌饭树	*Vaccinium bracteatum*
432	紫金牛科	蜡烛果属	桐花树	*Aegiceras corniculatum*
433		紫金牛属	紫金牛	*Ardisia japonica*
434	报春花科	假婆婆纳属	假婆婆纳	*Stimpsonia chamaedryoides*

（续）

序号	科	属	种	
			中文名	拉丁名
435	报春花科	琉璃繁缕属	琉璃繁缕	*Anagollis coerulea*
436		珍珠菜属	假排草	*Lysimachia sikokiana*
437			广西过路黄	*Lysimachia alfredii*
438			南平过路黄	*Lysimachia nanpingensis*
439			疏头过路黄	*Lysimachia pseudo-henryi*
440			过路黄	*Lysimachia christinae*
441			小茄	*Lysimachia japonica*
442			巴东过路黄	*Lysimachia patungensis*
443			临时救	*Lysimachia congestiflora*
444			滨海珍珠菜	*Lysimachia mauritiana*
445			黑腺珍珠菜	*Lysimachia heterogenea*
446			星宿草	*Lysimachia fortunei*
447			泽珍珠菜	*Lysimachia candida*
448	蓝雪科	补血草属	中华补血草	*Limonium sinense*
449		白花丹属	白花丹	*Plumbago zeylanica*
450	山矾科	山矾属	羊舌树	*Symplocos glauca*
451	安息香科	赤杨叶属	拟赤杨	*Alniphyllum fortunei*
452	木樨科	女贞属	李氏女贞	*Ligustrum lianum*
453			小蜡	*Ligustrum sinense*
454	马钱科	醉鱼草属	醉鱼草	*Buddleja lindleyana*
455			驳骨丹	*Buddleja saiatica*
456		尖帽草属	小姬苗	*Mitrasacme pygmaea*
457			姬苗	*Mitrasacme indica*
458	龙胆科	獐牙菜属	獐牙菜	*Swertia bimaculata*
459		荇菜属	金银莲花	*Nymphoides indica*
460			水皮莲	*Nymphoides cristate*
461			荇菜	*Nymphoides peltata*
462	萝藦科	鹅绒藤属	白薇	*Cynanchum atratum*
463			柳叶白前	*Cynanchum stauntonii*
464			白前	*Cynanchum glaucescens*
465			徐长卿	*Cynanchum paniculatum*
466	旋花科	菟丝子属	菟丝子	*Cuscuta chinensis*
467		甘薯属	心萼薯	*Ipomoea biflora*
468			狭花心萼薯	*Ipomoea fimbriosepala*
469		鱼黄草属	鱼黄草	*Merremia hederacea*
470		番薯属	牵牛	*Pharbitis nil*
471			蕹菜	*Ipomoea aquatica*
472			五爪金龙	*Ipompea cairica*

（续）

序号	科	属	种	
			中文名	拉丁名
473	旋花科	番薯属	七爪龙	*Ipompea digitata*
474			厚藤	*Ipomoea pescaprae*
475			假厚藤	*Ipomoea stolonifera*
476	田基麻科	田基麻属	田基麻	*Hydrolea zeylanica*
477	紫草科	天芥菜属	细叶天芥菜	*Heliotropium strigosum*
478		琉璃草属	小花琉璃草	*Cynoglossum lanceolatum*
479	马鞭草科	海榄雌属	白骨壤	*Avicennia marina*
480		马缨丹属	马缨丹	*Lantana camara*
481		过江藤属	过江藤	*Phyla nodiflora*
482		紫珠属	紫珠	*Callicarpa bodinieri*
483		豆腐柴属	长序臭黄荆	*Premna fordii*
484		牡荆属	单叶蔓荆	*Vitex trifolia* var. *simplicifolia*
485			山牡荆	*Vitex quinatq*
486			牡荆	*Vitex negundo* var. *cannabifolia*
487		大青属	苦郎树	*Clerodendrum inerme*
488	唇形科	石荠苎属	石香薷	*Mosla chinensis*
489			小鱼仙草	*Mosla dianthera*
490		鼠尾草属	南丹参	*Salvia bowleyana*
491			荔枝草	*Salvia plebeia*
492			地埂鼠尾草	*Salvia scapiformis*
493			鼠尾草	*Salvia japonica*
494			绵毛鼠尾草	*Salvia japonica* var. *lanuginosa*
495			多小叶鼠尾草	*Salvia japonica* var. *multifoliolata*
496			华鼠尾草	*Salvia chinensis*
497			崇安鼠尾草	*Salvia chunganensis*
498			铁线鼠尾草	*Salvia adiantifolia*
499		水蜡烛属	水虎尾	*Dysophylla stellata*
500			海南水虎尾	*Dysophylla stellata* var. *hainanensis*
501			水蜡烛	*Dysophylla yatabeana*
502		刺蕊草属	水珍珠菜	*Pogostemon auricularius*
503		薄荷属	薄荷	*Mentha haplocalyx*
504		毛药花属	毛药花	*Bostrychanthera deflexa*
505		夏枯草属	夏枯草	*Prunelia vulgaris*
506			白花夏枯草	*Prunelia vulgaris* var. *leucantha*
507		黄芩属	异色黄芩	*Scutellaria discolor*
508			蓝花黄芩	*Scutellaria formosana*
509			红茎黄芩	*Scutellaria yunnanensis*
510			裂叶黄芩	*Scutellaria incisa*

（续）

序号	科	属	种	
			中文名	拉丁名
511	唇形科	黄芩属	半枝莲	*Scutellaria barbata*
512		风轮菜属	风轮菜	*Clinopodium chinese*
513			细风轮菜	*Clinopodium gracile*
514			邻近风轮菜	*Clinopodium confine*
515		绣球防风属	白绒草	*Leucas mollssima*
516			疏毛白绒草	*Leucas mollssima* var. *chinensis*
517			线叶白绒草	*Leucas lavandulifolia*
518		野芝麻属	宝盖草	*Lamium amplexicaule*
519			野芝麻	*Lamium barbatum*
520		假糙苏属	曲茎假糙苏	*Paraphlomis foliata*
521			纤细假糙苏	*Paraphlomis gracilis*
522			上杭假糙苏	*Paraphlomis albida* var. *shanghangensis*
523			顺昌假糙苏	*Paraphlomis shunchangensis*
524		水苏属	水苏	*Stachys japonica*
525			田野水苏	*Stachys arvensis*
526		四棱草属	四棱草	*Schnabelia oligophylla*
527		筋骨草属	金疮小草	*Ajuga decumbers*
528			网果筋骨草	*Ajuga dictyocarpa*
529		活血丹属	活血丹	*Glecoma longituba*
530		四轮香属	出蕊四轮草	*Hanceola exserta*
531		凉粉草属	凉粉草	*Mesona chinensis*
532		香茶菜属	显脉香茶菜	*Rabdosia nervosa*
533			香茶菜	*Rabdosia amethystoides*
534			内折香茶菜	*Rabdosia inflexa*
535			线纹香茶菜	*Rabdosia lophanthoides*
536			细花线纹香茶菜	*Rabdosia lophanthoides* var. *graciliflora*
537			大萼香茶菜	*Rabdosia macrocalyx*
538		鞘蕊花属	小五彩苏	*Coleus scutellarioides* var. *crispipilus*
539	茄科	枸杞属	枸杞	*Lycium chinense*
540		茄属	美洲龙葵	*Solanum americanum*
541			龙葵	*Solanum nigrum*
542			木龙葵	*Solanum suffruticosum*
543		散血丹属	江南散血丹	*Physaliastrum heterophyllum*
544		红丝线属	红丝线	*Lycianthus biflora*
545	玄参科	石龙尾属	石龙尾	*Limnophila sessiliflora*
546			抱茎石龙尾	*Limnophila connata*
547			大叶石龙尾	*Limnophila rugosa*
548			匍匐石龙尾	*Limnophila repens*

（续）

序号	科	属	种	
			中文名	拉丁名
549	玄参科	石龙尾属	紫苏草	*Limnophila aromatica*
550			中华石龙尾	*Limnophila chinensis*
551		小果草属	小果草	*Microcarpaea minima*
552		假马齿苋属	麦花草	*Bacopa floribunda*
553			假马齿苋	*Bacopa monnieri*
554			匍匐假马齿苋	*Bacopa repens*
555		玄参属	玄参	*Scrophularia ningpoensis*
556		婆婆纳属	婆婆纳	*Veronica didyma*
557			多枝婆婆纳	*Veronica javanica*
558			水苦荬	*Veronica undulata*
559		三翅萼属	三翅萼	*Legazpia polygonoides*
560		蝴蝶草属	毛叶蝴蝶草	*Torenia benthamiana*
561			紫萼蝴蝶草	*Torenia violacea*
562			紫斑蝴蝶草	*Torenia fordii*
563			光叶蝴蝶草	*Torenia glabra*
564		母草属	母草	*Lindernia crustacea*
565			棱萼母草	*Lindernia oblonga*
566			陌上菜	*Lindernia procumbens*
567			狭叶母草	*Lindernia angustifolia*
568			红骨草	*Lindernia mintana*
569			细茎母草	*Lindernia caespitosa*
570			刺毛母草	*Lindernia setulosa*
571			长蒴母草	*Lindernia anagallis*
572			泥花草	*Lindernia antipoda*
573			旱田草	*Lindernia ruellioides*
574			刺齿泥花草	*Lindernia ciliata*
575		通泉草属	早落通泉草	*Mazus caducifer*
576			通泉草	*Mazus japonicas*
577			福建通泉草	*Mazus fukienensis*
578			纤细通泉草	*Mazus gracilis*
579			匍茎通泉草	*Mazus miquelii*
580	胡麻科	茶菱属	茶菱	*Trapella sinensis*
581	苦苣苔科	线柱苣苔属	异色线柱苣苔	*Rhynchotechum discolor*
582			线柱苣苔	*Rhynchotechum obovatum*
583		芒毛苣苔属	芒毛苣苔	*Aeschynanthus acuminatus*
584		台闽苣苔属	台闽苣苔	*Titanotrichum oldhamii*
585		旋蒴苣苔属	猫耳朵	*Boea hygrometrica*
586		半蒴苣苔属	半蒴苣苔	*Hemiboea henryi*

（续）

序号	科	属	种	
			中文名	拉丁名
587	苦苣苔科	半蒴苣苔属	贵州半蒴苣苔	*Hemiboea cavaleriei*
588	狸藻科	狸藻属	短梗挖耳草	*Utricularia caerulea*
589			园叶挖耳草	*Utricularia striatula*
590			挖耳草	*Utricularia bifida*
591			禾叶挖耳草	*Utricularia graminifolia*
592			斜果挖耳草	*Utricularia minutissima*
593			少花狸藻	*Utricularia exoleta*
594			黄花狸藻	*Utricularia aurea*
595			南方狸藻	*Utricularia australis*
596	爵床科	老鼠簕属	老鼠簕	*Acanthus ilicifolius*
597		水蓑衣属	水蓑衣	*Hygrophila salicifolia*
598		钟花草属	钟花草	*Codonacanthus pauciflorus*
599		紫云菜属	球花马蓝	*Strobilanthes pentstemonoides*
600			三花马蓝	*Strobilanthes triflorus*
601			马蓝	*Strobilanthes cusia*
602			四子马蓝	*Strobilanthes tetraspermus*
603		白接骨属	白接骨	*Asystasiella chinensis*
604		狗肝菜属	狗肝菜	*Dicliptera chinensis*
605		观音草属	山蓝	*Peristrophe roxburghiana*
606			九头狮子草	*Peristrophe japonica*
607		孩儿草属	中华孩儿草	*Rungia chinensis*
608			赛爵床	*Calophanoides quadrifaria*
609	苦槛蓝科	苦槛蓝属	苦槛蓝	*Myoporum bontioides*
610	透骨草科	透骨草属	透骨草	*Phryma leptostachya*
611	车前科	车前属	车前	*Plantago asiatica*
612			大车前	*Plantago major*
613	茜草科	水团花属	水团花	*Adina pilulifera*
614			细叶水团花	*Adina rubella*
615		鸡仔木属	鸡仔木	*Sinoadina racemosa*
616		风箱树属	风箱树	*Cephalanthus tetrandrus*
617		钩藤属	钩藤	*Uncaria rhynchophylla*
618			毛钩藤	*Uncaria hirsuta*
619		玉叶金花属	玉叶金花	*Mussaenda pubescens*
620		栀子属	黄栀子	*Gardenia jasminoides*
621		乌口树属	尖萼乌口树	*Tarenna acutisepala*
622		虎刺属	短刺虎刺	*Damnacanthus subspinosus*
623		白马骨属	六月雪	*Serissa serissoides*
624		鸡矢藤属	鸡矢藤	*Paederia scandens*

（续）

序号	科	属	种	
			中文名	拉丁名
625	茜草科	鸡矢藤属	毛鸡屎藤	*Paederia scandens* var. *tomentosa*
626		蛇根草属	日本蛇根草	*Ophiorrhiza japonica*
627			中华蛇根草	*Ophiorrhiza chinensis*
628			短小蛇根草	*Ophiorrhiza pumila*
629		耳草属	纤花耳草	*Hedyotis tenelliflora*
630			松叶耳草	*Hedyotis pinifolia*
631			丹草	*Hedyotis herbacea*
632			伞房花耳草	*Hedyotis corymbosa*
633			圆茎耳草	*Hedyotis corymbosa* var. *tereticaulia*
634			白花蛇舌草	*Hedyotis diffusa*
635			金毛耳草	*Hedyotis chrysotricha*
636			双花耳草	*Hedyotis biflora*
637		新耳草属	黄细心状耳草	*Neanotis boerhaavioides*
638			广东耳草	*Neanotis kwangtungensis*
639		薄柱草属	薄柱草	*Nertera sinensis*
640			黑果薄柱草	*Nertera nigricarpa*
641		丰花草属	糙叶丰花草	*Borreria articularis*
642		拉拉藤属	四叶葎	*Galium bungei*
643			阔叶四叶葎	*Galium bungei* var. *teachyspermum*
644			熊果猪殃殃	*Galium comari*
645			小叶猪殃殃	*Galium trifidum*
646		茜草属	东南茜草	*Rubia argyi*
647			金剑草	*Rubia alata*
648	忍冬科	接骨木属	接骨草	*Sambucus chinensis*
649			接骨木	*Sambucus williamsii*
650		荚蒾属	蝶花荚蒾	*Viburnum hanceanum*
651			毛枝金腺荚蒾	*Viburnum chunii* var. *piliferum*
652			披针叶荚蒾	*Viburnum lancifolium*
653			荚蒾	*Viburnum dilatatum*
654			南方荚蒾	*Viburnum fordiae*
655		锦带花属	半边月	*Weigela japonica* var. *sinica*
656		忍冬属	忍冬	*Lonicera japonica*
657			红腺忍冬	*Lonicera hypoglauca*
658	败酱科	败酱属	攀倒甑	*Patrinia villosa*
659	葫芦科	盒子草属	盒子草	*Actinostemma tenerum*
660		赤瓟属	南赤瓟	*Thladiantha nudiflora*
661			台湾赤瓟	*Thladiantha punctata*
662		苦瓜属	木鳖	*Momordica cochinchinensis*

（续）

序号	科	属	种	
			中文名	拉丁名
663	桔梗科	蓝花参属	蓝花参	*Wahlenbergia marginata*
664		金钱豹属	金钱豹	*Campanumoea javanica*
665			长叶轮钟草	*Campanumoea lancifolia*
666		沙参属	中华沙参	*Adenophora sinensis*
667		尖瓣花属	尖瓣花	*Sphenoclea zeylanica*
668		半边莲属	卵叶半边莲	*Lobelia zeylanica*
669			半边莲	*Lobelia chinensis*
670			山梗菜	*Lobelia sessilifolia*
671			线萼山梗菜	*Lobelia melliana*
672			江南山梗菜	*Lobelia davidii*
673			铜锤玉带草	*Pratia nummularia*
674	草海桐科	草海桐属	草海桐	*Scaevola taccada*
675	花柱草科	花柱草属	狭叶花柱草	*Stylidium tenellum*
676	菊科	下田菊属	下田菊	*Adenostemma lavenia*
677			宽叶下田菊	*Adenostemma lavenia* var. *latifolium*
678		藿香蓟属	熊耳草	*Ageratum houstonianum*
679			藿香蓟	*Ageratum conyzoides*
680		泽兰属	林泽兰	*Eupatorium lindleyanum*
681		鱼眼草属	鱼眼草	*Dichrocephala integrifolia*
682		秋分草属	秋分草	*Rhynchospermum verticillatum*
683		裸菀属	狭叶裸菀	*Miyamayomena angustifolia*
684		马兰属	毡毛马兰	*Kalimeris shimadai*
685		狗娃花属	华南狗娃花	*Heteropappus ciliosus*
686		东风菜属	短柄东风菜	*Doellingeria marchandii*
687		紫菀属	陀螺紫菀	*Aster turbinatus*
688			钻形紫菀	*Aster subulatus*
689		飞蓬属	一年蓬	*Erigeron annuus*
690		白酒草属	埃及白酒草	*Conyza aegyjptiaca*
691			白酒草	*Conyza japonica*
692			小蓬草	*Conyza canadensis*
693			香丝草	*Conyza honariensis*
694		艾纳香属	节节红	*Blumea fistulosa*
695		阔苞菊属	光梗阔苞菊	*Pluchea pteropoda*
696			阔苞菊	*Pluchea indica*
697		鼠麴草属	细叶鼠麴草	*Gnaphalium japonicum*
698			鼠麴草	*Gnaphalium affine*
699		旋覆花属	线叶旋覆花	*Inula lineariifolia*
700		和尚菜属	和尚菜	*Adenocaulon hmalaicum*

（续）

序号	科	属	种	
			中文名	拉丁名
701	菊科	苍耳属	苍耳	*Xanthium sibiricum*
702		豚草属	豚草	*Ambrosia artemisiifolia*
703		银胶菊属	银胶菊	*Parthenium hysterophorus*
704		豨莶属	豨莶	*Siegesbeckia orientalis*
705		鳢肠属	鳢肠	*Eclipta prostrate*
706		蟛蜞菊属	麻叶蟛蜞菊	*Wedelia urticifolia*
707			卤地菊	*Wedelia prostrate*
708			蟛蜞菊	*Wedelia chinensis*
709			三裂叶蟛蜞菊	*Wedelia trilobata*
710		肿柄菊属	肿柄菊	*Tithonia diversifolia*
711		金纽扣属	金钮扣	*Spilanthes paniculata*
712		鬼针草属	狼杷草	*Bidens tripartita*
713			鬼针草	*Bidens pilosa*
714			白花鬼针草	*Bidens pilosa* var. *radiata*
715			婆婆针	*Bidens bipinnata*
716		鹿角草属	鹿角草	*Glossogyne tenuifolia*
717		牛膝菊属	牛膝菊	*Galinsoga parviflora*
718		蒿属	青蒿	*Artemisia carvifolia*
719			黄花蒿	*Artemisia annua*
720			艾	*Artemisia argyi*
721			黄毛蒿	*Artemisia velutina*
722			野艾蒿	*Artemisia lavandulaefolia*
723			南艾蒿	*Artemisia verlotorum*
724			矮蒿	*Artemisia lancea*
725			蒙古蒿	*Artemisia mongolica*
726			魁蒿	*Artemisia princeps*
727			红足蒿	*Artemisia rubripes*
728			奇蒿	*Artemisia anomala*
729			白苞蒿	*Artemisia lactiflora*
730			茵陈蒿	*Artemisia capillaris*
731		石胡荽属	石胡荽	*Centipeda minima*
732		山芫荽属	芫荽菊	*Cotula anthemoides*
733		裸柱菊属	裸柱菊	*Soliva znthemifolia*
734		蜂斗菜属	蜂斗菜	*Petasites japonicas*
735		菊三七属	蔓三七草	*Gynura procumbens*
736		野茼蒿属	野茼蒿	*Crassocephalum crepidioides*
737		一点红属	一点红	*Emilia sonchifolia*
738		千里光属	千里光	*Senecio scandens*

（续）

序号	科	属	种	
			中文名	拉丁名
739	菊科	蒲儿根属	蒲儿根	*Sinosenecio oldhamianus*
740			赣闽华千里光	*Sinosenecio latouchei*
741		狗舌草属	狗舌草	*Tephroseris kirilowii*
742		橐吾属	大头橐吾	*Ligularia japonica*
743			窄头橐吾	*Ligularia stenocephala*
744		蓟属	牛口刺	*Cirsium sbansiense*
745			蓟	*Cirsium japonicum*
746			总序蓟	*Cirsium racemiforme*
747			刺儿菜	*Cirsium setosum*
748			稻槎菜	*Cirsium apogonoides*
749		兔儿风属	三脉兔儿风	*Ainsliaea trinervis*
750			狭叶兔儿风	*Ainsliaea walkeri*
751		泥胡菜属	泥胡菜	*Hemistepta lyrata*
752		栓果菊属	蔓茎栓果菊	*Launaea sarmentosa*
753		翅果菊属	高大翅果菊	*Pterocypsela elata*
754			翅果菊	*Pterocypsela indica*
755			多裂翅果菊	*Pterocypsela laciniata*
756		黄鹌菜属	黄鹌菜	*Youngia japonica*
757		苦荬菜属	匍匐苦荬菜	*Ixeris repens*
758			剪刀股	*Ixeris debilis*
759			平滑苦荬菜	*Ixeris laevigata*
760			多头苦荬菜	*Ixeris polycephala*
761			齿喙苦荬菜	*Ixeris dentata*
762			苦荬菜	*Ixeris denticulata*
763			抱茎苦荬菜	*Ixeris sonchifolia*
764	香蒲科	香蒲属	水烛	*Typha angustifolia*
765	露兜树科	露兜树属	露兜树	*Pandanus tectorius*
766	黑三棱科	黑三棱属	曲轴黑三棱	*Sparganium fallax*
767	眼子菜科	眼子菜属	浮叶眼子菜	*Potamogeton natans*
768			眼子菜	*Potamogeton distinctus*
769			小叶眼子菜	*Potamogeton cristatus*
770			南方眼子菜	*Potamogeton octandrus*
771			篦齿眼子菜	*Potamogeton pectinatus*
772			竹叶眼子菜	*Potamogeton malaianus*
773			菹草	*Potamogeton crispus*
774			尖叶眼子菜	*Potamogeton oxyphyllus*
775			小眼子菜	*Potamogeton pusillus*
776		川蔓藻属	川蔓藻	*Ruppia maritime*

（续）

序号	科	属	种	
			中文名	拉丁名
777	眼子菜科	大叶藻属	大叶藻	*Zostera marina*
778	茨藻科	角果藻属	角果藻	*Zannichellia palustris*
779		茨藻属	草茨藻	*Najas graminea*
780			纤细茨藻	*Najas gracillima*
781			小茨藻	*Najas minor*
782			弯果茨藻	*Najas ancistrocarpa*
783			东方茨藻	*Najas orientalis*
784	水蕹科	水蕹属	水蕹	*Aponogeton lakhonensis*
785	泽泻科	泽泻属	泽泻	*Alisma plantago-aquatica*
786			东方泽泻	*Alisma orientale*
787			窄叶泽泻	*Alisma canaliculatum*
788		慈姑属	冠果草	*Sagittaria guayanensis*
789			利川慈姑	*Sagittaria lichuanensis*
790			野慈姑	*Sagittaria trifolia*
791			慈姑	*Sagittaria trifolia* var. *sinensis*
792			剪刀草	*Sagittaria trifolia* var. *longiloba*
793			小慈姑	*Sagittaria potamogetifolia*
794			矮慈姑	*Sagittaria pygmaea*
795	水鳖科	黑藻属	黑藻	*Hydrilla verticillata*
796		水鳖属	水鳖	*Hydrocharis dubia*
797		水车前属	水车前	*Ottelia alismoides*
798		苦草属	苦草	*Vallisneria natans*
799		水筛属	无尾水筛	*Blyxa aubertii*
800			有尾水筛	*Blyxa echinosperma*
801			水筛	*Blyxa japonica*
802	禾本科	簕竹属	簕竹	*Bambusa blumeana*
803			车筒竹	*Bambusa sinospinosa*
804			木竹	*Bambusa rutila*
805			毛簕竹	*Bambusa dissemulator* var. *hispida*
806			撑篙竹	*Bambusa pervariabilis*
807			孝顺竹	*Bambusa multiplex*
808			凤尾竹	*Bambusa multiplex* var. *riviereum*
809			河边竹	*Bambusa multipales* var. *strigosa*
810			青皮竹	*Bambusa textilis*
811			黄竹	*Bambusa textilis* var. *glabra*
812			长毛米筛竹	*Bambusa pachinensis* var. *hirsutissima*
813			藤枝竹	*Bambusa lenta*
814			青杆竹	*Bambusa tuldoides*

（续）

序号	科	属	种	
			中文名	拉丁名
815	禾本科		长枝竹	*Bambusa dolichoclada*
816			硬头黄	*Bambusa rigida*
817			单竹	*Bambusa cerosissima*
818			大木竹	*Bambusa wenchouensis*
819			绿竹	*Bambusa oldhamii*
820			慈竹	*Neosinocalamus affinis*
821		牡竹属	麻竹	*Dendrocalamus latiflorus*
822		刚竹属	刚竹	*Phyllostachys viridis*
823			台湾桂竹	*Phyllostachys maikinoi*
824			毛环竹	*Phyllostachys meyeri*
825			黄古竹	*Phyllostachys angusta*
826			淡竹	*Phyllostachys glauca*
827			[illegible]竹	*Phyllostachys glauca*
828			石竹	*Phyllostachys nuda*
829			毛竹	*Phyllostachys heterocycla* var. *pubescens*
830			假毛竹	*Phyllostachys kwangsinsis*
831			桂竹	*Phyllostachys bambusoides*
832			水竹	*Phyllostachys heteroclada*
833			河竹	*Phyllostachys rivalis*
834		酸竹属	福建酸竹	*Acidosasa notata*
835			黄甜竹	*Acidosasa edulis*
836		少穗竹属	少穗竹	*Oligostachyum sulcatum*
837			屏南少穗竹	*Oligostachyum glabrescens*
838			肿节少穗竹	*Oligostachyum oedogonatum*
839		苦竹属	苦竹	*Pleioblastus amarus*
840		矢竹属	面竿竹	*Pseudosasa orthotropa*
841		箬竹属	箬竹	*Indocalamus tessellatus*
842		稻属	稻	*Oryza sativa*
843			普通野生稻	*Oryza rufipogon*
844		假稻属	秕壳草	*Leersia sayanuka*
845			蓉草	*Leersia oryzoides*
846		水禾属	水禾	*Hygroryza aristata*
847		菰属	菰	*Zizania caduciflora*
848		披碱草属	鹅观草	*Elymus kamoji*
849		虉草属	虉草	*Phalaris arundinacea*
850		看麦娘属	看麦娘	*Alopecurus aequalis*
851			日本看麦娘	*Alopecurus japonicus*
852		拂子茅属	拂子茅	*Calamagrostis epigejos*

（续）

序号	科	属	种	
			中文名	拉丁名
853	禾本科	剪股颖属	巨序剪股颖	*Agrostis gigantea*
854			多花剪股颖	*Agrostis myriantha*
855			剪股颖	*Agrostis matsumurae*
856			外玉山剪股颖	*Agrostis transmorrisonensis*
857			台湾剪股颖	*Agrostis canina* var. *formosana*
858		棒头草属	棒头草	*Polypogon fugax*
859			长芒棒头草	*Polypogon manspeliensis*
860		三毛草属	三毛草	*Trisetum bifidum*
861		麦氏草属	沼原草	*Molinia japonica*
862		粽叶芦属	棕叶芦	*Thysanolaena maxima*
863		芦苇属	卡开芦	*Phragmites karka*
864			芦苇	*Phragmites australis*
865		芦竹属	芦竹	*Arundo donax*
866		类芦属	类芦	*Neyraudia reynaudiana*
867		黑麦草属	多花黑麦草	*Lolium multiflorum*
868		雀麦属	疏花雀麦	*Bromus remotiflorus*
869		甜茅属	甜茅	*Glyceria acutiflora*
870		鼠茅属	鼠茅	*Vulpia myuros*
871		早熟禾属	早熟禾	*Poa annua*
872			白顶早熟禾	*Poa acroleuca*
873		假牛鞭草属	假牛鞭草	*Parapholis incurva*
874		穇属	牛筋草	*Eleusine indica*
875		龙爪茅属	龙爪茅	*Dactyloctenium aegyptium*
876		画眉草属	画眉草	*Eragrostis pilosa*
877			乱草	*Eragrostis japonica*
878			牛虱草	*Eragrostis unioloides*
879			鼠妇草	*Eragrostis atrovirens*
880		千金子属	千金子	*Leptochloa chinensis*
881			虮子草	*Leptochloa panicea*
882		米草属	大米草	*Spartina anglica*
883			互花米草	*Spartina alterniflora*
884		虎尾草属	台湾虎尾草	*Chloris formosana*
885		狗牙根属	狗牙根	*Cynodon dactylon*
886		小丽草属	小丽草	*Coelachne simpliciuscula*
887		柳叶箬属	匍匐柳叶箬	*Isachne repens*
888			细弱柳叶箬	*Isachne tenuis*
889			柳叶箬	*Isachne globosa*
890			紧穗柳叶箬	*Isachne globosa* var. *compacta*

（续）

序号	科	属	种	
			中文名	拉丁名
891	禾本科	柳叶箬属	二型柳叶箬	*Isachne dispar*
892		茅根属	大花茅根	*Perotis macrantha*
893		结缕草属	结缕草	*Zoysia japonica*
894			中华结缕草	*Zoysia sinica*
895			沟叶结缕草	*Zoysia matrella*
896		鼠尾粟属	盐地鼠尾粟	*Sporobolus vinginicus*
897			鼠尾粟	*Sporobolus fertilis*
898		显子草属	显子草	*Phaenosperma globosa*
899		稗荩属	稗荩	*Sphaerocaryum malaccense*
900		野古草属	石芒草	*Arundinella nepalensis*
901		鬣刺属	老鼠簕	*Spinifex littoreus*
902		类雀稗属	尖头类雀稗	*Paspapidium punctataum*
903		伪针茅属	假针茅	*Pseudoraphis spinescens*
904		狗尾草属	棕叶狗尾草	*Setaria palmifolia*
905			皱叶狗尾草	*Setaria plicata*
906			狗尾草	*Setaria viridis*
907			大狗尾草	*Setaria faberii*
908			金色狗尾草	*Setaria glauca*
909		狼尾草属	狼尾草	*Pennisetum alopecuroides*
910			象草	*Pennisetum purpureum*
911			杂交狼尾草	*Pennisetum americanum* × *P. purpureum*
912			皇竹草	*Pennisetum purpureum* × *P. americanum*
913		囊颖草属	囊颖草	*Sacciolepis indica*
914			鼠尾囊颖草	*Sacciolepis myosuroides*
915		黍属	糠黍	*Panicum bisulcatum*
916			短叶黍	*Panicum brevifolia*
917			铺地黍	*Panicum repens*
918			水生黍	*Panicum paludosum*
919		距花黍属	距花黍	*Ichnanthus vicinus*
920		求米草属	求米草	*Oplismenus undulatifolius*
921			竹叶草	*Oplismenus compositus*
922			中间型竹叶草	*Oplismenus compositus* var. *intermedius*
923			福建竹叶草	*Oplismenus fujianensis*
924		稗属	光头稗	*Echinochloa colonum*
925			稗	*Echinochloa crusgalli*
926			西末稗	*Echinochloa crusgalli* var. *zelayensis*
927			无芒稗	*Echinochloa crusgalli* var. *mitis*
928			小旱稗	*Echinochloa crusgalli* var. *austro-japonensis*

（续）

序号	科	属	种	
			中文名	拉丁名
929	禾本科	稗属	旱稗	*Echinochloa hispidula*
930		野黍属	野黍	*Eriochloa villosa*
931			高野黍	*Eriochloa procera*
932		雀稗属	两耳草	*Paspalum conjugatum*
933			双穗雀稗	*Paspalum paspaloides*
934			毛花雀稗	*Paspalum dilatatum*
935			长叶雀稗	*Paspalum longifolium*
936			雀稗	*Paspalum thunbergii*
937			圆果雀稗	*Paspalum orbiculare*
938			鸭乸草	*Paspalum scrobiculatum*
939		膜稃草属	展穗膜稃草	*Hymenachne patens*
940			长耳膜稃草	*Hymenachne insulicola*
941		马唐属	紫马唐	*Digitaria violascens*
942			止血马唐	*Digitaria ischaemum*
943			二型马唐	*Digitaria heterantha*
944			升马唐	*Digitaria ciliaris*
945			短颖马唐	*Digitaria microbachne*
946			红尾翎	*Digitaria radicosa*
947		鳝茅属	鳝茅	*Dimeria ornithopoda*
948			镰形鳝茅	*Dimeria falcata*
949			华鳝茅	*Dimeria sinensis*
950		金发草属	金丝草	*Pogonatherum crinitum*
951		白茅属	白茅	*Imperata cylindrica* var. *major*
952		大油芒属	油芒	*Eccilopus cotulifera*
953		芒属	五节芒	*Miscanthus floridulus*
954			芒	*Miscanthus sinensis*
955		莠竹属	柔枝莠竹	*Microstegium vimineum*
956			刚莠竹	*Microstegium ciliatum*
957			二型莠竹	*Microstegium biforme*
958			竹叶茅	*Microstegium nudum*
959			曲膝莠竹	*Microstegium geniculatum*
960		假金发草属	中华笔草	*Pseudopogonatherum contortum* var. *sinense*
961		甘蔗属	河八王	*Narenga porphyrocoma*
962			斑茅	*Saccharum arundinaceum*
963			甜根子草	*Saccharum spontaneum*
964		鸭嘴草属	鸭嘴草	*Ischaemum aeistatum* var. *glaucum*
965			粗毛鸭嘴草	*Ischaemum barbatum*
966		水蔗草属	水蔗草	*Apluda mutica*

（续）

序号	科	属	种	
			中文名	拉丁名
967	禾本科	牛鞭草属	牛鞭草	*Hemarthria compressa*
968		蜈蚣草属	假俭草	*Eremochloa ophuroides*
969		蛇尾草属	蛇尾草	*Ophiuros exaltatus*
970		荩草属	荩草	*Arthraxon hispidus*
971		高粱属	石茅	*Sorghum halepense*
972			苏丹草	*Sorghum sudanense*
973		金须茅属	竹节草	*Chrysopogon acicmlatus*
974			金须茅	*Chrysopogon orientalis*
975		孔颖草属	臭根子草	*Bothriochloa intermedia*
976		细柄草属	硬杆子草	*Capillipedium assimile*
977			细柄草	*Capillipedium parviflorum*
978		菅属	苞子草	*Themeda gigantean*
979			菅	*Themeda gigantea* var. *villosa*
980		裂稃草属	短叶裂稃草	*Schizachyrium brevifolium*
981		薏苡属	薏苡	*Coix laeryma – jobi*
982	莎草科	藨草属	扁秆藨草	*Scirpus planiculmis*
983			庐山藨草	*Scirpus lushanensis*
984			百球藨草	*Scirpus rosthornii*
985			毛球藨草	*Scirpus Squarrosus*
986			羽状刚毛藨草	*Scirpus subutatus*
987			藨草	*Scirpus triqueter*
988			海三棱藨草	*Scirpus mariqueter*
989			水葱	*Scirpus validus* var. *laeviglumis*
990			南水葱	*Scirpus validus*
991			水毛花	*Scirpus triangulatus*
992			萤蔺	*Scirpus juncoides*
993			猪毛菜	*Scirpus wallichii*
994			类头状花序藨草	*Scirpus subcapitatus*
995		芙兰草属	毛芙兰草	*Fuirena ciliaris*
996			芙兰草	*Fuirena umbellata*
997		荸荠属	锐棱荸荠	*Eleocharis acutangula*
998			野荸荠	*Eleocharis plantagineiformis*
999			荸荠	*Eleocharis dulcis*
1000			黑籽荸荠	*Eleocharis geniculata*
1001			贝壳叶荸荠	*Eleocharis retroflexa*
1002			牛毛毡	*Eleocharis yokoscensis*
1003			龙师草	*Eleocharis tetraquetra*
1004			无根状茎荸荠	*Eleocharis attenuata* var. *erhizomatosa*

（续）

序号	科	属	种	
			中文名	拉丁名
1005	莎草科		密花荸荠	*Eleocharis congesta*
1006			钝棱荸荠	*Eleocharis congesta* var. *japonica*
1007		球柱草属	丝叶球柱草	*Bulbostylis densa*
1008			毛鳞球柱草	*Bulbostylis puberula*
1009			球柱草	*Bulbostylis barbata*
1010		飘拂草属	矮扁鞘飘拂草	*Fimbristylis complanata* var. *kraussiana*
1011			绢毛飘拂草	*Fimbristylis sericea*
1012			佛焰苞飘拂草	*Fimbristylis spathacea*
1013			高五棱秆飘拂草	*Fimbristylis quinquangularis* var. *elata*
1014			水虱草	*Fimbristylis miliacea*
1015			拟二叶飘拂草	*Fimbristylis diphylloides*
1016			长穗飘拂草	*Fimbristylis longispica*
1017			锈鳞飘拂草	*Fimbristylis ferrugineae*
1018			少穗飘拂草	*Fimbristylis schoenoides*
1019			双穗飘拂草	*Fimbristylis subbispicata*
1020			细叶飘拂草	*Fimbristylis polytrichoides*
1021			短尖飘拂草	*Fimbristylis velata*
1022			畦畔飘拂草	*Fimbristylis squarrosa*
1023			复序飘拂草	*Fimbristylis bisumbellata*
1024			夏飘拂草	*Fimbristylis aestivalis*
1025			四棱飘拂草	*Fimbristylis tetragona*
1026			垂穗飘拂草	*Fimbristylis nutans*
1027			独穗飘拂草	*Fimbristylis ovata*
1028		刺子莞属	细弱刺子莞	*Rhynchospora gracilima*
1029			白喙刺子莞	*Rhynchospora brownii*
1030			华刺子莞	*Rhynchospora chinensis*
1031			细叶刺子莞	*Rhynchospora faberi*
1032		莎草属	高秆莎草	*Cyperus exaltatus*
1033			长穗高秆莎草	*Cyperus exaltatus* var. *megalanthus*
1034			香附子	*Cyperus rotundus*
1035			金门莎草	*Cyperus rotundus* var. *qiumoyensis*
1036			粗根茎莎草	*Cyperus stoloniferus*
1037			四棱穗莎草	*Cyperus tenuiculmis*
1038			移穗莎草	*Cyperus eleusinoides*
1039			短叶茳芏	*Cyperus malaccensis* var. *brevifolius*
1040			毛轴莎草	*Cyperus pilosus*
1041			白花毛轴莎草	*Cyperus pilosus* var. *obliquus*
1042			三轮草	*Cyperus orthostachyus*

(续)

序号	科	属	种	
			中文名	拉丁名
1043	莎草科		阿穆尔莎草	*Cyperus amuricus*
1044			碎米莎草	*Cyperus iria*
1045			具芒碎米莎草	*Cyperus microiris*
1046			扁穗莎草	*Cyperus compressus*
1047			旋鳞莎草	*Cyperus michelianus*
1048			长尖莎草	*Cyperus cuspidatus*
1049			异型莎草	*Cyperus difformis*
1050			畦畔莎草	*Cyperus haspan*
1051		水莎草属	水莎草	*Juncellus serotinus*
1052		扁莎属	红鳞扁莎	*Pycreus sanguinolentus*
1053			宽穗红鳞扁莎	*Pycreus sanguinolentus* var. *korshinskii*
1054			矮扁莎	*Pycreus pumilus*
1055			球穗扁莎	*Pycreus globosus*
1056			多穗扁莎	*Pycreus polystachyus*
1057		砖子苗属	辐射砖子苗	*Mariscus radians*
1058			砖子苗	*Mariscus umbellatus*
1059			莎草砖子苗	*Mariscus cyperinus*
1060		水蜈蚣属	圆筒穗水蜈蚣	*Kyllinga cylindrica*
1061			短叶水蜈蚣	*Kyllinga brevifolia*
1062		湖瓜草属	华湖瓜草	*Lipocarpha chinensis*
1063		擂鼓艻属	长杆擂鼓艻	*Mapania dolichopoda*
1064		珍珠茅属	福建珍珠茅	*Scleria fujianensis*
1065			三槽珍珠茅	*Scleria trisulcata*
1066			小型珍珠茅	*Scleria parvula*
1067			二花珍珠茅	*Scleria biflora*
1068			高杆珍珠茅	*Scleria terrestris*
1069			毛果珍珠茅	*Scleria levis*
1070		裂颖茅属	裂颖茅	*Diplacrum caricinum*
1071		薹草属	发杆薹草	*Carex capillacea*
1072			穹窿薹草	*Carex gibba*
1073			粉背薹草	*Carex pruinosa*
1074			二形鳞薹草	*Carex dimorpholepis*
1075			镜子薹草	*Carex phacota*
1076			细梗薹草	*Carex teinogyna*
1077			粟褐薹草	*Carex brunnea*
1078			褐绿薹草	*Carex stipitinux*
1079			浆果薹草	*Carex baccans*
1080			蕨状薹草	*Carex filicina*

（续）

序号	科	属	种	
			中文名	拉丁名
1081	莎草科	薹草属	花莛薹草	*Carex scaposa*
1082			斑点薹草	*Carex maculata*
1083			坚果薹草	*Carex hebecarpa*
1084			顶叶薹草	*Carex phyllocephala*
1085			密叶薹草	*Carex maubertiana*
1086			舌状薹草	*Carex ligulata*
1087			矮生薹草	*Carex pumila*
1088			近矮生薹草	*Carex subpumila*
1089			糙叶薹草	*Carex scabrifolia*
1090			隐穗薹草	*Carex cryptostachys*
1091			截鳞薹草	*Carex truncatigluma*
1092			穿孔薹草	*Carex foraminata*
1093			青绿薹草	*Carex leucochlora*
1094			纤维青绿薹草	*Carex leucochlora*
1095			戴云山薹草	*Carex dayunshanensis*
1096			长梗薹草	*Carex glossostigma*
1097			九仙山薹草	*Carex jiuxianshanensis*
1098			柔管	*Carex teansversa*
1099			条穗薹草	*Carex nemostachys*
1100			芒尖薹草	*Carex doniana*
1101			橄榄色薹草	*Carex olivacea*
1102			弯囊薹草	*Carex dispalata*
1103			狄氏薹草	*Carex dickinsii*
1104			和溪薹草	*Carex hexinensis*
1105			丝柄薹草	*Carex filipes* var. *rouyana*
1106			中华薹草	*Carex chinensis*
1107			缺如薹草	*Carex manca*
1108			短尖薹草	*Carex brevicuspis*
1109	棕榈科	棕榈属	棕榈	*Trachycarpus fortunei*
1110	天南星科	菖蒲属	菖蒲	*Acorus calamus*
1111			茴香菖蒲	*Acorus macrospadiceus*
1112			石菖蒲	*Acorus tatarinowii*
1113			金钱蒲	*Acorus gramineus*
1114		大薸属	大薸	*Pistia stratiotes*
1115		半夏属	滴水珠	*Pinellia cordata*
1116		芋属	芋	*Colocasia esculenta*
1117			野芋	*Colocasia antiquorum*
1118			紫芋	*Colocasia tonoimo*

（续）

序号	科	属	种	
			中文名	拉丁名
1119	天南星科	芋属	大野芋	*Colocasia gigantea*
1120		海芋属	假海芋	*Alocasia cucullata*
1121			海芋	*Alocasia macrorrhizos*
1122	浮萍科	浮萍属	品萍	*Lemna trisulca*
1123			浮萍	*Lemna minor*
1124		紫萍属	紫萍	*Spirodela polyrrhiza*
1125		芜萍属	无根萍	*Wolffia arrhiza*
1126	黄眼草科	黄眼草属	葱草	*Xyris pauciflora*
1127			硬叶葱草	*Xyris complanata*
1128	谷精草科	谷精草属	毛谷精草	*Eriocaulon australe*
1129			长苞谷精草	*Eriocaulon decemflorum*
1130			芒刺谷精草	*Eriocaulon echinulatum*
1131			华南谷精草	*Eriocaulon sexangulare*
1132			白药谷精草	*Eriocaulon cinereum*
1133			南投谷精草	*Eriocaulon nantoense*
1134			疏毛谷精草	*Eriocaulon nantoense* var. *parviceps*
1135			菲律宾谷精草	*Eriocaulon truncatum*
1136			谷精草	*Eriocaulon buergerianum*
1137			江南谷精草	*Eriocaulon faberi*
1138	鸭跖草科	穿鞘花属	穿鞘花	*Amischotolype hispida*
1139		竹叶吉祥草属	竹叶吉祥草	*Spatholirion longifolium*
1140		杜若属	杜若	*Pollia japonica*
1141		聚花草属	聚花草	*Floscopa scandens*
1142		鸭跖草属	竹节草	*Commelina diffusa*
1143			鸭跖草	*Commelina communis*
1144			饭包草	*Commelina benghalensis*
1145			耳苞鸭跖草	*Commelina auriculata*
1146			大苞鸭跖草	*Commelina paludosa*
1147		网籽草属	毛果网籽草	*Dictyospermum scaberrimum*
1148		水竹叶属	水竹叶	*Murdannia triquetra*
1149			裸花水竹叶	*Murdannia nudiflora*
1150			牛轭草	*Murdannia loriformis*
1151	雨久花科	雨久花属	鸭舌草	*Monochoria vaginalis*
1152			箭叶雨久花	*Monochoria hastata*
1153		凤眼蓝属	凤眼莲	*Eichhornia crassipes*
1154	田葱科	田葱属	田葱	*Philydrum lanuginosum*
1155	灯心草科	灯心草属	小灯心草	*Juncus bufonius*
1156			灯心草	*Juncus effusus*

（续）

序号	科	属	种	
			中文名	拉丁名
1157	灯心草科	灯心草属	江南灯心草	*Juncus leschenaultii*
1158			小花灯心草	*Juncus articulatus*
1159			翅茎灯心草	*Juncus alatus*
1160	百部科	黄精叶钩吻属	黄精叶钩吻	*Croomia japonica*
1161	百合科	天门冬属	石刁柏	*Asparagus officinalis*
1162		延龄草属	延龄草	*Trillium tschonoskii*
1163		白丝草属	中国白丝草	*Chionographis chinensis*
1164		吉祥草属	吉祥草	*Reineckia carnea*
1165		粉条儿菜属	短柄粉条儿菜	*Aletris scopulorum*
1166		萱草属	黄花菜	*Hemerocallis citrina*
1167			萱草	*Hemerocallis fulva*
1168		玉簪属	玉簪	*Hosta plantaginea*
1169	石蒜科	水仙属	水仙	*Narcissus tazetta* var. *chinensis*
1170		石蒜属	石蒜	*Lycoris radiata*
1171		文殊兰属	文殊兰	*Crinum asiaticum* var. *sinicum*
1172		龙舌兰属	龙舌兰	*Agave americana*
1173		仙茅属	大叶仙茅	*Curculigo capitulata*
1174	蒟蒻薯科	裂果薯属	裂果薯	*Schizocapsa plantaginea*
1175	薯蓣科	薯蓣属	黄独	*Dioscorea bulbifera*
1176			福州薯蓣	*Dioscorea futschauensis*
1177			细柄薯蓣	*Dioscorea tenuipes*
1178			参薯	*Dioscorea alata*
1179			薯莨	*Dioscorea cirrhosa*
1180	鸢尾科	鸢尾属	小花鸢尾	*Iris speculatrix*
1181	芭蕉科	芭蕉属	香蕉	*Musa acuminata*
1182			野蕉	*Musa balbisiana*
1183			芭蕉	*Musa basjoo*
1184	姜科	姜花属	姜花	*Hedychium coronarium*
1185		舞花姜属	舞花姜	*Globba racemosa*
1186		山姜属	华山姜	*Alpinia chinensis*
1187			艳山姜	*Alpinia zerumbet*
1188			山姜	*Alpinia japonica*
1189		姜属	红球姜	*Zingiber zerumbet*
1190			蘘荷	*Zingiber mioga*
1191	美人蕉科	美人蕉属	美人蕉	*Canna indica*
1192			蕉芋	*Canna eulis*
1193	竹芋科	柊叶属	柊叶	*Phrynium capitatum*
1194	水玉簪科	水玉簪属	水玉簪	*Burmannia disticha*

（续）

序号	科	属	种	
			中文名	拉丁名
1195	水玉簪科	水玉簪属	三品一枝花	*Burmannia coelestris*
1196			宽翅水玉簪	*Burmannia nepalensis*
1197	兰科	盂兰属	盂兰	*Lecanorchis nigricans*
1198		指柱兰属	指柱兰	*Stigmatodactylus sikokianus*
1199		鹤顶兰属	鹤顶兰	*Phaius tankervilliae*
1200			斑叶鹤顶兰	*Phaius woodfordii*
1201		山兰属	长叶山兰	*Oreorchis fargesii*
1202		吻兰属	中国吻兰	*Collabium chinense*
1203		羊耳蒜属	锈色羊耳蒜	*Liparis ferruginea*
1204			大唇羊耳蒜	*Liparis dunnii*
1205		沼兰属	浅裂沼兰	*Malaxis acuminata*
1206		独蒜兰属	独蒜兰	*Pleione bulbocodioides*
1207		绶草属	绶草	*Spiranthes sinensis*
1208		兜被兰属	兜被兰	*Neottianthe cucullata*
1209		白蝶兰属	鹅毛白蝶花	*Pecteilis susannae*
1210		阔蕊兰属	触须阔蕊兰	*Peristylus tentaculata*
1211		玉凤花属	橙黄玉凤兰	*Habenaria rhodocheila*
1212			十字兰	*Habenaria sagittifera*
1213			鹅毛玉凤花	*Habenaria dentata*
1214			毛瓣玉凤花	*Habenaria petelotii*
1215			毛葶玉凤花	*Habenaria ciliolaris*
1216		蜻蜓兰属	小花蜻蜓兰	*Tulotis ussuriensis*
1217		头蕊兰属	银兰	*Cephalanthera erecta*
1218		竹叶兰属	禾叶竹叶兰	*Arundina graminifolia*
1219		虾脊兰属	长茎虾脊兰	*Calanthe gracilis*
1220			钩距虾脊兰	*Calanthe graciliflora*
1221			三褶虾脊兰	*Calanthe triplicate*
1222			密花虾脊兰	*Calanthe densiflora*
1223		香荚兰属	台湾香子兰	*Vanilla griffithii*
1224		开唇兰属	浙江开唇兰	*Anoectochilus zhejiangensis*
1225		血叶兰属	血叶兰	*Ludisia discolor*

附录2　福建湿地调查区域动物名录

序号	目	科	种	
			中文名	拉丁名
(一)鱼　类				
1	须鲨目	须鲨科	条纹斑竹鲨	*Chiloscyllium plagiosum*
2	真鲨目	真鲨科	尖头斜齿鲨	*Scolidon sorrakowah*
3			黑印真鲨	*Carcharhinus menisorrah*
4		双髻鲨科	路氏双髻鲨	*Sphyrna lewini*
5	鳐目	团扇鳐科	林氏团扇鳐	*Platyrhina limboonkenkengi*
6			中国团扇鳐	*Platyrhina sinensis*
7		犁头鳐科	斑纹犁头鳐	*Rhynobatos hynnicephalus*
8		鳐科	何氏鳐	*Raja hollandi*
9	鲼目	魟科	尖嘴魟	*Dasyatis zugei*
10			赤魟	*Dasyatis akajei*
11			黄魟	*Dasyatis bennetti*
12			中国魟	*Dasyatis sinensis*
13			小眼魟	*Dasyatis microphthalmus*
14			光魟	*Dasyatis laerigatus*
15			奈氏魟	*Dasyatis navarrae*
16		燕魟科	日本燕魟	*Gymnura japonica*
17			双斑燕魟	*Gymnura bimaculata*
18		鲼科	鸢鲼	*Myliobatis tobijei*
19			花点无刺喷	*Aetomylaeus maculatus*
20	电鳐目	电鳐科	丁氏双鳍电鳐	*Narcine timlei*
21		单鳍电鳐科	日本单鳍电鳐	*Narke japonica*
22	鲟形目	鲟科	中华鲟	*Acipenser sinensis*
23	海鲢目	海鲢科	海鲢	*Elops saurus*
24		大海鲢科	大海鲢	*Megalops cyprinoids*
25	鼠鱚目	鼠鱚科	鼠鱚	*Gonorhynchus abbreviatus*
26		遮目鱼科	遮目鱼	*Chanos chanos*
27	鲱形目	鲱科	圆腹鲱	*Dussumieria hasseltii*
28			脂眼鲱	*Etrumeus micropus*
29			金色小沙丁鱼	*Sardinella aurita*
30			中华小沙丁鱼	*Sardinella nymphaea*
31			青鳞小沙丁鱼	*Sardinella zunasi*
32			裘氏小沙丁鱼	*Sardinella jussieu*
33			孔鳞小沙丁鱼	*Sardinella perforata*
34			短体小沙丁鱼	*Sardinella brachhysoma*

（续）

序号	目	科	种	
			中文名	拉丁名
35	鲱形目	鲱科	鲥鱼	*Macrura reevesi*
36			云鲥	*Macrura ilisha*
37			花鰶	*Clupanodon thrissa*
38			斑鰶	*Clupanodon punctatus*
39			鳓鱼	*Ilisha elongate*
40			印度鳓	*Ilisha indica*
41		鳀科	日本鳀	*Engraulis japonicus*
42			康氏小公鱼	*Stolephorus commersonii*
43			中华小公鱼	*Stolephorus chinensis*
44			印度小公鱼	*Stolephorus indicus*
45			青带小公鱼	*Stolephorus zollingeri*
46			赤鼻棱鳀	*Thrissa kammalensis*
47			长颌棱鳀	*Thrissa setirostris*
48			汉氏棱鳀	*Thrissa hamilitonii*
49			黄吻棱鳀	*Thrissa vitirostris*
50			中颌棱鳀	*Thrissa mystax*
51			黄鲫	*Setipinna taty*
52			七丝鲚	*Coilia grayii*
53			凤鲚	*Coilia mystus*
54			刀鲚	*Coilia ectenes*
55	鲑形目	香鱼科	香鱼	*Plecoglossus altivelis*
56		银鱼科	白肌银鱼	*Leucossoma chinensis*
57			尖头银鱼	*Salanx acuticeps*
58			陈氏新银鱼	*Neosalanx tangkahkeii*
59	灯笼鱼目	狗母鱼科	大狗母鱼	*Trachinocephalus myops*
60			叉斑狗母鱼	*Synodus macrops*
61			长蛇鲻	*Saurida elongate*
62			长条蛇鲻	*Saurida filamentosa*
63			多齿蛇鲻	*Saurida tumbil*
64			花斑蛇鲻	*Saurida undosquamis*
65		龙头鱼科	龙头鱼	*Harpodon nehereus*
66			七星鱼	*Benthosema pterotum*
67	鳗鲡目	鳗鲡科	日本鳗鲡	*Anguilla japonica*
68			中华鳗鲡	*Anguilla sinensis*
69			短头鳗鲡	*Anguilla breviceps*
70			疏斑鳗鲡	*Anguilla elphinstonei*
71			乌耳鳗鲡	*Anguilla nigricans*
72			花鳗鲡	*Anguilla marmorata*
73			福州鳗鲡	*Anguilla foochowensis*

（续）

序号	目	科	种	
			中文名	拉丁名
74	鳗鲡目	鳗鲡科	欧洲鳗鲡	*Anguilla anguilla*
75		康吉鳗科	尖尾鳗	*Uroconger lepturus*
76			穴鳗	*Anago anago*
77		海鳗科	海鳗	*Muraenesox cinereus*
78		蠕鳗科	裸鳍虫鳗	*Muraenichthys gymnopterus*
79			短鳍虫鳗	*Muraenichthys hattae*
80			大鳍虫鳗	*Muraenichthys macropterus*
81		蛇鳗科	中华须鳗	*Cirrhimuraena chinensis*
82			鳄形短体鳗	*Brachysomophis crocodilinus*
83			杂食豆齿鳗	*Pisoodonophis boro*
84			食蟹豆齿鳗	*Pisoodonophis cancrivorous*
85			尖吻蛇鳗	*Ophichthys apicalis*
86			长尾蛇鳗	*Ophichthys asakusae*
87		蚓鳗科	大头蚓鳗	*Moringua macrocephalus*
88			大鳍蚓鳗	*Moringua macrochir*
89		海鳝科	长体鳝	*Thysoidea macrurus*
90			网纹裸胸鳝	*Gymnothorax reticularis*
91			均斑裸胸鳝	*Gymnothorax reevesi*
92	鲤形目	胭脂鱼科	胭脂鱼	*Myxocyprinus asiaticus*
93		鲤科	鳡鱼	*Elopichthys bambusa*
94			鯮鱼	*Luciobrama macrocephalus*
95			鳤鱼	*Ochetobius elongatus*
96			长江鱥	*Phoxinus variegatus*
97			异鱲	*Parazacco spilurus*
98			大鳞鱲	*Zacco macrolepis*
99			宽鳍鱲	*Zacco platypus*
100			赤眼鳟	*Squaliobarbus curriculus*
101			高体赤眼鳟	*Squaliobarbus caudalis*
102			马口鱼	*Opsariichthys uncirostris*
103			中华细鲫	*Aphyocypris chinensis*
104			青鱼	*Mylopharyngodon piceus*
105			草鱼	*Ctenopharyngodon idellus*
106			细鳞斜颌鲴	*Plagiognathops microlepis*
107			银鲴	*Xenocypris argentea*
108			圆吻鲴	*Distoechodon tumirostris*
109			扁圆吻鲴	*Distoechodon compressus*
110			鳙鱼	*Aristichthys nobilis*
111			鲢鱼	*Hypophthalmichthys molitrix*

（续）

序号	目	科	种	
			中文名	拉丁名
112	鲤形目	鲤科	中华鳑鲏	*Rhodeus sinensis*
113			高体鳑鲏	*Rhodeus ocellatus*
114			彩石鲋	*Pseudoperilampus lighti*
115			须鱊	*Acheilognathus barbatus*
116			革条副鱊	*Paracheilognathus himantegus*
117			越南刺鳑鲏	*Acanthorhodeus tonkinensis*
118			短须刺鳑鲏	*Acanthorhodeus barbatulus*
119			兴凯刺鳑鲏	*Acanthorhodeus chankaensis*
120			白河刺鳑鲏	*Acanthorhodeus peihoensis*
121			鳘	*Hemiculter leucisculus*
122			贝氏鳘	*Hemiculter bleekeri*
123			红鳍鲌	*Culter erythropterus*
124			银飘鱼	*Pseudolaubuea sinensis*
125			寡鳞银飘鱼	*Pseudolaubuea engraulis*
126			南方拟鳘	*Pseudohemiculter dispar*
127			平胸鲂	*Megalobrama terminalis*
128			团头鲂	*Megalobrama amblycerphala*
129			大眼华鳊	*Sinibrama macrops*
130			戴氏红鲌	*Erythroculter dabryi*
131			翘嘴红鲌	*Erythroculter ilishaeformis*
132			线细鳊	*Rasborinus lineatus*
133			唇䱻	*Hemibarbus labeo*
134			花䱻	*Hemibarbus maculatus*
135			似䱻	*Belligobio nummifer*
136			麦穗鱼	*Pseudorasbora parva*
137			福建华鳈	*Sarcocheilichthys sinensis*
138			小鳈	*Sarcocheilichthys parvus*
139			江西鳈	*Sarcocheilichthys kiangsiensis*
140			黑鳍鳈	*Sarcocheilichthys nigripinnis*
141			短须颌须鮈	*Gnathopogon imberbis*
142			细纹颌须鮈	*Gnathopogon taeniellus*
143			银颌须鮈	*Gnathopogon argentatus*
144			点纹颌须鮈	*Gnathopogon wolterstorffi*
145			吻鮈	*Rhinogobio typus*
146			似鮈	*Pseudogobio vaillanti*
147			棒花鱼	*Abbottina rivularis*
148			福建棒花鱼	*Abbottina fukiensis*
149			长棒花鱼	*Abbottina elongate*

（续）

序号	目	科	种	
			中文名	拉丁名
150	鲤形目	鲤科	乐山棒花鱼	*Abbottina kiatingensis*
151			嵊县胡鮈	*Huigobio chenhsienensis*
152			蛇鮈	*Saurogobio dabryi*
153			湘江蛇鮈	*Saurogobio xiangjiangensis*
154			长须鳅鮀	*Gobiobotia longibarba*
155			中间鳅鮀	*Gobiobotia intermedia*
156			海南鳅鮀	*Gobiobotia kolleri*
157			黑脊倒刺鲃	*Spinibarbus caldwelli*
158			条纹二须鲃	*Capoeta semifasciolata*
159			厚唇鱼	*Acrossocheilus labiatus*
160			侧条厚唇鱼	*Acrossocheilus parallens*
161			半刺厚唇鱼	*Acrossocheilus hemispinus*
162			温州厚唇鱼	*Acrossocheilus Wenchowensis*
163			武夷厚唇鱼	*Acrossocheilus Wuyiensis*
164			薄颌光唇鱼	*Acrossocheilus kreyenbergii*
165			条纹光唇鱼	*Acrossocheilus fasciatus*
166			台湾铲颌鱼	*Varicorhinus barbatulus*
167			细尾铲颌鱼	*Varicorhinus lepturus*
168			小口白甲鱼	*Varicorhinus*
169			瓣结鱼	*Tor brevifilis*
170			纹唇鱼	*Osteochilus vittatus*
171			鲮鱼	*Cirrhinus molitorella*
172			东方墨头鱼	*Garra orientalis*
173			鲤鱼	*Cyprinus carpio*
174			鲫鱼	*Carassius auratus*
175		平鳍鳅科	犁头鳅	*Lepturichthys fimbreata*
176			长汀拟腹吸鳅	*Pseudogastromyzon changtingensis*
177			圆斑拟腹吸鳅	*Pseudogastromyzon cheni*
178			拟腹吸鳅	*Pseudogastromyzon fasciatus*
179			九龙江拟腹吸鳅	*Pseudogastromyzon jiulongjiangensis*
180			纵纹原缨口鳅	*Vanmanenia caldwelli*
181			裸腹原缨口鳅	*Vanmanenia gymnetrus*
182			斑纹缨口鳅	*Crossostoma stigmata*
183			花尾缨口鳅	*Crossostoma fascicauda*
184			缨口鳅	*Crossostoma davidi*
185		鳅科	长薄鳅	*Leptobotia elongate*
186			闽江扁尾薄鳅	*Leptobotia tientaiensis*
187			红唇薄鳅	*Leptobotia rubrilabris*

（续）

序号	目	科	种	
			中文名	拉丁名
188	鲤形目	鳅科	紫薄鳅	*Leptobotia taeniops*
189			斑条副沙鳅	*Parabotia fasciata*
190			点面沙鳅	*Botia maculosa*
191			中华沙鳅	*Botia superciliaris*
192			花鳅	*Cobitis taenia*
193			泥鳅	*Misgurnus anguillicaudatus*
194			大鳞泥鳅	*Misgurnus mizolepis*
195			横带须鳅	*Barbatula fasciolata*
196	鲶形目	鲶科	越南鲶	*Silurus cochinchinensis*
197			鲶鱼	*Silurus asotus*
198			南方大口鲶	*Silurus soldatovi*
199		胡子鲶科	胡子鲶	*Clarias fuscus*
200			鳗尾胡子鲶	*Clarias ater*
201		海鲶科	中华海鲶	*Arius sinensis*
202			海鲶	*Arius thalassinus*
203		鳗鲶科	鳗鲶	*Plotosus anguillaris*
204		鮠科	黄颡鱼	*Pseudobagrus fulvidraco*
205			光泽黄颡鱼	*Pseudobagrus nitidus*
206			江黄颡鱼	*Pseudobagrus vaqchelli*
207			叉尾鮠	*Leiocassis tenuifurcatus*
208			长吻鮠	*Leiocassis longirostris*
209			粗唇鮠	*Leiocassis crassilabris*
210			白边鮠	*Leiocassis albomarginatus*
211			长尾鮠	*Leiocassis tenuis*
212			切尾鮠	*Leiocassis truncates*
213			大鳍鳠	*Hemibagrus macropterus*
214			斑点鳠	*Hemibagrus guttatus*
215			鳗尾?	*Liobagrus anguillicauda*
216			福建纹胸鮡	*Glyptothorax fukiensis*
217	鳉形目	鳉鱼科	青鳉	*Oryzias latipes*
218	银汉鱼目	银汉鱼科	银汉鱼	*Allanetta bleekeri*
219	颌针鱼目	颌针鱼科	尖嘴扁颌针鱼	*Ablennes anastomella*
220			圆颌针鱼	*Tylosurus strongylurus*
221		鱵科	乔氏吻鱵鱼	*Rhynchorhamphus georgii*
222			间下鱵鱼	*Hyporhamphus intermedius*
223			长吻鱵鱼	*Euleptorhamphus*
224		飞鱼科	少鳞燕鳐	*Cypselurus oligolepis*
225			尖头燕鳐	*Cypselurus oxycephalus*

（续）

序号	目	科	种	
			中文名	拉丁名
226	鳕形目	犀鳕科	麦氏犀鳕	*Bregmaceros macclellandii*
227	金眼鲷目	鳂科	红鳂	*Holocentrus ruber*
228	刺鱼目	烟管鱼科	鳞烟管鱼	*Fistularia petimba*
229		海龙鱼科	舒氏海龙鱼	*Trachyrhamphus schlegeli*
230			尖海龙鱼	*Syngnathus acus*
231			低海龙鱼	*Syngnathus djrong*
232			克氏海马鱼	*Hippocampus kelloggi*
233			日本海马鱼	*Hippocampus japonicus*
234			斑海马鱼	*Hippocampus trimaculatus*
235	鲻形目	魣科	斑条魣	*Sphyraena jello*
236			油魣	*Hippocampus pinguis*
237		鲻科	鲻鱼	*Mugil cephalus*
238			前鳞鲻	*Mugil ophuyseni*
239			硬头鲻	*Mugil strongylocephalus*
240			棱鲅	*Liza carinatus*
241			鲅鱼	*Liza haematocheila*
242			粗鳞鲅	*Liza dussumieri*
243		马鲅科	四指马鲅	*Eleuttheronema tetradactylum*
244			六指马鲅	*Polydactylus sextarius*
245	合鳃目	合鳃科	黄鳝	*Monopterus albus*
246	鲈形目	锯盖鱼科	眶棘双边鱼	*Ambassis gymnocephalus*
247		鮨科	横带九棘鲈	*Cephalophlis pachycentron*
248			赤点石斑鱼	*Epinephelus akaara*
249			鲑点石斑鱼	*Epinephelus fario*
250			青石斑鱼	*Epinephelus awoara*
251			点带石斑鱼	*Epinephelus malabaricus*
252			云纹石斑鱼	*Epinephelus moara*
253			长体鳜	*Coreosiniperea*
254			鳜	*Siniperca chuatsi*
255			大眼鳜	*Siniperca kneri Garman*
256			斑鳜	*Siniperca scherzeri*
257			暗色鳜	*Siniperca obscura Nichols*
258			黄鲈	*Diploprion bifasciatum*
259			花鲈	*Lateolabrax japonicus*
260		大眼鲷科	长尾大眼鲷	*Priacanthus tayenus*
261			短尾大眼鲷	*Priacanthus macracanthus*
262			细条天竺鱼	*Apogonichthys lineatus*
263			半线天竺鲷	*Apogon semilineatus*

（续）

序号	目	科	种	
			中文名	拉丁名
264	鲈形目	大眼鲷科	四线天竺鲷	*Apogon quadrifasciatus*
265			斑鳍天竺鱼	*Apogonichthys carinatus*
266		鱚科	多鳞鱚	*Sillago sihama*
267			少鳞鱚	*Sillago japoniea*
268			沟鲹	*Atropus atropus*
269			马拉巴裸胸鲹	*Caranx malabarius*
270			丽叶鲹	*Caranx kalla*
271			蓝圆鲹	*Decapterus maruadsi*
272			颌圆鲹	*Decapterus lajang*
273			大甲鲹	*Megalapis cordyla*
274			竹荚鱼	*Trachurus japonicus*
275			珍鲹	*Caranx ignobilis*
276			台湾鰆鲹	*Chorinemus formosanus*
277		眼镜鱼科	眼镜鱼	*Mene maculata*
278		乌鲳科	乌鲳	*Formio niger*
279		石首鱼科	皮氏叫姑鱼	*Johnius belengeri*
280			团头叫姑鱼	*Johnius amblycephalus*
281			黄唇鱼	*Bahaba flavolabiata*
282			勒氏短须石首鱼	*Umbrina russelli*
283			黄姑鱼	*Nibea albiflora*
284			白姑鱼	*Argyrosomus argentatus*
285			大头白姑鱼	*Argyrosomu macrocephalus*
286			斑鳍白姑鱼	*Argyrosomu pawak*
287			黑姑鱼	*Atrobucca nibe*
288			鮸鱼	*Miichthys miiuy*
289			大黄鱼	*Pseudosciaena crocea*
290			丁氏䱛	*Wak tingi*
291			湾䱛	*Wak sina*
292			棘头梅童鱼	*Collichthys lucidus*
293		鲾科	静鲾	*Leiognathus insidiator*
294			鹿斑鲾	*Leiognathu ruconnius*
295			短吻鲾	*Leiognathu brevirostris*
296			长鲾	*Leiognathu elongates*
297			条鲾	*Leiognathu rivulatus*
298			黄斑鲾	*Leiognathu bindus*
299			细纹鲾	*Leiognathu berbis*
300		银鲈科	长棘银鲈	*Gerres filamentosus*
301			短棘银鲈	*Gerres lucidus*

（续）

序号	目	科	种	
			中文名	拉丁名
302	鲈形目	银鲈科	日本十棘银鲈	*Gerromorpha japonica*
303		笛鲷科	勒氏笛鲷	*Lutianus Russelli*
304			画眉笛鲷	*Lutianus vitta*
305			约氏笛鲷	*Lutianus johnii*
306			五带笛鲷	*Lutianus spilurus*
307		鲷科	真鲷	*Pagrosomus major*
308			二长棘鲷	*Parargyrops edita*
309			平鲷	*Rhabdosargus sarba*
310			黑鲷	*Sparus macrocephalus*
311			黄鳍鲷	*Sparus latus*
312		松鲷科	松鲷	*Lobotes surinamensis*
313		金线鱼科	金线鱼	*Nemipterus virgatus*
314			波鳍金线鱼	*Nemipteru tolu*
315		石鲈科	斜带髭鲷	*Hapalogenys nitens*
316			横带髭鲷	*Hapalogenys mucronatus*
317			花尾胡椒鲷	*Plectorhinchus cinctus*
318			胡椒鲷	*Plectorhinchus pictus*
319			中华胡椒鲷	*Plectorhinchus sinensis*
320			断斑石鲈	*Pomadasys hasta*
321			三线矶鲈	*Parapristipoma trilineatus*
322		鯻科	叉牙鯻	*Helotes sexlineatus*
323			尖吻鯻	*Therapon oxyrhynchus*
324			鯻鱼	*Therapon thrap*
325			细鳞鯻	*Therapon jarbua*
326			列牙鯻	*Pelates quadrilineatus*
327		羊鱼科	条尾绯鲤	*Upeneus bensasi*
328			黑斑绯鲤	*Upeneus tragula*
329			黄带绯鲤	*Upeneus sulphureus*
330		鸡笼鲳科	斑点鸡笼鲳	*Drepane punctata*
331		金钱鱼科	金钱鱼	*Scatophagus argus*
332		蝴蝶鱼科	朴蝴蝶鱼	*Chaetodon modestus*
333		丽鲷科	莫桑比克罗非鱼	*Orechromis mossambica*
334			尼罗罗非鱼	*Orechromis nilotica*
335			奥利亚罗非鱼	*Orechromis aurea*
336			齐氏罗非鱼	*Tilapia zillii*
337			加利略罗非鱼	*Sarotherodon galilaeus*
338		隆头鱼科	花鳍海猪鱼	*Halichoeres poecilopterus*
339			斑点海猪鱼	*Halichoeres margaritaceus*

（续）

序号	目	科	种	
			中文名	拉丁名
340	鲈形目	鲻形騰科	眼斑拟鲈	*Parapercis ommaturus*
341			六带拟鲈	*Parapercis sexfasciatus*
342		騰科	日本騰	*Uranoscopus japonicus*
343			少鳞騰	*Uranoscopus oligolepis*
344			青騰	*Gnathagnus elongates*
345		鱼衔科	香鱼衔	*Callionymoidae olidus*
346			丝棘鱼衔	*Callionymoidae flqagris*
347			绯鱼衔	*Callionymoidae beniteguri*
348			李氏鱼衔	*Callionymoidae richardsoni*
349			丝鳍鱼衔	*Callionymoidae virgis*
350		塘鳢科	乌塘鳢鱼	*Bostrichthys sinensis*
351			尖头塘鳢鱼	*Eleotris oxycephala*
352			沙塘鳢鱼	*Odontobutis obscura*
353			锯塘鳢鱼	*Prionobutis koilomatodon*
354			黄黝鱼	*Hypseleotris swinhonis*
355		虾虎鱼科	暗缟虾虎鱼	*Tridentiger obscurus*
356			纹缟虾虎鱼	*Tridentiger trigonocephalus*
357			髭虾虎鱼	*Triaenopogon barbatus*
358			斑纹舌虾虎鱼	*Glossogobius olivaceus*
359			舌虾虎鱼	*Glossogobius giuris*
360			触角沟虾虎	*Oxyurichthys tentacularis*
361			小鳞沟虾虎鱼	*Oxyurichthys microlepis*
362			犬牙细棘虾虎	*Acenttrogobius caninus*
363			凯氏细棘虾虎鱼	*Acentrogobius campbelli*
364			绿斑细棘虾虎鱼	*Acentrogobius chlorostigmatoides*
365			粘皮鲻虾虎鱼	*Mugilogobius myxodermus*
366			子陵栉虾虎鱼	*Ctenogobius giurinus*
367			裸项栉虾虎鱼	*Ctenogobius gymnauehen*
368			溪栉虾虎鱼	*Ctenogobius wui Liu*
369			戴氏栉虾虎鱼	*Ctenogobius davidi*
370			云斑栉虾虎鱼	*Ctenogobius criniger*
371			短吻栉虾虎鱼	*Ctenogobius brevirostris*
372			黄鳍刺虾虎鱼	*Acanthogobius flavimanus*
373			矛尾复虾虎鱼	*Synechogobius hasta*
374			斑尾复虾虎鱼	*Synechogobius ommaturus*
375			拟矛尾虾虎鱼	*Parachaeturichthys polynema*
376			矛尾虾虎鱼	*Chaeturichthys stigmatias*
377			六丝矛尾虾虎鱼	*Chaeturichthys hexanems*

（续）

序号	目	科	种	
			中文名	拉丁名
378	鲈形目	虾虎鱼科	蜥形副平牙虾虎鱼	*Parapocryptes serperaster*
379			中华钝牙虾虎鱼	*Parapocryptes sericus*
380			网纹吻虾虎鱼	*Rhinogobius reticulatus*
381		弹涂鱼科	弹涂鱼	*Periophthalmus cantonensis*
382			大弹涂鱼	*Boleophthalmus pectinirostris*
383			青弹涂鱼	*Scartelaos viridis*
384			大青弹涂鱼	*Scartelaos gigas*
385		鳗虾虎鱼科	红狼牙虾虎	*Odontamblyopus rubicundus*
386			须鳗虾虎鱼	*Taenioides cirratus*
387			鲡形鳗虾虎鱼	*Taenioides aguillaris*
388			孔虾虎鱼	*Trypauchen vagina*
389		篮子鱼科	黄斑篮子鱼	*Siganus oramin*
390			褐篮子鱼	*Siganus fuscescens*
391		带鱼科	带鱼	*Trichiurus haumela*
392			小带鱼	*Trichiurus muticus*
393			窄颅带鱼	*Tentoriceps cristatus*
394		鲭科	康氏马鲛	*Scomberomorus commersoni*
395			蓝点马鲛	*Scomberomorus niphonius*
396			朝鲜马鲛	*Scomberomorus koreana*
397			斑点马鲛	*Scomberomorus guttatus*
398			鲐鱼	*Pneumatophorcus japonicus*
399		鲳科	银鲳	*Pampus argenteus*
400			灰鲳	*Pampus cinereus*
401			中国鲳	*Pampus chinensis*
402			印度无齿鲳	*Ariomma indica*
403		长鲳科	刺鲳	*Psenopsis anomala*
404		攀鲈科	攀鲈	*Anabas testudineus*
405			叉尾斗鱼	*Macropodus opercularis*
406			圆尾斗鱼	*Macropodus chinensis*
407		月鳢科	斑鳢	*Ophicephalus maculates*
408			月鳢	*Channa asiatica*
409		刺鳅科	中华光盖刺鳅	*Pararhynchobdella sinensis*
410			大刺鳅	*Mastacembelus armatus*
411	鲉形目	鲉科	褐菖鲉	*Sebastiscus marmoratus*
412			斑鳍鲉	*Scorpaena neglecta*
413			驼背拟鲉	*Scorpaena gibbosa*
414		毒鲉科	虎鲉	*Minous monodactylus*
415			鬼鲉	*Inimicus japonicus*

（续）

序号	目	科	种	
			中文名	拉丁名
416	鲉形目	毒鲉科	瞻头鲉	*Polycaulus uranoscopus*
417		鲂鮄科	绿鳍鱼	*Chelidonichthys kumu*
418			翼红娘鱼	*Lepidotrigla alata*
419			短鳍红娘鱼	*Lepidotrigla microptera*
420		鲬科	鲬	*Platycephalus indicus*
421			鳄鲬	*Cociella crocadilus*
422			棘线鲬	*Groammoplites scaner*
423			大眼鲬	*Suggrundus meerdervoortii*
424	鲽形目	鲆科	花鲆	*Tephrinectes sinensis*
425			斑鲆	*Pseudorhombus arsius*
426			少牙斑鲆	*Pseudorhombus oligodon*
427			桂皮斑鲆	*Pseudorhombus cinnamoneus*
428			牙鲆	*Paralichthys olivaceus*
429			纤羊舌鲆	*Arnoglossus tenuis*
430			北原左鲆	*Laeops kitaharae*
431		鲽科	木叶鲽	*Pleuronichthys cornutus*
432			冠鲽	*Samaris cristatus*
433		鳎科	卵鳎	*Solea ovata*
434			条鳎	*Zebrias zebra*
435			箬鳎	*Synaptura orientalis*
436		舌鳎科	须鳎	*Paraplagusia bilineata*
437			日本须鳎	*Paraplagusia japonica*
438			三线舌鳎	*Cynoglossus trigrammus*
439			焦氏舌鳎	*Cynoglossus joyneri*
440			半滑舌鳎	*Cynoglossus semilaevis*
441			大鳞舌鳎	*Cynoglossus macrolepidotus*
442			断线舌鳎	*Cynoglossus interruptus*
443			宽体舌鳎	*Cynoglossus robustus*
444			斑头舌鳎	*Cynoglossus puncticeps*
445			短吻舌鳎	*Cynoglossus abbreviatus*
446	鲀形目	三刺鲀科	三刺鲀	*Triacanthus brevirostris*
447		革鲀科	丝背细鳞鲀	*Stephanolepis cirihifer*
448			绒纹线鳞鲀	*Arotrolepis sulcatus*
449			中华单角鲀	*Monacanthus chinensis*
450			绿鳍马面鲀	*Navodon septentrionalis*
451		鲀科	棕腹刺鲀	*Lagocephalus spadiceus*
452			虫纹东方鲀	*Fugu Vermicularis*
453			横纹东方鲀	*Fugu oblongus*

（续）

序号	目	科	种	
			中文名	拉丁名
454	鲀形目	鲀科	条纹东方鲀	*Fugu xanthoplumbeus*
455			弓斑东方鲀	*Fugu ocellatus*
456			暗纹东方鲀	*Fugu obscurus*
457			铅点东方鲀	*Fugu alboplumbeus*
458			星点东方鲀	*Fugu niphobles*
459			双斑东方鲀	*Fugu bimaculatus*
460			凹鼻鲀	*Chelonodon patoca*
461			杂斑腹刺鲀	*Gsatrophysus suezensis*
462	鮟鱇目	躄鱼科	三齿躄鱼	*Antennarius pinniceps*
（二）两栖类				
1	有尾目	隐鳃鲵科	大鲵	*Andrias davidianuss*
2		小鲵科	中国小鲵	*Hynobius chinensis*
3		蝾螈科	黑斑肥螈	*Pachytriton brevipes*
4			中国瘰螈	*Paramesotriton chinensis*
5			东方蝾螈	*Cynops orientalis*
6	无尾目	角蟾科	淡肩角蟾	*Megophrys boettgeri*
7			挂墩角蟾	*Megophrys kuatunensis*
8			福建掌突蟾	*Leptolalas liui*
9			崇安髭蟾	*Vibrissaphora liui*
10		蟾蜍科	黑眶蟾蜍	*Bufo melanostictus*
11			中华蟾蜍	*Bufo gargarizans*
12		树蟾科	无斑树蟾	*Hyla immaculata*
13			中国树蟾	*Hyla chinensis*
14			三港树蟾	*Hyla sanchiangersis*
15		蛙科	崇安湍蛙	*Amolops chunganensis*
16			戴云湍蛙	*Amolops daiyunensis*
17			华南湍蛙	*Amolops ricketti*
18			武夷湍蛙	*Amolops wuyiensis*
19			泽陆蛙	*Fejervarya multistriata*
20			小腺蛙	*Glandirana minima*
21			虎纹蛙	*Hoplobatrachus rugulosus*
22			弹琴水蛙	*Hylarana adenpleura*
23			沼水蛙	*Hylarana guentheri*
24			阔褶水蛙	*Hylarana latouchii*
25			台北纤蛙	*Hylana taipehensis*
26			福建大头蛙	*Limnonectes fujianensis*
27			尖舌浮蛙	*Occidozyga lima*
28			小竹叶蛙	*Odorrana exiliversabilis*

（续）

序号	目	科	种	
			中文名	拉丁名
29	无尾目	蛙科	大绿臭蛙	*Odorrana graminea*
30			花臭蛙	*Odorrana schmackeri*
31			棕背臭蛙	*Odorrana swinhoana*
32			小棘蛙	*Paa exilispinosa*
33			九龙棘蛙	*Paa jiulongensis*
34			棘胸蛙	*Paa spinosa*
35			黑斑侧褶蛙	*Pelophylax nigromaculata*
36			福建侧褶蛙	*Pelophyhrr fukienensis*
37			镇海林蛙	*Rana zhenhaiensis*
38		树蛙科	红吸盘小树蛙	*Philautus rhododiscus*
39			经甫泛树蛙	*Rana zhenhaiensis*
40			大树蛙	*Rhacophorus dennysi*
41			斑腿树蛙	*Rhacophorus megacephalus*
42		姬蛙科	花狭口蛙	*Kaloula pulchra*
43			粗皮姬蛙	*Microhyla butleri*
44			小弧斑姬蛙	*Microhyla heymonsi*
45			饰纹姬蛙	*Microhyla ornate*
46			花姬蛙	*Microhyla pulchra*
（三）爬行类				
1	龟鳖目	鳖科	鼋	*Pelochelys bibroni*
2			鳖	*Pelodiscus sinensis*
3		棱皮龟科	棱皮龟	*Dermochelys coriacea*
4		海龟科	蠵龟	*Caretta caretta*
5			绿海龟	*Chelonia mydas*
6			玳瑁	*Eretmochelys imbricata*
7			太平洋丽龟	*Lepidochelys olivacea*
8			平胸龟	*Platysternon megacephalum*
9		龟科	乌龟	*Chinemys reevesii*
10			黄缘闭壳龟	*Cuora flavomarginata*
11			三线闭壳龟	*Cuora trifasciata*
12			艾氏拟水龟	*Mauremys iversoni*
13			黄喉拟水龟	*Mauremys mutica*
14			花龟	*Ocadia sinensis*
15			眼斑水龟	*Sacalia bealei*
16			四眼斑水龟	*Sacalia quadriocellata*
17			红耳龟	*Trachemys scripta*
18	有鳞目	盲蛇科	钩盲蛇	*Ramphotyphlops braminus*
19		蟒蛇科	蟒蛇	*Python molurus*

（续）

序号	目	科	种	
			中文名	拉丁名
20	有鳞目	闪鳞蛇科	海南闪鳞蛇	*Xenopeltis hainanensis*
21		盾尾蛇科	红尾筒蛇	*Cylindrophis ruffus*
22		游蛇科	棕脊蛇	*Achalinus rufescens*
23			黑脊蛇	*Achalinus spinalis*
24			绿瘦蛇	*Ahaetulla prasina*
25			白眉腹链蛇	*Amphiesma boulengeri*
26			锈链腹链蛇	*Amphiesma craspedogaster*
27			棕黑腹链蛇	*Amphiesma sauteri*
28			草腹链蛇	*Amphiesma stolata*
29			白眶蛇	*Amphiesmoides ornaticeps*
30			绞花林蛇	*Boiga kraepelini*
31			繁花林蛇	*Boiga multomaculata*
32			尖尾两头蛇	*Calamaria pavimentata*
33			钝尾两头蛇	*Calamaria septentrionalis*
34			金花蛇	*Chrysopelea ornata*
35			翠青蛇	*Cyclophiops major*
36			黄链蛇	*Dinodon flavozonatum*
37			赤链蛇	*Dinodon rufozonatum*
38			王锦蛇	*Elaphe carinata*
39			灰腹绿锦蛇	*Elaphe frenata*
40			玉斑锦蛇	*Elaphe mandarina*
41			紫灰锦蛇	*Elaphe porphyracea*
42			三索锦蛇	*Elaphe radiata*
43			红点锦蛇	*Elaphe rufodorsata*
44			黑眉锦蛇	*Elaphe taeniura*
45			黑斑水蛇	*Enhydris bennettii*
46			中国水蛇	*Enhydris chinensis*
47			铅色水蛇	*Enhydris plumbea*
48			白环蛇	*Lycodon aulicus*
49			双全白环蛇	*Lycodon fasciatus*
50			黑背白环蛇	*Lycodon ruhstrati*
51			细白环蛇	*Lycodon subcinctus*
52			颈棱蛇	*Macropisthodon rudis*
53			方花小头蛇	*Oligod onbellus*
54			菱斑小头蛇	*Oligod catenata*
55			中国小头蛇	*Oligod chinensis*
56			紫棕小头蛇	*Oligodcinereus cinereus*
57			台湾小头蛇	*Oligod formosanus*

（续）

序号	目	科	种	
			中文名	拉丁名
58	有鳞目	游蛇科	饰纹小头蛇	*Oligod ornatus*
59			挂墩后棱蛇	*Opisthotropis kuatunensis*
60			山溪后棱蛇	*Opisthotropis latouchii*
61			福建后棱蛇	*Opisthotropis maxwelli*
62			钝头蛇	*Pareas chinensis*
63			福建钝头蛇	*Pareas stanleyi*
64			平鳞钝头蛇	*Pareas boulengeri*
65			紫沙蛇	*Psammodynastes pulverulentus*
66			横纹斜鳞蛇	*Pseudoxenodon bambusicola*
67			崇安斜鳞蛇	*Pseudoxenodon karlschmidti*
68			斜鳞蛇	*Pseudoxenodon macrops*
69			花尾斜鳞蛇	*Pseudoxenodon striaticaudatus*
70			灰鼠蛇	*Ptyas korros*
71			滑鼠蛇	*Ptyas mucosus*
72			红脖颈槽蛇	*Rhabdophis subminiatus*
73			虎斑颈槽蛇	*Rhabdophis tigrina*
74			黑头剑蛇	*Sibynophis chinensis*
75			环纹华游蛇	*Sinonatrix aequifasciata*
76			赤链华游蛇	*Sinonatrix annularis*
77			华游蛇	*Sinonatrix prcarinata*
78			渔游蛇	*Xenochrophis piscator*
79			乌梢蛇	*Zaocys dhumnades*
80		眼镜蛇科	金环蛇	*Bungarus fasciatus*
81			银环蛇	*Bungarus multicinctus*
82			福建丽纹蛇	*Calliophis kelloggi*
83			丽纹蛇	*Calliophis macclellandim*
84			眼镜蛇	*Naja naja*
85			眼镜王蛇	*Ophiophagus hannah*
86			扁尾海蛇	*Laticauda Laticaudata*
87			半环扁尾海蛇	*Laticauda semifasciata*
88			青环海蛇	*Hydrophis cyanocinctus*
89			小头海蛇	*Hydrophis gracilis*
90			环纹海蛇	*Hydrophis fasciatus*
91			黑头海蛇	*Hydrophis melanocephalus*
92			平颏海蛇	*Lapemis curtus*
93			长吻海蛇	*Pelamis platurus*
94			海蝰	*Praescutata viperina*
95		蝰科	白头蝰	*Azemiops feae Boulenger*

（续）

序号	目	科	种	
			中文名	拉丁名
96	有鳞目	蝰科	尖吻蝮	*Deinagkistrodon acutus*
97			短尾蝮	*Gloydius brevicaudus*
98			山烙铁头蛇	*Ovophim onticola*
99			原矛头蝮	*Protobothrops mucrosquamatus*
100			白唇竹叶青蛇	*Trimeresurus albolabris*
101			竹叶青蛇	*Trimeresurus stejnegeri*
102			圆斑蝰	*Vipera russellii*
（四）鸟　类				
1	潜鸟目	潜鸟科	红喉潜鸟	*Gavia stellata*
2			黑喉潜鸟	*Gavia arctica*
3			白嘴潜鸟	*Gavia adamsii*
4	䴙䴘目	䴙䴘科	小䴙䴘	*podiceps ruficollis*
5			角䴙䴘	*podiceps auritus*
6			黑颈䴙䴘	*podiceps caspicus*
7			凤头䴙䴘	*podiceps cristatus*
8			赤颈䴙䴘	*podiceps grisegena*
9	鹱形目	信天翁科	短尾信天翁	*Diomedea albatrus*
10			黑脚信天翁	*Diomedea nigripes*
11		鹱科	白额鹱	*Puffinus leucomeeas*
12			灰鹱	*Puffinus griseus*
13			纯褐鹱	*Puffinus bulwerii*
14			曳尾鹱	*Puffinus pacificus*
15		海燕科	黑叉尾海燕	*Oceanodroma monorhis*
16	鹈形目	鹈鹕科	白鹈鹕	*Pelecanus onocrotalus*
17			斑嘴鹈鹕	*Pelecanus philippensis*
18			卷羽鹈鹕	*Pelecanus crispus*
19		鲣鸟科	褐鲣鸟	*Sula leucogaster*
20			红脚鲣鸟	*Sula sula*
21		鸬鹚科	普通鸬鹚	*Phalacrocorax carbo*
22			斑头鸬鹚	*Phalacrocorax capillatus*
23			海鸬鹚	*Phalacrocorax pelagicus*
24		军舰鸟科	小军舰鸟	*Fregata minor*
25			白腹军舰鸟	*Fregata andrewsi*
26			白斑军舰鸟	*Fregata ariel*
27	鹳形目	鹭科	苍鹭	*Ardea cinerea*
28			草鹭	*Ardea purpurea*
29			绿鹭	*Butorides striatus*
30			池鹭	*Ardeola bacchus*

（续）

序号	目	科	种	
			中文名	拉丁名
31	鹳形目	鹭科	牛背鹭	*Bubulcus ibis*
32			大白鹭	*Egretta alba*
33			白鹭	*Egretta garzetta*
34			黄嘴白鹭	*Egretta eulophotes*
35			岩鹭	*Egretta sacra*
36			中白鹭	*Egretta intermedia*
37			夜鹭	*Nycticorax nycticorax*
38			白脸鹭	*Egretta novaehollandiae*
39			栗头虎斑鳽	*Gorsachius goisagi*
40			海南虎斑鳽	*Gorsachius magnificus*
41			紫背苇鳽	*Ixobrychus eurhythmus*
42			黄斑苇鳽	*Ixobrychus sinensis*
43			栗苇鳽	*Ixobrychus cinnamomeus*
44			黑鳽	*Dupetor feavicollis*
45			大麻鳽	*Botaurus stellaris*
46		鹳科	彩鹳	*Ibis ieucocephalus*
47			东方白鹳	*Ciconia boyciana*
48			黑鹳	*Ciconia nigra*
49		鹮科	黑头白鹮	*hreskiornis melanocephalus*
50			朱鹮	*Nipponia nippon*
51			彩鹮	*Plegadis falcinellus*
52			白琵鹭	*Platalea leucorodia*
53			黑脸琵鹭	*Platalea minor*
54	雁形目	鸭科	黑雁	*Branta bernicla*
55			鸿雁	*Anser cyynoides*
56			豆雁	*Anser fabalis*
57			白额雁	*Anser albifrons*
58			小白额雁	*Anser erythropus*
59			灰雁	*Anser anser*
60			小天鹅	*Cygnus columbianus*
61			大天鹅	*Cygnus cygnus*
62			栗树鸭	*Dendrocygna javanica*
63			赤麻鸭	*Tadorna ferruginea*
64			翘鼻麻鸭	*Tadorna tadorna*
65			针尾鸭	*Anas acuta*
66			绿翅鸭	*Anas crecca*
67			花脸鸭	*Anas formosa*
68			罗纹鸭	*Anas platyrhynchos*

（续）

序号	目	科	种	
			中文名	拉丁名
69	雁形目	鸭科	斑嘴鸭	*Anas falcata*
70			绿头鸭	*Anas poecilorhyncha*
71			赤膀鸭	*Anas strepera*
72			赤颈鸭	*Anas penelope*
73			白眉鸭	*Anas querquedula*
74			琵嘴鸭	*Anas clypenata*
75			赤嘴潜鸭	*Netta rufina*
76			红头潜鸭	*Aythya ferina*
77			青头潜鸭	*Aythya ferina*
78			凤头潜鸭	*Aythya fuligula*
79			斑背潜鸭	*Aythya fuligula*
80			白眼潜鸭	*Aythya nyroca*
81			鸳鸯	*Aix galericulate*
82			棉凫	*Nettapus coromandelianus*
83			瘤鸭	*Sarkidiornis melanotos*
84			黑海番鸭	*Melanitta nigra*
85			斑脸海番鸭	*Melanitta fusca*
86			长尾鸭	*Clangula hyemalis*
87			鹊鸭	*Bucephala clangula*
88			斑头秋沙鸭	*Mergus albellus*
89			中华秋沙鸭	*Mergus aguamatus*
90			红胸秋沙鸭	*Mergus serrator*
91			普通秋沙鸭	*Mergus merganser*
92	隼形目	鹰科	鹗	*Pandion haliatus*
93	鹤形目	三趾鹑科	黄脚三趾鹑	*Turnix tanki*
94			棕三趾鹑	*Turnix suscitator*
95		鹤科	灰鹤	*Grus grus*
96			白枕鹤	*Grus vipio*
97		秧鸡科	普通秧鸡	*Rallus aguaticus*
98			蓝胸秧鸡	*Rallus striatus*
99			白喉斑秧鸡	*Rallina eurizonoides*
100			小田鸡	*Porzana pusilla*
101			红胸田鸡	*Porzana fusca*
102			斑胁田鸡	*Porzana paykullii*
103			花田鸡	*Coturrnicops noveboracensis*
104			红脚苦恶鸟	*Amaurornis akool*
105			白胸苦恶鸟	*Amaurornis phoenicurus*
106			董鸡	*Gallicrex cinerea*

（续）

序号	目	科	种	
			中文名	拉丁名
107	鹤形目	秧鸡科	黑水鸡	*Gallinula chloropus*
108			骨顶鸡	*Fulica atra*
109	鸻形目	雉鸻科	水雉	*Hydrophasianus chirurgus*
110		彩鹬科	彩鹬	*Rostratula benghlensis*
111		蛎鹬科	蛎鹬	*Haematopus ostralegus*
112		鸻科	凤头麦鸡	*Vanellus vanellus*
113			灰头麦鸡	*Vanellus cinereus*
114			灰斑鸻	*Pluvialis sguatrola*
115			金斑鸻	*Pluvialis dominica*
116			剑鸻	*Charadrius hiaticula*
117			金眶鸻	*Charadrius dubius*
118			环颈鸻	*Charadrius alexandrinus*
119			蒙古沙鸻	*Charadrius mongolus*
120			铁嘴沙鸻	*Charadrius leschenaultii*
121			红胸鸻	*Charadrius asiaticus*
122			东方鸻	*Charadrius veredus*
123		鹬科	小杓鹬	*Numenius minutus*
124			中杓鹬	*Numenius phaeopus*
125			白腰杓鹬	*Munenius arquata*
126			红腰杓鹬	*Numenius madagascariensis*
127			黑尾塍鹬	*Limosa limosa*
128			斑尾塍鹬	*Limosa lapponica*
129			红脚鹤鹬	*Tringa erythropns*
130			红脚鹬	*Tringa totanus*
131			泽鹬	*Tringa stagnatilis*
132			青脚鹬	*Tringa nebularia*
133			白腰草鹬	*Tringa ochropus*
134			林鹬	*Tringa glareola*
135			小青脚鹬	*Tringa guttifer*
136			矶鹬	*Tringa hupoleucos*
137			灰鹬	*Tringa incana*
138			灰尾漂鹬	*Heteroscelus brevipes*
139			翘嘴鹬	*Xenus xinerea*
140			翻石鹬	*Arenaria interpres*
141			半蹼鹬	*Limnodromus semipalmatus*
142			针尾沙锥	*Capella stenura*
143			大沙锥	*Capella megala*
144			扇尾沙锥	*Capella gallinago*

（续）

序号	目	科	种	
			中文名	拉丁名
145	鸻形目	鹬科	丘鹬	*Scolopax rusticola*
146			姬鹬	*Lymnocrypes minimus*
147			红腹滨鹬	*Calidris canutus*
148			大滨鹬	*Calidris tenuirostris*
149			红胸滨鹬	*Calidris ruficollis*
150			长趾滨鹬	*Calidris subminuta*
151			尖尾滨鹬	*Calidris acuminata*
152			乌脚滨鹬	*Calidris temmincrii*
153			黑腹滨鹬	*Calidris alpina*
154			弯嘴滨鹬	*Calidris ferruginea*
155			三趾滨鹬	*Crocethia alba*
156			勺嘴鹬	*Eurynorhynchus pygmeus*
157			阔嘴鹬	*Limicola falcinellus*
158			流苏鹬	*Philomachus puguax*
159		反嘴鹬科	黑翅长脚鹬	*Himantopus himantopus*
160			反嘴鹬	*Recurvirostra avosetta*
161		瓣蹼鹬科	红颈瓣蹼鹬	*Phalaropus lobatus*
162		燕鸻科	普通燕鸻	*Glareola maldivarum*
163	鸥形目	鸥科	黑尾鸥	*Larus crassirotris*
164			海鸥	*Larus canus*
165			银鸥	*Larus argentatus*
166			灰背鸥	*Larus schistisagas*
167			灰翅鸥	*Larus glaucescens*
168			红嘴鸥	*Larus ridibundus*
169			北极鸥	*Larus hyperboreus*
170			渔鸥	*Larus ichthyaetus*
171			黑嘴鸥	*Larus saundersi*
172			遗鸥	*Larus relictus*
173			三趾鸥	*Rissa tridactyla*
174			须浮鸥	*Chlidonias hybrida*
175			白翅浮鸥	*Chlidonias leucoptera*
176			鸥嘴噪鸥	*Gelochelidon nilotica*
177			红嘴巨鸥	*Hydroprogne tschegrava*
178			普通燕鸥	*Strena hirundo*
179			粉红燕鸥	*Sterna dougallii*
180			黑枕燕鸥	*Sterna sumatrana*
181			褐翅燕鸥	*Sterna anaethetus*
182			乌燕鸥	*Sterna fuscaca*

（续）

序号	目	科	种	
			中文名	拉丁名
183	鸥形目	鸥科	白额燕鸥	*Sterna albifrons*
184			大凤头燕鸥	*Thalasseus bergii*
185			黑嘴端凤头燕鸥	*Thalasseus zimmermanni*
186			白顶燕鸥	*Anous stolidus*
187			白腰燕鸥	*Aleutian Tern*
188		贼鸥科	短尾贼鸥	*Stercorarius longicaudus*
189		海雀科	扁嘴海雀	*Synthliboramphus anlumquus*
190			斑海雀	*Brachramphus marmoratus*
191	鸮形目	鸱鸮科	黄脚渔鸮	*Ketupa flavipes*
192	佛法僧目	翠鸟科	冠鱼狗	*Ceryle lugubris*
193			斑鱼狗	*Ceryle rudis*
194			赤翡翠	*Halcyon coromanda*
195			白胸翡翠	*Halcyon smyrnensis*
196			白领翡翠	*Halcyon chloris*
197			蓝翡翠	*Halcyon pileata*
198			普通翠鸟	*Alcedo atthis*
199			斑头大翠鸟	*Alcedo hercule*
（五）哺乳类				
1	食虫目	鼩鼱科	喜玛拉雅水鼩	*Chimmarogale himalayica*
2			大臭鼩	*Suncus murinus*
3	翼手目	蝙蝠科	普通伏翼	*Pipistrellus abramus*
4			印度伏翼	*Pipistrellus coromandra*
5			灰伏翼	*Pipistrellus pulveratus*
6	食肉目	鼬科	黄鼬	*Mustela sibirica*
7			黄腹鼬	*Mustela kathiah*
8			青鼬	*Martes flavigula*
9			水獭	*Lutra lutra*
10			猪獾	*Arctonyx collaris*
11			狗獾	*Meles meles*
12			鼬獾	*Melogale maschata*
13			小爪水獭	*Aonyx cinerea*
14		灵猫科	食蟹獴	*Herpestes urva*
15	鳍脚目	海豹科	斑海豹	*Phoca largha*
16			髯海豹	*Erignathus barbatus*
17	鲸目	灰鲸科	灰鲸	*Eschrichtius robustus*
18		须鲸科	大翅鲸	*Megaptera novaeangliae*
19			小须鲸	*Balaenoptera acutorostrata*
20		抹香鲸科	抹香鲸	*Physeter macrocephalus*

（续）

序号	目	科	种	
			中文名	拉丁名
21	鲸目	海豚科	中华白海豚	*Sousa chinensis*
22			瓶鼻海豚	*Tursiops truncates*
23			印度洋瓶鼻海豚	*Tursiops aduncus*
24			伪虎鲸	*Pseudorca crassidens*
25		鼠豚科	江豚	*Neophocaena phocaenoides*
26	啮齿目	仓鼠科	东方田鼠	*Microtus fortis*
27		鼠科	青毛鼠	*Rattus bowersii*
28			白腹巨鼠	*Rattus edwardsi*
29			针毛鼠	*Rattus fulvescens*
30			褐家鼠	*Rattus norvegicus*
31			黄毛鼠	*Rattus rattoides*
32		海狸鼠科	海狸鼠	*Myocastor coypus*
33	偶蹄目	鹿科	獐	*Hydropotes inermis*
34			水鹿	*Cervus unicolo*

附录3　福建重点调查湿地概况

参照《全国湿地资源调查技术规程(试行)》及《福建省湿地资源调查实施细则》，结合福建湿地特点，确定重点调查湿地共48处，其中：国际重要湿地1处、国家重要湿地6处、湿地类型自然保护区21处(含国际重要湿地和国家重要湿地各1处，其中国家级3处、省级7处、市县级11处)、国家湿地公园3处和其他具有特殊保护意义的湿地19处。各重点湿地概况如下：

一、国际重要湿地

1. 福建漳江口红树林国家级自然保护区

福建漳江口红树林国家级自然保护区(即福建漳江口红树林国际重要湿地)重点调查湿地范围面积0.24万公顷，湿地面积为0.24万公顷。主要湿地型为潮间盐水沼泽、红树林、河口水域、三角洲/沙洲/沙岛和水产养殖场湿地。地理坐标为东经117°21′42.8″~117°29′47.1″，北纬23°53′44.0″~23°57′30.0″；位于云霄县内。

调查中记录到湿地高等植物2门46科99属120种。记录到外来入侵植物6科12属13种。

湿地植被可划分为3个植被型组，5个植被型，16个群系。

调查中记录到脊椎动物5纲34目98科235种。其中，鱼类20目68科167种，两栖类1目5科11种，爬行类2目7科18种，鸟类7目10科28种，哺乳类4目8科11种。

记录到国家重点保护野生动物12种。其中国家Ⅰ级保护野生动物2种，国家Ⅱ级保护野生动物10种。在国家重点保护野生动物中，有湿地鸟类3种，均为国家Ⅱ级保护鸟类。

记录到外来入侵动物1门1纲1目1科1种，为无脊椎动物。

于1997年建立省级自然保护区，2003年晋升为国家级自然保护区。2008年2月2日列入国际重要湿地名录，编号1736。受林业部门管理，成立了福建漳江口红树林国家级自然保护区管理局。

主要受到外来物种入侵、海域水质污染、围垦、泥沙淤积、滩涂养殖、过度捕捞和采集等威胁。

二、国家重要湿地

2. 福建三都湾国家重要湿地

福建三都湾国家重要湿地重点调查湿地范围面积5.53万公顷(包括环三都澳湿地水禽红树林市级自然保护区湿地面积0.24万公顷；宁德东湖国家湿地公园湿地面积0.06万公顷；宁德官井洋大黄鱼繁育增殖保护区湿地面积0.21万公顷)，湿地面积5.53万公顷。主要湿地型为浅海水域、岩石海岸、淤泥质海滩、潮间盐水沼泽、河口水域、三角洲/沙洲/沙岛、水产养殖场和库塘湿地。地理坐标为东经119°32′29.2″~120°4′57.6″，北纬26°30′55.7″~26°50′34.7″；位于蕉城区、福安市和霞浦县内。

调查中记录到湿地高等植物1门7科13属13种。记录到外来入侵植物3科3属3种。

湿地植被可划分为4个植被型组，7个植被型，30个群系。

调查中记录到脊椎动物5纲33目95科260种。其中，鱼类18目72科189种，两栖类1目4科8种，爬行类2目4科15种，鸟类7目10科40种，哺乳类5目5科8种。

记录到国家重点保护野生动物5种。其中，国家Ⅰ级保护野生动物2种，国家Ⅱ级保护野生动物3种。在国家重点保护野生动物中，有湿地鸟类1种，为国家Ⅱ级保护鸟类。

记录到外来入侵动物1门1纲1目1科1种，为无脊椎动物。

福建三都湾国家重要湿地界线未定。受林业、海洋与渔业、水利、农业等多部门管理，无专门管理机构。

主要受到基建和城市建设、外来物种入侵、污染、围垦、过度捕捞和采集等威胁。

3. 福建福清湾国家重要湿地

福建福清湾国家重要湿地重点调查湿地范围面积1.85万公顷，湿地面积为1.85万公顷。主要湿地型为浅海水域、岩石海岸、沙石海滩、淤泥质海滩、河口水域、三角洲/沙洲/沙岛、红树林和水产养殖场湿地。地理坐标为东经119°24′47.5″～119°37′50.0″，北纬25°32′28.2″～25°42′48.7″；位于福清市、长乐市和平潭县内。

调查中记录到湿地高等植物1门4科4属4种。记录到外来入侵植物1科1属1种。

湿地植被可划分为3个植被型组，4个植被型，6个群系。

调查中记录到脊椎动物5纲43目107科315种。其中，鱼类27目81科253种，两栖类1目3科8种，爬行类2目3科14种，鸟类8目12科27种，哺乳类5目8科13种。

记录到国家重点保护野生动物5种。其中国家Ⅰ级保护野生动物2种，国家Ⅱ级保护野生动物3种。在国家重点保护野生动物中，有湿地鸟类1种，为国家Ⅱ级保护鸟类。

记录到外来入侵动物1门1纲1目1科1种，为无脊椎动物。

福建福清湾国家重要湿地界线未定。受林业、海洋与渔业、水利、农业等多部门管理，无专门管理机构。

主要受到围垦、污染、外来物种入侵、过度捕捞和采集以及其他威胁因子等威胁。

4. 福建泉州湾国家重要湿地

福建泉州湾国家重要湿地重点调查湿地范围面积1.76万公顷，湿地面积为1.76万公顷(包括泉州湾河口湿地省级自然保护区，湿地面积0.67万公顷)。主要湿地型为浅海水域、岩石海岸、砂石海滩、潮间盐水沼泽、红树林、河口水域、三角洲/沙洲/沙岛、盐田和水产养殖场湿地。地理坐标为东经118°34′51.9″～118°50′7.7″，北纬24°46′14.2″～24°57′40.7″；位于惠安县、洛江区、丰泽区、晋江市和石狮市内。

调查中记录到湿地高等植物2门39科92属119种。记录到外来入侵植物8科12属13种。

记录到国家重点保护野生植物2种，为国家Ⅱ级保护野生植物。

湿地植被可划分为2个植被型组，2个植被型，4个群系。

调查中记录到脊椎动物5纲38目120科370种。其中，鱼类23目83科263种，两栖类1目5科14种，爬行类2目11科35种，鸟类7目11科37种，哺乳类5目10科21种。

记录到国家重点保护野生动物22种。其中，国家Ⅰ级保护野生动物4种，国家Ⅱ级保护野生动物18种。在国家重点保护野生动物中，有湿地鸟类1种，为国家Ⅱ级保护鸟类。

记录到外来入侵动物1门1纲1目1科1种，为无脊椎动物。

福建泉州湾国家重要湿地界线未定。受林业、海洋与渔业、国土、农业等多部门管理，无专门管理机构。

主要受到基建和城市建设、围垦、污染、泥沙淤积、外来物种入侵、过度捕捞和采集等威胁。

5. 福建深沪湾国家重要湿地

福建深沪湾国家重要湿地(即福建深沪湾海底古森林遗迹国家级自然保护区)重点调查湿地范围面积0.27万公顷，湿地面积为0.27万公顷。主要湿地型为浅海水域、岩石海岸和沙石海滩湿地。地理坐标为东经118°38′27.9″~118°41′37.2″，北纬24°36′54.9″~24°41′27.6″；位于晋江市内。

调查中记录到脊椎动物5纲35目100科228种。其中，鱼类22目79科186种，两栖类1目2科3种，爬行类2目4科15种，鸟类5目7科11种，哺乳类5目8科13种。

记录到国家重点保护野生动物16种。其中，国家Ⅰ级保护野生动物2种，国家Ⅱ级保护野生动物14种。

记录到外来入侵动物1门1纲1目1科1种，为无脊椎动物。

福建深沪湾国家重要湿地与福建深沪湾海底古森林遗迹国家级自然保护区界线一致。1992年建立福建深沪湾海底古森林遗迹国家级自然保护区。受海洋与渔业部门管理，成立了福建深沪湾海底古森林遗迹国家级自然保护区管理处。

主要受到道路建设和污染等威胁。

6. 福建九龙江河口国家重要湿地

福建九龙江河口国家重要湿地重点调查湿地范围面积1.17万公顷，湿地面积为1.17万公顷(包括龙海九龙江口红树林省级自然保护区，湿地面积0.04万公顷；龙海九龙江口湿地公园，湿地面积0.02万公顷)。主要湿地型为潮间盐水沼泽、红树林、河口水域、三角洲/沙洲/沙岛和水产养殖场湿地。地理坐标为东经117°46′28.2″~118°3′53.1″，北纬24°22′18.4″~24°29′50.7″；位于龙海市内。

调查中记录到湿地高等植物2门44科95属114种。记录到外来入侵植物6科11属11种。

记录到国家重点保护野生植物2种，为国家Ⅱ级保护野生植物。

湿地植被可划分为2个植被型组，2个植被型，16个群系。

调查中记录到脊椎动物5纲45目141科435种。其中，鱼类21目83科208种，两栖类1目5科13种，爬行类2目5科21种，鸟类16目40科180种，哺乳类5目8科13种。

记录到国家重点保护野生动物16种。其中，国家Ⅰ级保护野生动物2种，国家Ⅱ级保护野生动物14种。在国家重点保护野生动物中，有湿地鸟类1种，为国家Ⅱ级保护鸟类。

记录到外来入侵动物1门1纲1目1科1种，为无脊椎动物。

福建九龙江河口国家重要湿地界线未定。受林业、海洋与渔业、水利、农业等多部门管理，无专门管理机构。

主要受到水质污染、航运和外来物种入侵等威胁。

7. 福建东山湾国家重要湿地

福建东山湾国家重要湿地重点调查湿地范围面积2.80万公顷，湿地面积为2.80万公顷(包括福建漳江口红树林国家级自然保护区，湿地面积0.24万公顷)。主要湿地型为浅海水域、岩石海岸、沙石海滩、淤泥质海滩、潮间盐水沼泽、红树林、河口水域、三角洲/沙洲/沙岛、珊瑚礁、水产养殖场和盐田湿地。地理坐标为东经117°22′31.6″～117°36′51.6″，北纬23°43′29.9″～23°58′12.7″；位于漳浦县、云霄县和东山县内。

调查中记录到湿地高等植物2门46科99属120种。记录到外来入侵植物6科12属13种。

湿地植被可划分为3个植被型组，4个植被型，16个群系。

调查中记录到脊椎动物5纲45目137科411种。其中，鱼类23目79科210种，两栖类1目5科12种，爬行类2目7科23种，鸟类15目38科154种，哺乳类4目8科12种。

记录到国家重点保护野生动物20种。其中，国家Ⅰ级保护野生动物3种，国家Ⅱ级保护野生动物17种。在国家重点保护野生动物中，有湿地鸟类3种，均为国家Ⅱ级保护鸟类。

记录到外来入侵动物1门1纲1目1科1种，为无脊椎动物。

福建东山湾国家重要湿地界线未定。受林业、海洋与渔业等多部门管理，无专门管理机构。

主要受到基建和城市建设、外来物种入侵、污染、围垦、过度捕捞和采集等威胁。

三、自然保护区

8. 福建厦门海洋珍稀物种国家级自然保护区

福建厦门海洋珍稀物种国家级自然保护区重点调查湿地范围面积2.85万公顷，湿地面积为2.85万公顷。主要湿地型为浅海水域、岩石海岸、沙石海滩、淤泥质海滩、潮间盐水沼泽、河口水域、三角洲/沙洲/沙岛、水产养殖场和盐田湿地。地理坐标为东经117°56′47.4″～118°26′1.8″，北纬24°23′56.5″～24°39′38.8″；位于海沧区、湖里区、集美区、思明区、同安区和翔安区内。

调查中记录到湿地高等植物1门14科27属28种。记录到外来入侵植物5科9属9种。

湿地植被可划分为2个植被型组，4个植被型，8个群系。

调查中记录到脊椎动物5纲39目109科319种。其中，鱼类24目84科254种，两栖类1目5科13种，爬行类2目4科15种，鸟类7目8科24种，哺乳类5目8科13种。

记录到国家重点保护野生动物15种。其中国家Ⅰ级保护野生动物2种，国家Ⅱ级保护野生动物13种。

记录到外来入侵动物1门1纲1目1科1种，为无脊椎动物。

于1995年建立省级自然保护区，2000年晋升为国家级自然保护区，受海洋与渔业、环保部门管理，成立了福建厦门珍稀海洋物种国家级自然保护区管理委员会办公室管理机构。

主要受到水质污染、航运、兴建码头、填海造地、城市建设、过度捕捞等威胁。

9. 闽江河口湿地省级自然保护区

闽江河口湿地省级自然保护区重点调查湿地范围面积0.31万公顷，湿地面积为0.31万公顷。主要湿地型为潮间盐水沼泽、河口水域、三角洲/沙洲/沙岛和水产养殖场湿地。地理坐标为东经119°35′47.5″～119°41′14.7″，北纬26°1′7.8″～26°4′34.3″；位于长乐市和马尾区内。

调查中记录到湿地高等植物2门42科93属115种。国家重点保护野生植物1种，其中国家Ⅱ级保护野生植物1种。记录到外来入侵植物6科11属11种。

湿地植被可划分为2个植被型组，5个植被型，7个群系。

调查中记录到脊椎动物5纲31目76科181种。其中，鱼类16目53科119种，两栖类1目2科3种，爬行类2目4科7种，鸟类8目12科45种，哺乳类4目5科7种。

记录到国家重点保护野生动物17种。其中国家Ⅰ级保护野生动物2种，国家Ⅱ级保护野生动物15种。在国家重点保护野生动物中，有湿地鸟类6种，其中国家Ⅱ级保护鸟类6种。

记录到外来入侵动物1门1纲1目1科1种，为无脊椎动物。

于2007年建立省级自然保护区，受林业部门管理，成立了福建闽江河口湿地自然保护区管理处管理机构。

主要受到泥沙淤积、水污染、外来物种入侵等威胁。

10. 泉州湾河口湿地省级自然保护区

泉州湾河口湿地省级自然保护区重点调查湿地范围面积0.67万公顷，湿地面积为0.67万公顷。主要湿地型为潮间盐水沼泽、红树林、河口水域、三角洲/沙洲/沙岛和水产养殖场湿地。地理坐标为东经118°37′40.8″～118°42′40.0″，北纬24°47′23.2″～24°59′48.6″；位于惠安县、洛江区、丰泽区、晋江市和石狮市内。

调查中记录到湿地高等植物2门39科92属119种。国家重点保护野生植物2种，其中国家Ⅱ级保护野生植物2种。记录到外来入侵植物8科12属13种。

湿地植被可划分为2个植被型组，2个植被型，4个群系。

调查中记录到脊椎动物5纲33目100科244种。其中，鱼类17目63科147种，两栖类1目5科14种，爬行类2目11科35种，鸟类7目10科26种，哺乳类6目11科22种。

记录到国家重点保护野生动物20种。其中国家Ⅰ级保护野生动物3种，国家Ⅱ级保护野生动物17种。在国家重点保护野生动物中，有湿地鸟类1种，其中国家Ⅱ级保护鸟类1种。

记录到外来入侵动物2门2纲2目2科2种。其中，无脊椎动物1纲1目1科1种，脊椎动物1纲1目1科1种。

于2003年建立省级自然保护区，受林业部门管理，成立了福建泉州湾河口湿地省级自然保护区管理处管理机构。

主要受到基建与城市建设、污染、泥沙淤积和外来物种入侵等威胁。

11. 龙海九龙江口红树林省级自然保护区

龙海九龙江口红树林省级自然保护区重点调查湿地范围面积0.04万公顷，湿地面积为0.04

万公顷。主要湿地型为红树林、潮间盐水沼泽和河口水域湿地。地理坐标为东经 117°54′7. 7″ ~ 117°56′1. 1″，北纬 24°23′33. 1″ ~ 24°27′38. 4″；位于龙海市内。

调查中记录到湿地高等植物 2 门 44 科 95 属 114 种。国家重点保护野生植物 1 种，其中国家Ⅱ级保护野生植物 1 种。记录到外来入侵植物 6 科 11 属 11 种。

湿地植被可划分为 2 个植被型组，2 个植被型，4 个群系。

调查中记录到脊椎动物 5 纲 33 目 95 科 216 种。其中，鱼类 19 目 71 科 161 种，两栖类 1 目 5 科 13 种，爬行类 1 目 3 科 16 种，鸟类 7 目 8 科 13 种，哺乳类 5 目 8 科 13 种。

记录到国家重点保护野生动物 11 种。其中国家Ⅰ级保护野生动物 2 种，国家Ⅱ级保护野生动物 9 种。

记录到外来入侵动物 1 门 1 纲 1 目 1 科 1 种，为无脊椎动物。

于 1988 年建立省级自然保护区，受林业部门管理，成立了福建龙海九龙江口红树林省级自然保护区管理处管理机构。

主要受到外来物种入侵、水质污染、泥沙淤积和航运等威胁。

12. 东山珊瑚礁省级自然保护区

东山珊瑚礁省级自然保护区重点调查湿地范围面积 0. 18 万公顷，湿地面积为 0. 18 万公顷。主要湿地型为浅海水域、珊瑚礁、沙石海滩和岩石海岸湿地。地理坐标为东经 117°28′31. 2″ ~ 117°34′6. 5″，北纬 23°39′15. 7″ ~ 23°45′36. 3″；位于东山县内。

调查中记录到脊椎动物 4 纲 23 目 57 科 109 种。其中，鱼类 17 目 47 科 91 种，爬行类 2 目 3 科 9 种，鸟类 2 目 3 科 3 种，哺乳类 1 目 4 科 6 种。

记录到国家重点保护野生动物 6 种。其中国家Ⅱ级保护野生动物 6 种。

记录到外来入侵动物 1 门 1 纲 1 目 1 科 1 种，为无脊椎动物。

于 1997 年建立省级自然保护区，受海洋与渔业部门管理，成立了福建东山珊瑚礁自然保护区管理处管理机构。

主要受到水质污染、航运等威胁。

13. 平潭三十六脚湖省级自然保护区

平潭三十六脚湖省级自然保护区重点调查湿地范围面积 0. 01 万公顷，湿地面积为 0. 01 万公顷。主要湿地型为海岸性淡水湖。地理坐标为东经 119°44′47. 8″ ~ 119°45′45. 5″，北纬 25°28′5. 3″ ~ 25°29′10. 0″；位于平潭县内。

调查中记录到湿地高等植物 1 门 7 科 9 属 10 种。记录到外来入侵植物 3 科 4 属 4 种。

湿地植被可划分为 1 个植被型组，1 个植被型，1 个群系。

调查中记录到脊椎动物 4 纲 6 目 9 科 19 种。其中，鱼类 1 目 2 科 5 种，两栖类 1 目 2 科 4 种，鸟类 2 目 3 科 7 种，哺乳类 2 目 2 科 3 种。

记录到外来入侵动物 2 门 2 纲 2 目 2 科 2 种。其中，无脊椎动物 1 纲 1 目 1 科 1 种，脊椎动物 1 纲 1 目 1 科 1 种。

于 1997 年建立省级自然保护区，受水利部门管理，成立了福建平潭三十六脚湖省级自然保护区管理处管理机构。

主要受到水质污染威胁。

14. 宁德官井洋大黄鱼繁育增殖保护区

宁德官井洋大黄鱼繁育增殖保护区重点调查湿地范围面积0.21万公顷，湿地面积为0.21万公顷。主要湿地型为浅海水域、岩石海岸和淤泥质海滩湿地。地理坐标为东经119°35′35.4″~119°51′16.3″，北纬26°38′7.4″~26°51′18.0″；位于蕉城区、霞浦县和罗源县内。

调查中记录到湿地高等植物1门1科1属1种。记录到外来入侵植物1科1属1种。

湿地植被可划分为1个植被型组，1个植被型，1个群系。

调查中记录到脊椎动物4纲25目83科229种。其中，鱼类19目76科209种，爬行类2目3科8种，鸟类2目2科10种，哺乳类2目2科2种。

记录到国家重点保护野生动物8种。其中国家Ⅰ级保护野生动物2种，国家Ⅱ级保护野生动物6种。

记录到外来入侵动物1门1纲1目1科1种，为无脊椎动物。

于1985年由福建省人大批准建立省级海洋特别保护区。受海洋与渔业部门管理，成立了福建宁德官井洋大黄鱼繁殖保护区管理站。

主要受到外来物种入侵、污染、过度捕捞等威胁。

15. 长乐海蚌资源增殖保护区

长乐海蚌资源增殖保护区重点调查湿地范围面积1.97万公顷，湿地面积为1.97万公顷。主要湿地型为浅海水域、三角洲/沙洲/沙岛、沙石海滩和河口水域湿地。地理坐标为东经119°37′13.913″~119°44′53.610″，北纬25°50′52.639″~26°4′54.984″；位于长乐市内。

调查中记录到脊椎动物4纲27目86科267种。其中，鱼类21目79科254种，爬行类1目2科5种，鸟类3目4科7种，哺乳类1目1科1种。

记录到国家重点保护野生动物7种，均为国家Ⅱ级保护野生动物。

记录到外来入侵动物1门1纲1目1科1种，为无脊椎动物。

于1985年由福建省人大批准建立省级海洋特别保护区。受海洋与渔业部门管理，成立了福建长乐海蚌资源增殖保护区管理处。

主要受到泥沙淤积和过度捕捞等威胁。

16. 福鼎台山列岛市级自然保护区

福鼎台山列岛市级自然保护区重点调查湿地范围面积0.04万公顷，湿地面积为0.04万公顷。主要湿地型为浅海水域和岩石海岸湿地。地理坐标为东经120°24′44.4″~120°43′30.0″，北纬26°58′33.5″~27°1′37.2″；位于福鼎市内。

调查中记录到湿地高等植物1门1科1属1种。

湿地植被可划分为1个植被型组，1个植被型，1个群系。

调查中记录到脊椎动物4纲27目84科200种。其中，鱼类19目72科168种，爬行类2目3

科12种，鸟类2目2科10种，哺乳类4目7科10种。

记录到国家重点保护野生动物14种。其中国家Ⅰ级保护野生动物1种，国家Ⅱ级保护野生动物13种。在国家重点保护野生动物中，有湿地鸟类2种，均为国家Ⅱ级保护鸟类。

记录到外来入侵动物1门1纲1目1科1属1种，为无脊椎动物。

于1997年建立市级自然保护区。受林业部门管理，无专门管理机构。

主要受到基建、过度捕捞和采集等威胁。

17. 环三都澳湿地水禽红树林市级自然保护区

环三都澳湿地水禽红树林市级自然保护区重点调查湿地范围面积0.24万公顷，湿地面积为0.24万公顷。主要湿地型为潮间盐水沼泽、河口水域和三角洲/沙洲/沙岛湿地。地理坐标为东经119°35′35.4″~119°51′16.3″，北纬26°38′7.4″~26°51′18.0″；位于蕉城区、福安市和霞浦县内。

调查中记录到湿地高等植物1门2科4属4种。记录到外来入侵植物1科1属1种。

湿地植被可划分为2个植被型组，4个植被型，6个群系。

调查中记录到脊椎动物5纲35目93科272种。其中，鱼类15目56科139种，两栖类1目2科3种，爬行类2目2科5种，鸟类14目30科120种，哺乳类3目3科5种。

记录到国家重点保护野生动物2种。其中，国家Ⅰ级保护野生动物1种，国家Ⅱ级保护野生动物1种。

记录到外来入侵动物1门1纲1目1科1种，为无脊椎动物。

于1997年建立市级自然保护区。受林业部门管理，无专门管理机构。

主要受到水质污染、互花米草入侵等威胁。

18. 古田人工湖市级自然保护区

古田人工湖市级自然保护区重点调查湿地范围面积0.32万公顷，湿地面积为0.32万公顷。主要湿地型为库塘湿地。地理坐标为东经118°46′4.8″~118°52′31.4″，北纬26°33′50.2″~26°43′11.8″；位于古田县内。

调查中记录到湿地高等植物1门6科11属11种。记录到外来入侵植物1科1属1种。

湿地植被可划分为2个植被型组，2个植被型，3个群系。

调查中记录到脊椎动物5纲20目40科159种。其中，鱼类4目14科88种，两栖类1目6科14种，爬行类2目6科21种，鸟类9目9科24种，哺乳类4目5科12种。

记录到国家重点保护野生动物5种。其中，国家Ⅰ级保护野生动物1种，国家Ⅱ级保护野生动物4种。在国家重点保护野生动物中，有湿地鸟类1种，为国家Ⅱ级保护鸟类。

记录到外来入侵动物2门3纲3目3科4种。其中，无脊椎动物1纲1目1科1种，脊椎动物2纲2目2科3种。

于1997年建立市级自然保护区。受林业、水利等多部门管理，无专门管理机构。

主要受到污染威胁。

19. 霞浦福宁湾水禽县级自然保护区

霞浦福宁湾水禽县级自然保护区重点调查湿地范围面积 1.38 万公顷，湿地面积为 1.38 万公顷。主要湿地型为浅海水域、岩石海岸、沙石海滩、淤泥质海滩、潮间盐水沼泽和水产养殖场湿地。地理坐标为东经 120°2′0.7″~120°12′32.3″，北纬 26°47′29.1″~26°55′10.1″；位于霞浦县内。

调查中记录到湿地高等植物 1 门 1 科 1 属 1 种。记录到外来入侵植物 1 科 1 属 1 种。

湿地植被可划分为 1 个植被型组，1 个植被型，3 个群系。

调查中记录到脊椎动物 5 纲 31 目 88 科 217 种。其中，鱼类 18 目 67 科 170 种，两栖类 1 目 3 科 6 种，爬行类 2 目 3 科 11 种，鸟类 5 目 7 科 18 种，哺乳类 5 目 8 科 12 种。

记录到国家重点保护野生动物 16 种。其中国家Ⅰ级保护野生动物 1 种，国家Ⅱ级保护野生动物 15 种。在国家重点保护野生动物中，有湿地鸟类 2 种，均为国家Ⅱ级保护鸟类。

记录到外来入侵动物 1 门 1 纲 1 目 1 科 1 种，为无脊椎动物。

于 1997 年建立县级自然保护区。受林业部门管理，无专门管理机构。

主要受到围垦、外来物种入侵等威胁。

20. 福清兴化湾鸟类县级自然保护区

福清兴化湾鸟类县级自然保护区重点调查湿地范围面积 0.12 万公顷，湿地面积为 0.12 万公顷。主要湿地型为淤泥质海滩、红树林和水产养殖场湿地。地理坐标为东经 119°22′25.7″~119°27′21.0″，北纬 25°29′16.1″~25°31′11.8″；位于福清市内。

调查中记录到湿地高等植物 1 门 3 科 3 属 3 种。记录到外来入侵植物 1 科 1 属 1 种。

湿地植被可划分为 2 个植被型组，2 个植被型，2 个群系。

调查中记录到脊椎动物 5 纲 33 目 91 科 258 种。其中，鱼类 22 目 77 科 220 种，两栖类 1 目 3 科 8 种，爬行类 2 目 3 科 8 种，鸟类 5 目 5 科 17 种，哺乳类 3 目 3 科 5 种。

记录到国家重点保护野生动物 10 种。其中国家Ⅰ级保护野生动物 1 种，国家Ⅱ级保护野生动物 9 种。在国家重点保护野生动物中，有湿地鸟类 1 种，为国家Ⅱ级保护鸟类。

记录到外来入侵动物 1 门 1 纲 1 目 1 科 1 种，为无脊椎动物。

于 2001 年建立县级自然保护区。受林业部门管理，无专门管理机构。

主要受到围垦、污染、外来物种入侵等威胁。

21. 寿宁小托水库县级自然保护区

寿宁小托水库县级自然保护区重点调查湿地范围面积 0.01 万公顷，湿地面积不足 0.01 万公顷。主要湿地型为库塘湿地。地理坐标为东经 119°27′2.1″~119°27′37.8″，北纬 27°26′40.0″~27°27′14.1″；位于寿宁县内。

调查中记录到湿地高等植物 1 门 4 科 10 属 10 种。

湿地植被可划分为 1 个植被型组，2 个植被型，3 个群系。

调查中记录到脊椎动物 5 纲 14 目 27 科 68 种。其中，鱼类 4 目 9 科 28 种，两栖类 1 目 4 科 11 种，爬行类 2 目 5 科 14 种，鸟类 4 目 5 科 9 种，哺乳类 3 目 4 科 6 种。

记录到国家重点保护野生动物2种，均为国家Ⅱ级保护野生动物。

记录到外来入侵动物2门3纲3目3科4种。其中，无脊椎动物1纲1目1科1种，脊椎动物2纲2目2科3种。

于2001年建立县级自然保护区。受林业、水利等多部门管理，无专门管理机构。

主要受到水质污染威胁。

22. 泰宁金湖县级自然保护区

泰宁金湖县级自然保护区重点调查湿地范围面积0.33万公顷，湿地面积为0.33万公顷。主要湿地型为永久性河流和库塘湿地。地理坐标为东经116°59′28.146″～117°5′19.189″，北纬26°42′36.572″～26°52′2.349″；位于泰宁县内。

调查中记录到湿地高等植物1门5科10属10种。记录到外来入侵植物1科1属1种。

湿地植被可划分为1个植被型组，2个植被型，5个群系。

调查中记录到脊椎动物5纲20目48科195种。其中，鱼类5目16科121种，两栖类2目8科19种，爬行类2目11科28种，鸟类4目4科7种，哺乳类7目9科20种。

记录到国家重点保护野生动物6种。其中国家Ⅰ级保护野生动物1种，国家Ⅱ级保护野生动物5种。在国家重点保护野生动物中，有湿地鸟类1种，为国家Ⅱ级保护鸟类。

记录到外来入侵动物2门3纲3目3科4种。其中，无脊椎动物1纲1目1科1种，脊椎动物2纲2目2科3种。

于1997年建立县级自然保护区。受旅游、林业、环保、海洋与渔业、水利等多部门管理。无专门管理机构。

主要受到泥沙淤积、污染等威胁。

23. 清流九龙溪县级自然保护区

清流九龙溪县级自然保护区重点调查湿地范围面积0.04万公顷，湿地面积为0.04万公顷。主要湿地型为永久性河流湿地。地理坐标为东经116°51′54.8″～117°2′52.7″，北纬25°59′19.8″～26°9′9.0″；位于清流县内。

调查中记录到湿地高等植物1门6科11属11种。记录到外来入侵植物1科1属1种。

湿地植被可划分为1个植被型组，2个植被型，2个群系。

调查中记录到脊椎动物5纲18目47科202种。其中，鱼类5目16科121种，两栖类2目7科18种，爬行类2目11科36种，鸟类2目2科5种，哺乳类7目11科22种。

记录到国家重点保护野生动物9种。其中，国家Ⅰ级保护野生动物1种，国家Ⅱ级保护野生动物8种。在国家重点保护野生动物中，有湿地鸟类1种，为国家Ⅱ级保护鸟类。

记录到外来入侵动物2门3纲3目3科4种。其中，无脊椎动物1纲1目1科1种，脊椎动物2纲2目2科3种。

于1997年建立县级自然保护区。受林业部门管理，无专门管理机构。

主要受到过渡捕捞、放牧等威胁。

24. 永安安砂湿地县级自然保护区

永安安砂湿地县级自然保护区重点调查湿地范围面积0.11万公顷，湿地面积为0.11万公顷。主要湿地型为库塘湿地。地理坐标为东经117°2′52.7″~117°8′36.7″，北纬25°59′26.1″~26°7′19.7″；位于永安市内。

调查中记录到湿地高等植物2门8科12属12种。

湿地植被可划分为2个植被型组，2个植被型，2个群系。

调查中记录到脊椎动物5纲18目46科197种。其中，鱼类5目16科121种，两栖类2目7科17种，爬行类2目11科37种，鸟类3目3科4种，哺乳类6目9科18种。

记录到国家重点保护野生动物7种。其中，国家Ⅰ级保护野生动物1种，国家Ⅱ级保护野生动物6种。在国家重点保护野生动物中，有湿地鸟类1种，为国家Ⅱ级保护鸟类。

记录到外来入侵动物2门3纲3目3科4种。其中，无脊椎动物1纲1目1科1种，脊椎动物2纲2目2科3种。

于1997年建立县级自然保护区。受林业部门管理，无专门管理机构。

主要受到养殖的威胁。

25. 福清东张水库鸟类县级自然保护区

福清东张水库鸟类县级自然保护区重点调查湿地范围面积0.13万公顷，湿地面积为0.13万公顷。主要湿地型为库塘湿地。地理坐标为东经119°13′28.2″~119°17′6.9″，北纬25°41′8.0″~25°44′5.7″；位于福清市内。

调查中记录到脊椎动物5纲16目27科95种。其中，鱼类4目10科36种，两栖类2目5科16种，爬行类2目4科22种，鸟类5目5科13种，哺乳类3目3科8种。

记录到国家重点保护野生动物2种。其中，国家Ⅱ级保护野生动物2种。在国家重点保护野生动物中，有湿地鸟类1种，为国家Ⅱ级保护鸟类。

记录到外来入侵动物2门3纲3目3科4种。其中，无脊椎动物1纲1目1科1种，脊椎动物2纲2目2科3种。

于2001年建立县级自然保护区。受林业部门管理，无专门管理机构。

主要受到水质污染的威胁。

26. 漳浦眉力鸟类县级自然保护区

漳浦眉力鸟类县级自然保护区重点调查湿地范围面积0.02万公顷，湿地面积为0.02万公顷。主要湿地型为库塘湿地。地理坐标为东经117°44′36.0″~117°45′53.3″，北纬24°8′33.3″~24°9′46.4″；位于漳浦县内。

调查中记录到湿地高等植物1门3科4属4种。记录到外来入侵植物2科3属3种。

湿地植被可划分为1个植被型组，1个植被型，2个群系。

调查中记录到脊椎动物5纲12目22科76种。其中，鱼类4目10科35种，两栖类1目4科18种，爬行类2目3科15种，鸟类2目2科3种，哺乳类3目3科5种。

记录到国家重点保护野生动物1种，为国家Ⅱ级保护野生动物。

记录到外来入侵动物2门3纲3目3科4种。其中，无脊椎动物1纲1目1科1种，脊椎动物2纲2目2科3种。

于1997年建立县级自然保护区。受林业部门管理，无专门管理机构。

主要受到干旱、洪涝和盗捕等威胁。

四、湿地公园

27. 福建宁德东湖国家湿地公园

福建宁德东湖国家湿地公园重点调查湿地范围面积0.06万公顷，湿地面积为0.06万公顷。主要湿地型为潮间盐水沼泽、河口水域、三角洲/沙洲/沙岛和库塘湿地。地理坐标为东经119°32′23.6″~119°35′58.8″，北纬26°38′7.5″~26°40′0.2″；位于蕉城区内。

调查中记录到湿地高等植物2门20科51属58种。记录到外来入侵植物5科7属7种。

记录到国家重点保护野生植物1种，为国家Ⅱ级保护野生植物。

湿地植被可划分为1个植被型组，3个植被型，5个群系。

调查中记录到脊椎动物5纲37目90科248种。其中，鱼类18目49科113种，两栖类1目2科3种，爬行类2目7科18种，鸟类14目30科110种，哺乳类2目2科4种。

记录到外来入侵动物2门3纲3目3科4种。其中，无脊椎动物1纲1目1科1种，脊椎动物2纲2目2科3种。

于2009年批准为国家湿地公园。受林业部门管理，目前尚无专门管理机构。

主要受到水质污染和外来物种入侵威胁。

28. 福建长乐闽江河口国家湿地公园

福建长乐闽江河口国家湿地公园重点调查湿地范围面积0.02万公顷，湿地面积为0.02万公顷。主要湿地型为潮间盐水沼泽和水产养殖场湿地。地理坐标为东经119°36′21.7″~119°39′8.6″，北纬26°1′0.6″~26°2′45.5″；位于长乐市内。

调查中记录到湿地高等植物2门40科91属113种。记录到外来入侵植物6科11属11种。

记录到国家重点保护野生植物1种，其中国家Ⅱ级保护野生植物1种。

湿地植被可划分为1个植被型组，2个植被型，5个群系。

调查中记录到脊椎动物5纲28目70科156种。其中，鱼类16目53科127种，两栖类1目2科3种，爬行类2目4科7种，鸟类5目6科12种，哺乳类4目5科7种。

记录到国家重点保护野生动物11种。其中国家Ⅰ级保护野生动物2种，国家Ⅱ级保护野生动物9种。

记录到外来入侵动物3门4纲4目4科5种。其中，无脊椎动物2纲2目2科2种，脊椎动物2纲2目2科3种。

于2008年建立国家湿地公园。受林业部门管理，成立了福建长乐闽江河口国家湿地公园管理处。

主要受到泥沙淤积、水污染、外来物种入侵等威胁。

29. 福建龙海九龙江口国家湿地公园

福建龙海九龙江口国家湿地公园重点调查湿地范围面积0.02万公顷，湿地面积为0.02万公顷。主要湿地型为潮间盐水沼泽和三角洲/沙洲/沙岛湿地。地理坐标为东经117°53′52.6″～117°55′39.1″，北纬24°25′19.9″～24°27′11.8″；位于龙海市内。

调查中记录到湿地高等植物2门43科78属95种。记录到外来入侵植物6科11属13种。

湿地植被可划分为2个植被型组，2个植被型，2个群系。

调查中记录到脊椎动物5纲42目128科374种。其中，鱼类19目71科161种，两栖类1目5科13种，爬行类1目3科16种，鸟类16目41科171种，哺乳类5目8科13种。

记录到国家重点保护野生动物8种。其中国家Ⅰ级保护野生动物1种，国家Ⅱ级保护野生动物7种。

记录到外来入侵动物1门1纲1目1科1种，为无脊椎动物。

于2010年建立国家湿地公园。受林业部门管理，无专门管理机构。

主要受到外来物种入侵、水质污染和航运等威胁。

五、其他重点调查湿地

30. 沙埕港湿地

沙埕港湿地重点调查湿地范围面积0.70万公顷，湿地面积为0.70万公顷。主要湿地型为浅海水域、岩石海岸、淤泥质海滩、潮间盐水沼泽、红树林、河口水域、三角洲/沙洲/沙岛和水产养殖场湿地。地理坐标为东经120°10′43.1″～120°26′25.0″，北纬27°8′45.4″～27°18′38.4″；位于福鼎市内。

调查中记录到湿地高等植物1门8科15属16种。记录到外来入侵植物4科5属5种。

湿地植被可划分为3个植被型组，6个植被型，15个群系。

调查中记录到脊椎动物5纲32目92科240种。其中，鱼类19目74科190种，两栖类1目3科10种，爬行类2目4科13种，鸟类5目6科19种，哺乳类5目5科8种。

记录到国家重点保护野生动物5种。其中国家Ⅰ级保护野生动物2种，国家Ⅱ级保护野生动物3种。

记录到外来入侵动物1门1纲1目1科1种，为无脊椎动物。

受林业、海洋与渔业等多部门管理。无专门管理机构。

主要受到围垦、污染、外来物种入侵等威胁。

31. 罗源湾湿地

罗源湾湿地重点调查湿地范围面积1.92万公顷，湿地面积为1.92万公顷。主要湿地型为浅海水域、岩石海岸、淤泥质海滩、潮间盐水沼泽、河口水域、三角洲/沙洲/沙岛、库塘和水产养殖场湿地。地理坐标为东经119°34′14.2″～119°49′3.2″，北纬26°18′41.2″～26°30′24.2″；位于罗源县和连江县内。

调查中记录到湿地高等植物1门6科13属13种。记录到外来入侵植物3科4属4种。

湿地植被可划分为1个植被型组，2个植被型，6个群系。

调查中记录到脊椎动物5纲33目94科244种。其中，鱼类20目77科210种，两栖类1目2科4种，爬行类2目3科10种，鸟类6目6科11种，哺乳类4目6科9种。

记录到国家重点保护野生动物3种。其中，国家Ⅰ级保护野生动物1种，国家Ⅱ级保护野生动物2种。

记录到外来入侵动物1门1纲1目1科1种，为无脊椎动物。

受林业、环保、海洋与渔业、建设等多部门管理。无专门管理机构。

主要受到围垦、基建与城市建设、水质污染和外来物种入侵等威胁。

32. 闽江河口湿地

闽江河口湿地重点调查湿地范围面积4.12万公顷，湿地面积为4.12万公顷。主要湿地型为浅海水域、沙石海滩、潮间盐水沼泽、河口水域、三角洲/沙洲/沙岛和水产养殖场湿地。地理坐标为东经117°21′42.8″~117°29′47.1″，北纬23°53′44.0″~23°57′30.0″；位于鼓楼区、台江区、仓山区、晋安区、马尾区、闽侯县、连江县和长乐市内。

调查中记录到湿地高等植物2门46科102属125种。记录到外来入侵植物6科11属11种。

记录到国家重点保护野生植物1种，为国家Ⅱ级保护野生植物。

湿地植被可划分为5个植被型组，10个植被型，32个群系。

调查中记录到脊椎动物5纲40目125科346种。其中，鱼类23目87科218种，两栖类1目5科16种，爬行类2目11科37种，鸟类8目12科57种，哺乳类6目10科18种。

记录到国家重点保护野生动物18种。其中国家Ⅰ级保护野生动物3种，国家Ⅱ级保护野生动物15种。在国家重点保护野生动物中，有湿地鸟类4种，均为国家Ⅱ级保护鸟类。

记录到外来入侵动物3门4纲4目4科5种。其中，无脊椎动物2纲2目2科2种，脊椎动物2纲2目2科3种。

受林业、海洋与渔业、水利等多部门管理。无专门管理机构。

主要受到基建与城市建设、水质污染、泥沙淤积和外来物种入侵等威胁。

33. 兴化湾湿地

兴化湾湿地重点调查湿地范围面积6.13万公顷，湿地面积为6.13万公顷。主要湿地型为浅海水域、岩石海岸、沙石海滩、淤泥质海滩、潮间盐水沼泽、红树林、河口水域、三角洲/沙洲/沙岛、库塘、水产养殖场和盐田湿地。地理坐标为东经119°6′57.4″~119°30′41.3″，北纬25°16′7.0″~25°37′19.4″；位于福清市、涵江区、荔城区和秀屿区内。

调查中记录到湿地高等植物1门11科16属16种。

湿地植被可划分为4个植被型组，7个植被型，14个群系。

调查中记录到脊椎动物5纲37目112科335种。其中，鱼类22目81科253种，两栖类1目6科12种，爬行类2目5科18种，鸟类7目12科40种，哺乳类5目8科12种。

记录到国家重点保护野生动物18种。其中国家Ⅰ级保护野生动物2种，国家Ⅱ级保护野生动物16种。在国家重点保护野生动物中，有湿地鸟类2种，均为国家Ⅱ级保护鸟类。

记录到外来入侵动物1门1纲1目1科1种，为无脊椎动物。

受林业、环保、海洋与渔业、水利、农业、国土、侨办等多部门管理。无专门管理机构。

主要受到围垦、基建与城市建设、水质污染以及围网养殖、不正确的滩涂养殖等威胁。

34. 平海湾湿地

平海湾湿地重点调查湿地范围面积1.03万公顷，湿地面积为1.03万公顷。主要湿地型为浅海水域、岩石海岸、沙石海滩、淤泥质海滩、水产养殖场和盐田湿地。地理坐标为东经119°5′17.8″~119°16′11.3″，北纬25°7′45.2″~25°16′35.4″；位于秀屿区内。

调查中记录到湿地高等植物1门4科8属8种。记录到外来入侵植物2科2属2种。

湿地植被可划分为2个植被型组，3个植被型，8个群系。

调查中记录到脊椎动物5纲35目97科302种。其中，鱼类23目77科252种，两栖类1目4科8种，爬行类2目5科18种，鸟类4目5科13种，哺乳类5目6科11种。

记录到国家重点保护野生动物14种。其中国家Ⅰ级保护野生动物2种，国家Ⅱ级保护野生动物12种。

记录到外来入侵动物1门1纲1目1科1种，为无脊椎动物。

受林业、环保、海洋与渔业、水利、农业、国土等多部门管理。无专门的管理机构。

主要受到围垦、围网养殖、滩涂养殖等威胁。

35. 湄洲湾湿地

湄洲湾湿地重点调查湿地范围面积3.73万公顷，湿地面积为3.73万公顷。主要湿地型为浅海水域、岩石海岸、沙石海滩、淤泥质海滩、红树林、河口水域、三角洲/沙洲/沙岛、水产养殖场和盐田湿地。地理坐标为东经118°50′32.0″~119°10′22.9″，北纬25°0′11.0″~25°17′28.6″；位于秀屿区、城厢区、仙游县、泉港区和惠安县内。

调查中记录到湿地高等植物1门7科10属10种。记录到外来入侵植物1科1属1种。

湿地植被可划分为3个植被型组，5个植被型，10个群系。

调查中记录到脊椎动物5纲39目101科311种。其中，鱼类23目77科252种，两栖类1目4科8种，爬行类2目6科18种，鸟类6目8科23种，哺乳类5目6科10种。

记录到国家重点保护野生动物14种。其中，国家Ⅰ级保护野生动物2种，国家Ⅱ级保护野生动物12种。

记录到外来入侵动物1门1纲1目1科1种，为无脊椎动物。

受林业、环保、海洋与渔业、水利等多部门管理。无专门管理机构。

主要受到围垦、水质污染、外来物种入侵、围网养殖、滩涂养殖等威胁。

36. 围头湾湿地

围头湾湿地重点调查湿地范围面积1.69万公顷，湿地面积为1.69万公顷。主要湿地型为浅海水域、淤泥质海滩、潮间盐水沼泽、岩石海岸、沙石海滩、河口水域、三角洲/沙洲/沙岛、水产养殖场和盐田湿地。地理坐标为东经 118°20′51.2″～118°35′24.5″，北纬 24°30′51.1″～24°42′20.1″；位于晋江市和南安市内。

调查中记录到湿地高等植物 1 门 2 科 2 属 2 种。记录到外来入侵植物 2 科 2 属 2 种。

湿地植被可划分为 2 个植被型组，2 个植被型，2 个群系。

调查中记录到脊椎动物 5 纲 30 目 88 科 189 种。其中，鱼类 19 目 69 科 147 种，两栖类 1 目 2 科 4 种，爬行类 2 目 3 科 14 种，鸟类 4 目 7 科 12 种，哺乳类 4 目 7 科 12 种。

记录到国家重点保护野生动物 9 种。其中国家Ⅰ级保护野生动物 1 种，国家Ⅱ级保护野生动物 8 种。

记录到外来入侵动物 1 门 1 纲 1 目 1 科 1 种，为无脊椎动物。

受林业、海洋与渔业、水利、国土等多部门管理。无专门管理机构。

主要受到围垦、污染和外来物种入侵等威胁。

37. 旧镇港湿地

旧镇港湿地重点调查湿地范围面积 0.96 万公顷，湿地面积为 0.96 万公顷。主要湿地型为河口水域、三角洲/沙洲/沙岛、红树林、水产养殖场和盐田湿地。地理坐标为东经 117°40′45.9″～117°49′9.5″，北纬 23°56′15.7″～24°3′47.8″；位于漳浦县内。

调查中记录到湿地高等植物 1 门 17 科 42 属 45 种。记录到外来入侵植物 6 科 9 属 9 种。

湿地植被可划分为 3 个植被型组，5 个植被型，12 个群系。

调查中记录到脊椎动物 5 纲 32 目 85 科 141 种。其中，鱼类 20 目 70 科 115 种，两栖类 1 目 2 科 3 种，爬行类 2 目 3 科 8 种，鸟类 5 目 6 科 10 种，哺乳类 4 目 4 科 5 种。

记录到国家重点保护野生动物 1 种，为国家Ⅱ级保护野生动物。

记录到外来入侵动物 1 门 1 纲 1 目 1 科 1 种，为无脊椎动物。

受林业、海洋与渔业、水利、国土等多部门管理。无专门管理机构。

主要受到围垦、污染、外来物种入侵、围网养殖等威胁。

38. 诏安湾湿地

诏安湾湿地重点调查湿地范围面积 2.38 万公顷，湿地面积为 2.38 万公顷。主要湿地型为浅海水域、岩石海岸、沙石海滩、淤泥质海滩、三角洲/沙洲/沙岛、库塘、水产养殖场和盐田湿地。地理坐标为东经 117°13′23.9″～117°26′20.5″，北纬 23°34′5.8″～23°48′5.4″；位于诏安县内。

调查中记录到湿地高等植物 1 门 14 科 36 属 39 种。记录到外来入侵植物 5 科 7 属 7 种。

湿地植被可划分为 4 个植被型组，7 个植被型，17 个群系。

调查中记录到脊椎动物 5 纲 33 目 105 科 238 种。其中，鱼类 22 目 80 科 181 种，两栖类 1 目 4 科 8 种，爬行类 2 目 4 科 16 种，鸟类 4 目 9 科 20 种，哺乳类 4 目 8 科 13 种。

记录到国家重点保护野生动物 8 种。其中国家Ⅱ级保护野生动物 8 种。

记录到外来入侵动物 1 门 1 纲 1 目 1 科 1 种，为无脊椎动物。

受林业、环保、海洋与渔业、水利等多部门管理。无专门的管理机构。

主要受到围垦、污染、外来物种入侵、过度捕捞、泥沙淤积和养殖等威胁。

39. 水口水库湿地

水口水库湿地重点调查湿地范围面积0.75万公顷，湿地面积为0.75万公顷。主要湿地型为库塘湿地。地理坐标为东经118°10′41.1″～118°48′42.4″，北纬26°18′2.1″～26°38′25.0″；位于延平区、古田县和闽清县内。

调查中记录到湿地高等植物1门5科6属6种。记录到外来入侵植物1科1属1种。

湿地植被可划分为1个植被型组，1个植被型，1个群系。

调查中记录到脊椎动物5纲20目41科212种。其中，鱼类5目18科123种，两栖类1目6科25种，爬行类2目5科27种，鸟类8目8科24种，哺乳类4目4科13种。

记录到国家重点保护野生动物5种。其中，国家Ⅰ级保护野生动物1种，国家Ⅱ级保护野生动物4种。

记录到外来入侵动物2门3纲3目3科4种。其中，无脊椎动物1纲1目1科1种，脊椎动物2纲2目2科3种。

受水利部门管理。成立了福建水口水库管理处。

主要受到泥沙淤积、污染、外来物种入侵等威胁。

40. 东溪水库湿地

东溪水库湿地重点调查湿地范围面积0.04万公顷，湿地面积为0.04万公顷。主要湿地型为库塘湿地。地理坐标为东经118°04′29.0″～118°07′18.7″，北纬27°46′30.0″～27°49′01.3″；位于武夷山市内。

调查中记录到湿地高等植物1门1科1属1种。

湿地植被可划分为1个植被型组，1个植被型，1个群系。

调查中记录到脊椎动物5纲19目37科139种。其中，鱼类5目14科69种，两栖类1目6科20种，爬行类2目5科23种，鸟类6目6科14种，哺乳类5目6科13种。

记录到国家重点保护野生动物3种。其中国家Ⅰ级保护野生动物2种，国家Ⅱ级保护野生动物1种。在国家重点保护野生动物中，有湿地鸟类2种。其中，国家Ⅰ级保护鸟类1种，国家Ⅱ级保护鸟类1种。

记录到外来入侵动物2门3纲3目3科4种。其中，无脊椎动物1纲1目1科1种，脊椎动物2纲2目2科3种。

受水利部门管理。成立了福建武夷山东溪水库管理局。

主要受到污染威胁。

41. 洪口水库湿地

洪口水库湿地重点调查湿地范围面积0.08万公顷，湿地面积为0.08万公顷。主要湿地型为库塘湿地。地理坐标为东经119°13′03.6″～119°19′47.7″，北纬26°52′18.4″～26°56′42.6″；位于蕉城区内。

调查中记录到湿地高等植物1门2科3属3种。记录到外来入侵植物1科1属1种。

湿地植被可划分为1个植被型组，1个植被型，1个群系。

调查中记录到脊椎动物5纲15目32科128种。其中，鱼类4目12科63种，两栖类1目6科18种，爬行类2目6科25种，鸟类4目4科10种，哺乳类4目4科12种。

记录到国家重点保护野生动物2种。其中国家Ⅰ级保护野生动物1种，国家Ⅱ级保护野生动物1种。

记录到外来入侵动物2门3纲3目3科4种。其中，无脊椎动物1纲1目1科1种，脊椎动物2纲2目2科3种。

受水利部门管理。成立了宁德市焦城区洪口水库管理所。

主要受到污染威胁。

42. 山仔水库湿地

山仔水库湿地重点调查湿地范围面积0.04万公顷，湿地面积为0.04万公顷。主要湿地型为库塘湿地。地理坐标为东经119°17′12.6″~119°20′17.1，北纬26°20′20.7″~26°23′21.6″；位于连江县和晋安区内。

调查中记录到湿地高等植物1门6科9属10种。记录到外来入侵植物2科2属2种。

湿地植被可划分为2个植被型组，3个植被型，4个群系。

调查中记录到脊椎动物5纲18目39科127种。其中，鱼类6目17科66种，两栖类1目6科17种，爬行类2目6科24种，鸟类5目5科10种，哺乳类4目5科10种。

记录到国家重点保护野生动物2种。其中国家Ⅰ级保护野生动物1种，国家Ⅱ级保护野生动物1种。

记录到外来入侵动物2门3纲3目3科4种。其中，无脊椎动物1纲1目1科1种，脊椎动物2纲2目2科3种。

受水利部门管理。成立了福州市连江县山仔水库管理处。

主要受到污染威胁。

43. 街面水库湿地

街面水库湿地重点调查湿地范围面积0.25万公顷，湿地面积为0.25万公顷。主要湿地型为库塘湿地。地理坐标为东经117°21′42.8″~117°29′47.1″，北纬23°53′44.0″~23°57′30.0″；位于尤溪县、大田县和德化县内。

调查中记录到湿地高等植物1门2科6属6种。记录到外来入侵植物1科1属1种。

湿地植被可划分为1个植被型组，1个植被型，4个群系。

调查中记录到脊椎动物5纲18目28科101种。其中，鱼类4目6科27种，两栖类2目5科22种，爬行类2目5科29种，鸟类6目7科12种，哺乳类4目5科11种。

记录到国家重点保护野生动物4种。其中国家Ⅰ级保护野生动物1种，国家Ⅱ级保护野生动物3种。

记录到外来入侵动物2门3纲3目3科4种。其中，无脊椎动物1纲1目1科1种，脊椎动物2纲2目2科3种。

于2007年建立水利风景区。受水利部门管理，成立了尤溪县闽湖水利风景区管理处。

主要受到泥沙淤积、水产养殖等威胁。

44. 东圳水库湿地

东圳水库湿地重点调查湿地范围面积0.15万万公顷，湿地面积为0.15万公顷。主要湿地型为库塘湿地。地理坐标为东经118°53′17.7″～118°58′58.3″，北纬25°27′0.3″～25°30′54.6″；位于城厢区内。

调查中记录到湿地高等植物1门2科7属7种。记录到外来入侵植物1科1属1种。

湿地植被可划分为1个植被型组，1个植被型，3个群系。

调查中记录到脊椎动物5纲19目35科119种。其中，鱼类5目13科68种，两栖类1目5科12种，爬行类2目6科14种，鸟类7目7科15种，哺乳类4目4科10种。

记录到国家重点保护野生动物1种。其中，国家Ⅰ级保护野生动物1种。

记录到外来入侵动物2门3纲3目3科4种。其中，无脊椎动物1纲1目1科1种，脊椎动物2纲2目2科3种。

受水利部门管理，成立了福建莆田市东圳水库管理局。

主要受到污染、水土流失等威胁。

45. 山美水库湿地

山美水库湿地重点调查湿地范围面积0.14万公顷，湿地面积为0.14万公顷。主要湿地型为库塘湿地。地理坐标为东经118°23′19.1″～118°27′25.0″，北纬25°29′41″～25°15′11.0″；位于南安市内。

调查中记录到湿地高等植物1门4科5属5种。记录到外来入侵植物2科2属2种。

湿地植被可划分为1个植被型组，2个植被型，3个群系。

调查中记录到脊椎动物5纲13目33科132种。其中，鱼类5目15科90种，两栖类1目6科15种，爬行类2目4科11种，鸟类2目4科8种，哺乳类3目4科8种。

记录到国家重点保护野生动物1种。其中国家Ⅱ级保护野生动物1种。

记录到外来入侵动物2门3纲3目3科3种。其中，无脊椎动物1纲1目1科1种，脊椎动物2纲2目2科3种。

受水利部门管理，成立了泉州市山美水库管理处。

主要受到污染、泥沙淤积等威胁。

46. 万安水库湿地

万安水库湿地重点调查湿地范围面积0.06万公顷，湿地面积为0.06万公顷。主要湿地型为库塘湿地。地理坐标为东经118°10′41.1″～118°48′42.4″，北纬26°18′2.1″～26°38′25.0″；位于新罗区内。

调查中记录到湿地高等植物1门8科13属13种。记录到外来入侵植物1科1属1种。

湿地植被可划分为1个植被型组，2个植被型，3个群系。

调查中记录到脊椎动物5纲15目34科143种。其中，鱼类5目16科92种，两栖类1目6科17种，爬行类2目5科17种，鸟类3目3科8种，哺乳类4目4科9种。

记录到国家重点保护野生动物1种，为国家Ⅱ级保护野生动物。

记录到外来入侵动物2门3纲3目3科4种。其中，无脊椎动物1纲1目1科1种，脊椎动物2纲2目2科3种。

于2009年建立国家水利风景区。受水利部门管理，成立了龙岩梅花湖水利风景区管理中心。

主要受到泥沙淤积、污染等威胁。

47. 棉花滩水库湿地

棉花滩水库湿地重点调查湿地范围面积0.49万公顷，湿地面积为0.49万公顷。主要湿地型为库塘湿地。地理坐标为东经116°23′36.67″～116°37′24.74″，北纬24°37′57.8″～25°2′46.36″；位于永定县和上杭县内。

调查中记录到湿地高等植物1门7科12属14种。

湿地植被可划分为1个植被型组，3个植被型，3个群系。

调查中记录到脊椎动物5纲20目42科178种。其中，鱼类5目15科76种，两栖类2目9科46种，爬行类2目6科30种，鸟类6目6科14种，哺乳类5目6科12种。

记录到国家重点保护野生动物8种。其中国家Ⅰ级保护野生动物1种，国家Ⅱ级保护野生动物7种。在国家重点保护野生动物中，有湿地鸟类1种，为国家Ⅱ级保护鸟类。

记录到外来入侵动物2门3纲3目3科4种。其中，无脊椎动物1纲1目1科1种，脊椎动物2纲2目2科3种。

受水利部门管理，成立了福建棉花滩水库管理处。

主要受到泥沙淤积、污染等威胁。

48. 峰头水库湿地

峰头水库湿地重点调查湿地范围面积0.06万公顷，湿地面积为0.06万公顷。主要湿地型为库塘湿地。地理坐标为东经117°15′22.0″～117°18′28.8″，北纬24°3′17.3″～24°7′41.1″25°2′46.36″；位于云霄县内。

调查中记录到湿地高等植物1门10科21属22种。记录到外来入侵植物1科2属2种。

湿地植被可划分为1个植被型组，2个植被型，3个群系。

调查中记录到脊椎动物5纲16目27科87种。其中，鱼类5目10科47种，两栖类1目5科12种，爬行类2目3科10种，鸟类4目5科10种，哺乳类4目4科8种。

记录到国家重点保护野生动物2种。其中，国家Ⅱ级保护野生动物2种。在国家重点保护野生动物中，有湿地鸟类1种，为国家Ⅱ级保护鸟类。

记录到外来入侵动物2门3纲3目3科4种。其中，无脊椎动物1纲1目1科1种，脊椎动物2纲2目2科3种。

受水利部门管理，成立了漳州市峰头水库管理局。

主要受到泥沙淤积的威胁。

参考文献

[1]丁汉波，郑辑．福建的蛇类[D]．福州：福建师范大学，1974.

[2]郑作新．中国鸟类分布目录[M]．北京：科学出版社，1976.

[3]福建省科学技术委员会《福建植物志》编写组．福建植物志(1～6卷)[M]．福州：福建科学技术出版社，1982－1995.

[4]朱元鼎．福建鱼类志(上、下卷)[M]．福州：福建科学技术出版社，1984.

[5]福建省渔业区划办公室．福建省渔业资源[M]．福州：福建科学技术出版社，1988.

[6]林景亮．福建省海岸带和海涂资源综合调查报告[M]．北京：海洋出版社，1990.

[7]中国野生动物保护协会秘书处．国家重点保护野生动物图谱[M]．北京：科学出版社，1990.

[8]吴征镒．中国种子植物属的分布区类型[J]．云南植物研究，1991，增刊Ⅳ：1－139.

[9]颜尤明，黄泉水，卢振彬．闽江口及其附近海域鱼类群聚结构特征的研究[J]．福建水产，1991(2)：19－26.

[10]叶昌媛，费梁，胡淑琴．中国珍稀及经济两栖动物[M]．成都：四川科学技术出版社，1993.

[11]中国海湾志编纂委员会．中国海湾志(第八分册)[M]．北京：海洋出版社，1993.

[12]楚国忠，郑光美．鸟类栖息地研究的取样调查方法[J]．动物学杂志，1993，28(6)：47－52.

[13]中国海湾志编纂委员会．中国海湾志(第七分册)[M]．北京：海洋出版社，1994.

[14]尹琏，费嘉伦，林超英，等．香港及华南鸟类[M]．香港：香港特别行政区政府印务局，1994.

[15]钱燕文，郑光美，许维枢，等．中国鸟类图鉴[M]．郑州：河南科学技术出版社，1995.

[16]福建省海岛资源综合调查编委会．福建省海岛资源综合调查研究报告[M]．北京：海洋出版社，1996.

[17]唐兆和，陈友铃，唐瑞干．福建省鸟类区系研究[J]．福建师范大学学报(自然科学版)，1996，12(2)：77～87.

[18]盛和林，大泰司纪之，陆厚基．中国野生哺乳类[M]．北京：中国林业出版社，1999.

[19]中国野生动物保护协会．中国两栖动物图鉴[M]．郑州：河南科学技术出版社，1999.

[20]约翰·马敬能，卡伦·菲利普斯，何芬奇，等．中国鸟类野外手册[M]．长沙：湖南教育出版社，2000.

[21]郑作新．中国鸟类种和亚种分类名录大全(修订版)[M]．北京：科学出版社，2000.

[22]林鹏．福建漳江口红树林湿地自然保护区综合科学考察报告[M]．厦门：厦门大学出版社，2001.

[23]黄宗国，刘文华．中华白海豚及其它鲸豚[M]．厦门：厦门大学出版社，2001.

[24]马世来，马晓峰，石文英．中国兽类踪迹指南[M]．北京：中国林业出版社，2001.

[25]陈友铃，唐兆和，翁笑艳．闽江口湿地的鸟类研究[J]．应用与环境生物学报，2001.7(3)：271－276.

[26]陈友铃，张秋金，杨青，福建哺乳动物区系研究．福建林业科技，2009(02)：23－30，97.

[27]郑作新．中国鸟类分布名录(第三版)[M]．北京：科学出版社，2002.

[28]中国野生动物保护协会．中国爬行动物图鉴[M]．郑州：河南科学技术出版社，2002.

[29]耿宝荣．福建省两栖动物区系及地理区划[J]．四川动物，2002，21(3)：170－174.

[30]王应祥．中国哺乳动物种和亚种分类名录与分布大全[M]．北京：中国林业出版社.2003.

[31]吴征镒，等．世界种子植物科的分布区类型系统[J]．云南植物研究，2003，25(3)：245－257.

[32]吴征镒．《世界种子植物科的分布区类型系统》的修订[J]．云南植物研究，2003，25(5)：535－238.

[33]陈铁晗．长乐闽江河口湿地水禽及保护对策研究[J]．林业勘察设计，2003(2)，37－40.
[34]周冬良．福建水鸟种类研究[C]．闽港湿地及水禽保护学术研讨会论文集，2004：55－62.
[35]中国科学院中国植物志编辑委员会．中国植物志(第一卷)[M]．北京：科学出版社，2004.
[36]黄宗国．海洋河口湿地生物多样性[M]．北京：海洋出版社，2004
[37]耿宝荣．福建省两栖类物种多样性评估[J]．生物多样性，2004，12(6)：618－625.
[38]林清贤，陈小麟，林鹏．厦门东屿红树林湿地鸟类资源及其分布[J]．厦门大学学报，自然科学版，2005，44(B06)：37－42.
[39]江航东，林清贤，林植，等．福建沿海岛屿水鸟考察报告[J]．动物分类学报，2005，30(4)：852－856.
[40]郑光美．中国鸟类分类与分布名录[M]．北京：科学出版社，2005.
[41]中国野生动物保护协会．中国哺乳动物图鉴[M]．郑州：河南科学技术出版社，2005.
[42]福建省海洋开发管理领导小组办公室．福建省海岛志(上、下册)[Z]．内部资料，2005.
[43]福州市规划设计研究院．闽江河口区湿地调查与概念性保护规划[R].2006.
[44]刘剑秋，曾丛盛，陈宁．闽江河口湿地研究[M]．北京：科学出版社，2006.
[45]Mark Barter，余希，曹垒，等．福建沿海越冬水鸟调查报告(2006年2月8～27日)[M]．北京：中国林业出版社，2007.
[46]方文珍，陈志鸿，陈小麟，林清贤．厦门滨海湿地冬季鸟类群落多样性研究[J]．海洋科学，2007，31(1)：10－16，27.
[47]《福建省情地图集》编纂委员会．福建省情地图集[M]．福州：福建地图出版社，2008.
[48]金杰锋，刘伯锋，余希，鲁长虎．福建省兴化湾滨海养殖塘冬季水鸟的栖息地利用[J]．动物学杂志，2008，43(6)：17－24.
[49]陈友铃，张秋金，徐辉．福建省爬行动物区系及地理区划[J]．四川动物，2009，28(6)：928－932.
[50]陈友铃，张秋金，杨青．福建哺乳动物区系研究[J]．福建林业科技，2009，36(2)：23－30.
[51]刘剑秋，曾从盛．福建湿地及其生物多样性[M]．北京：科学出版社，2010.
[52]福建省统计局，国家统计局福建调查总队．福建统计年鉴2010[M]．北京：中国统计出版社，2010.
[53]《福建经济与社会统计年鉴2010》编委会．福建经济与社会统计年鉴——2010(第一卷 农村)[M]．福州：福建人民出版社，2010.
[54]《福建年鉴》编纂委员会．福州年鉴2010[M]．北京：方志出版社，2010.
[55]李振基，陈小麟，刘长明．福建雄江黄楮林自然保护区综合科学考察报告[M]．厦门：厦门大学出版社，2010.
[56]林鹏．福建天宝岩自然保护区综合科学考察报告[M]．厦门：厦门大学出版社，2002.
[57]福建省林业调查规划院．厦门珍稀海洋物种国家级自然保护区工程建设项目可行性研究报告(2003～2005年)[R].2003
[58]福建省野生动植物与湿地资源监测中心．福建闽江河口湿地自然保护区综合科学考察报告[R].2007.
[59]国家海洋局第三研究所．福建泉州湾河口湿地自然保护区科学考察报告[R].2001.
[60]福建省野生动植物与湿地资源监测中心．龙海九龙江口红树林省级自然保护区综合科学考察报告[R].2006.
[61]福建省东山县海洋与渔业局，中国科学南海海洋研究所．福建东山珊瑚礁(省级)自然保护区范围调整总体规划报告[R].2007.
[62]福建省水产研究所．长乐海蚌资源增殖保护区重点管护区选划报告[R].2008
[63]福建省野生动植物与湿地资源监测中心．福建环三都澳湿地水禽红树林自然保护区综合科学考察报告[R].2009.

[64]福建省林业调查规划院. 福建宁德东湖国家湿地公园总体规划[R]. 2009.

[65]福建省林业调查规划院. 福建长乐闽江河口国家湿地公园总体规划[R]. 2008.

[66]福建省林业调查规划院. 福建龙海九龙江口国家湿地公园总体规划[R]. 2009.

[67]福建省海洋与渔业厅. 2010年上半年福建省海洋环境质量通报[R]. 2010.

[68]福建省地方志编纂委员会. 福建省情资料库[EB/OL]. http://www.fjsq.gov.cn/FJSZ.ASP

[69]福建省地方志编纂委员会. 福建省情资料库[EB/OL]. http://www.fjsq.gov.cn/ShowBook.asp?BookName=林业志

[70]福建省地方志编纂委员会. 福建省情资料库[EB/OL]. http://www.fjsq.gov.cn/ShowBook.asp?BookName=地理志

[71]福建省地方志编纂委员会. 福建省情资料库[EB/OL]. http://www.fjsq.gov.cn/ShowBook.asp?BookName=气象志

[72]福建省地方志编纂委员会. 福建省情资料库[EB/OL]. http://www.fjsq.gov.cn/ShowBook.asp?BookName=海洋志

[73]福建省地方志编纂委员会. 福建省情资料库[EB/OL]. http://www.fjsq.gov.cn/ShowBook.asp?BookName=生物志

[74]福建省地方志编纂委员会. 福建省情资料库[EB/OL]. http://www.fjsq.gov.cn/ShowBook.asp?BookName=水利志

[75]福建省地方志编纂委员会. 福建省情资料库[EB/OL]. http://www.fjsq.gov.cn/DSXZ.ASP(各县市区地方志)

附　件

福建湿地资源调查主要参与人员

福建省野生动植物保护管理中心：赵斌、李贞猷、周冬良、施明乐

国家林业局中南林业调查规划设计院：但新球、熊嘉武、梁曾飞、郭克疾、汤光伟

福建省林业调查规划院（野生动植物与湿地资源监测中心）：余希、杨忠兰、郑丁团、张勇、王战宁、林建丽、黄骐、陈建全、汪荣、陈永芳、李法玲

福建武夷山国家级自然保护区：蔡光贤、林致煌、暨功仁、徐长华、王珍、许鹤云

福州市：方建青、郑正挺

仓山区：张无

马尾区：陈德祥、刘建谋、林海、陈修强、郑宝泉、陈和团、秦柯柯、叶大来、郑德辉

晋安区：黄高林、吴立伟

闽侯县：宋茂升、连姬、陈文忠、林辉

连江县：邱晓鸿、孙永光、周守松

罗源县：叶宏明、游永喜、于建宏

闽清县：林春、黄永辉、许敬良、刘国灿

永泰县：黎维英、杨义强、魏宏通、朱怡国

平潭县：杨际章、周丽英、陈容

福清市：王文辉、陈晨珠、肖金辉、陈友明、杨大兴、周志雄

长乐市：孙志同、林航、张丽烟

厦门市：陈挚坚、朱大前

海沧区：颜辉、康伟

集美区：陈宗林、郑登平、林光敏

同安区：叶清福、陈长青

翔安区：苏村水

莆田市：翁金珊、黄莉雅

城厢区：陈两枝、洪炳贤

涵江区：林文火、陈益涵、陈志峰、陈志亮、赖梅华、郑建伟

荔城区：彭兆平、沈世伟、甘盛锋

仙游县：傅德明、徐锦祥、陈煌富、傅循晶、洪星火、杨喜华

秀屿区：陈国胜、方燕华、郑绍贤、傅荣、方宗华、吕小平、马炳丞

三明市：孙晓东、林向东

梅列区：林向平、郑启钢、肖世传、王永雄

三元区：代凤贵
明溪县：梁丰、罗长禄、王忠、肖进神、杨福文、袁明、张丽辉、张廉清
清流县：周自力
宁化县：黄为民、连益森、柳清海、马传照、邱祖东、巫良银
大田县：余成富、吴成坤、黄德芬
尤溪县：林瑞荣、黄怀青、周铭山、林昭宇、张长兴
沙县：汤元辉、詹步清
将乐县：陈鹏辉、陈志新、蒋永飞、廖春梅、陆建度、王国超、董小玉、叶麒
泰宁县：许可明、韩智杰、许为锦、黄德福
建宁县：陈良辰、陈凌生、顾世泉、黄宝泉、黄卫国、余水明、余宗盛
永安市：刘进山、史志勇
泉州市：林永源、杨文晖、刘杰斌
鲤城区：王龙中、王川林、林俊芳
丰泽区：黄志尘、范清查、林永源、纪剑峰
洛江区：黄瓶、林光明
泉港区：庄美雅、陈建川
惠安县：刘继龙、庄荣碧、杜海阳
安溪县：李三奕、王国联
永春县：康福实、颜志燃
德化县：陈文伟、郑兴丁、赖淑瑜、陈少全
石狮市：林明富、蔡芳臻
晋江市：沈小彪、张年达、连进能、姚晓彬、黄炳新
南安市：吴忠远、潘志彬、黄伟毅
漳州市：林国洪
芗城区：饶建林、王郑裔、肖俊容、
龙文区：林添发、蔡群清
云霄县：黄树养、陈进文、黄树、柳其、林伟山
漳浦县：陈长远、陈艺伟、陈振忠
诏安县：黄建彬、李翔宙、林溪平、沈炎坤
长泰县：连秋生、黄飞、王献勇、廖智明
东山县：何国安、朱国富
南靖县：简烈昌、林建阳、黄建科
平和县：林东辉、曾庆禄
华安县：肖善艺、陈顺清
龙海市：姚秋强、薛志勇、陈力川、郭华北、林建发、林历元
南平市：林书荣、曾永祥
延平区：杨万平、黄清山

顺昌县：廖谢茗、蔡文泽、池金良、周登明、付永兴
浦城县：李文、李斌、徐正琳
光泽县：陈正华、周建平、丁政旺、周智福、高荣辉
松溪县：蒋日明、蔡长健、张应鹤、李德贵、王德水
政和县：全啸、许佳胜
邵武市：林树靖、付献武
武夷山市：诸泉民、许善财
建瓯市：张明光、余养强、郑迎武
建阳市：金良、江丰南、陈天强
龙岩市：吴红
新罗区：林云田、陈镜荣、詹顺健、谢庆祥、李开明、傅惠芳
长汀县：董海涛、黄靖钧、黄庆辉、黄启红、
永定县：陈万忠、吴青莲、张元添、张佩良
上杭县：包启宏、陈洪明、邓文荣、何文仁、黄贵福
武平县：刘国安、黄先柱、吴吉富、刘国安、钟天明、刘耀三、钟文兴
连城县：黄经德、林声庆、罗钦华、罗水、邹海南
漳平市：兰观水、易高西、陈巨洪
宁德市：章斌、肖华生、吴玲华、魏欣
蕉城区：缪希源、吴玲生
霞浦县：陈荻、曾新平、陈孝煜
古田县：谢峥、江桂媚
屏南县：张春青，陆新邦，徐忠良
寿宁县：范希耀、肖伏德、缪德旺、缪步安、龚道生、叶长善、
周宁县：孙蔡盛、周国钦、汤良智、汤春常
柘荣县：蔡方标、张国华
福安市：吴细兴、范振富、陈成林、陈贵兰、陈铃光、陈奶发
福鼎市：陈祖候、陈巧云、夏淑蓉

后　记

本书是依据2010年资源调查结果，并在福建省湿地资源调查报告编写的基础上，根据国家林业局湿地保护管理中心部署重新组织编写而成。本书的编写、修改历时近1年，数易其稿，并在国家林业局湿地保护管理中心、国家林业局调查规划设计院、国家林业局中南林业调查规划设计院、福建省林业调查规划院（福建省野生动植物与湿地资源监测中心）、厦门大学、福建师范大学及福建省湿地资源调查专家技术委员会专家、教授的指导下完成。

本书的出版，是在国家林业局、省委、省政府的高度重视和关心下，在国家林业局中南林业调查规划设计院、福建省林业调查规划院，全省各市、县（区）林业主管部门、各相关自然保护区的参与下，在省财政厅等有关部门的支持下，凝聚了众多调查、编写人员的心血，才得以顺利完成。

本书第一、二章由陈建全、汪荣、黄辰、施明乐编写；第三章由林建丽、黄骐、郑丁团、王战宁、张勇、余希编写；第四、五章由杨忠兰、黄骐、张勇、陈建全、汪荣、黄辰、周冬良编写；第六章由周冬良、施明乐；附录由黄骐、林建丽、郑丁团、张勇、陈建全、李法玲编写；成果图制作：汪荣、张勇；照片提供：张勇、郑丁团、余希、张惠光、陈建全；全书统稿：余希、周冬良；审稿：但新球。

在本次湿地资源调查过程中，国家林业局湿地保护管理中心、福建省政府办公厅、福建省各有关厅局、国家林业局调查规划设计院、国家林业局中南林业调查规划设计院、福建省林业调查规划院（福建省野生动植物与湿地资源监测中心）、各设区市林业局、各县（市、区）林业行政主管部门、各相关自然保护区单位对调查工作给予了大力支持，李振基教授对第四章审核、陈友玲教授对第五章审核，以及专家技术委员会各位专家、教授提出了宝贵的指导意见和建议，汤光伟、郭克疾、梁曾辉参与部分工作。在此向所有参与调查、对本次调查给予大力支持的单位和个人表示衷心感谢！

本书的出版将为福建省湿地保护工作提供重要的基础资料，是福建省湿地保护工作的一大重要成果，是福建省湿地保护的一件大事，是社会各界认识、了解福建湿地状况的重要途径。该书的出版将为福建省湿地保护、管理、研究，合理利用湿地资源等提供重要的依据。可为热心、关心福建湿地保护事业的各界人士提供参考。

限于时间、水平，书中还有许多不如意的地方，有待于今后工作中进一步补充完善。

《中国湿地资源·福建卷》编写组

2015年9月